JN299296

農村計画学

千賀裕太郎
［編集］

朝倉書店

編集

千賀裕太郎　東京農工大学

編集協力

糸長浩司　日本大学　　　　　　　山路永司　東京大学

執筆者（五十音順）

朝岡幸彦	東京農工大学	高橋美貴	東京農工大学
有田博之	前 新潟大学	田村孝浩	宇都宮大学
飯島　博	NPO法人アサザ基金	土屋俊幸	東京農工大学
糸長浩司	日本大学	中島正裕	東京農工大学
海老澤　衷	早稲田大学	中村好男	東京農業大学
大澤啓志	日本大学	日高正人	パシフィックコンサルタンツ株式会社
大塚洋一郎	NPO法人農商工連携サポートセンター	弘重　穣	神奈川県大磯町役場
角道弘文	香川大学	広田純一	岩手大学
梶　光一	東京農工大学	福井　隆	東京農工大学（客員教授）
柏　雅之	早稲田大学	福田　恵	東京農工大学
勝野武彦	日本大学	藤沢直樹	日本大学
鎌田元弘	千葉工業大学	三橋伸夫	宇都宮大学
上條雄喜	岩手県奥州市役所	元杉昭男	大成建設株式会社
小林　久	茨城大学	山浦晴男	有限会社情報工房
白石克孝	龍谷大学	山路永司	東京大学
神宮字寛	宮城大学	吉本哲郎	地元学ネットワーク
関原　剛	NPO法人かみえちごご山里ファン倶楽部	劉　鶴烈	韓国忠南発展研究院
千賀裕太郎	東京農工大学	渡辺豊博	都留文科大学
曽根原久司	NPO法人えがおつなげて		

まえがき

　いま日本の農山村地域は，なかなか先のみえない複合的影響の下におかれて，ひどく戸惑っているようにみえます．しかしこの「戸惑い」こそ，私にはむしろ農村地域再生の「胎動」と思えてなりません．環境破壊，食糧不足，化石エネルギー枯渇，経済崩壊，核拡散など，地球レベルの「危機」が顕在化すればするほど，また地域間，社会階層間の格差拡大やコミュニティ崩壊などの社会的問題が深刻化すればするほど，こうした危機的課題を根本から解決する場としての農山村地域への期待は，高まらざるをえないからです．

　感性豊かな若い人々は，こうした状況を先取りして，農山村への関心を深めています．私の教え子たちの就職先も，大手企業離れが進み，社会的企業としての色彩の濃い地方の会社やNPO法人，農山村の市町村役場といった，農村計画の現場に近い職場が増えています．農山村を訪れても，地域再生の優れた実践を目の当たりにすることが多くなりました．このことに私は，とても勇気づけられています．

　そもそも「農村計画学」という学問は，こうした世界・日本の現実への広く深い視野を基礎にして，それぞれの農村地域に宿る豊かな潜在能力を汲み上げ，5年後，10年後，さらには50年後，100年後のビジョンを地域自らが描き，その実現への道筋と，これをサポートする制度や政策のあり方を明らかにするための，すぐれて現代的で，未来志向型の学問分野です．日本の長い歴史のなかで，いまほど農村計画学が重要視される時代はないといってよいでしょう．

　本書は，大学等で農村計画学，地域計画学，地域社会システム計画論，地域活性化演習，農村計画実習などといった講義，演習，実習の教科書，参考書などとして活用されるよう企画しました．執筆にあたっては，できるだけ多くの若者たち，それも初学年の学生にとって読みやすく，魅力を感じられる内容とすることを，心がけました．

　そして，農村の現状と今後のあり方への関心と問題意識の涵養に意を注ぎ，そもそも「農村を計画する」という社会的な行為とはどのようなもので，それがどのような場面で，どのような手法をとれば，どのような効果をもたらすのか，また今そのことがなぜ重要なのかを簡潔に示しました．とくに農村地域の活性化を計画するにあたっての基礎的，原理的な理念や概念の理解を重視するとともに，各地域での豊かな実践事例を紹介し，活きた「計画センス」を養うことを本書の基本的な目標としました．このため，詳細な事業制度や統計データなどの情報は，既刊の類書よりも少なめにしてあります．

また本書は，大学等での教科書としてばかりでなく，農村地域で実践に励んでいる住民リーダー，市町村職員，さらには地域サポートを業務としているコンサルタント職員やNPOなどの中間支援組織の方々，そして農業振興や農村活性化の制度・政策の立案やその執行に携わっている国・都道府県等の行政職員の方にも，これまでの農村計画のあり方を広く深く振り返り，今後の実践に向けたあらたな組み立てに，多くのヒントを提供できると思いますので，ぜひ一読をお勧めしたいと思います．

　本書制作のさなか，3.11東日本大震災が発生し，とりわけ農山漁村地域が深刻な打撃を受けました．被害にあわれた方々に哀悼の意を表するとともに，本書が被災農村の復興に役立つことができますよう，心から念じております．

　私は，大学農学部を卒業後，技術系の行政官として農林水産省に8年半勤め，その後大学に転じて今日に至っておりますが，この間の約40年にわたり，滋賀県甲良町，静岡県三島市，北海道旭川市西神楽，ドイツ・クラインメッケルゼン村をはじめ多くの農村地域で農村計画の実際に触れ，たくさんの地域住民，中小企業主・市町村長をはじめ企業・役場職員の方々，国県の農村計画行政担当者の皆様，さらには大学・農業高校等の教員・学生の皆様から多くを学び，またささやかながら農村計画にかかる支援を行う機会にも恵まれました．こうした農村地域・教育の実践現場こそが，私をかろうじて一人前の農村計画学の学者・教育者に育ててくださいましたし，またこのように与えられた現場の経験が，本書の企画・編集，執筆に当たってどれほど役立っているか計り知れません．お世話になった皆様に，心より御礼申し上げます．

　最後に，本書出版のきっかけを作ってくださった畏友，亀山章東京農工大学名誉教授，企画段階から折にふれ貴重な助言をいただいた糸長浩司教授（日本大学）と山路永司教授（東京大学），お忙しいなか良質な原稿をお寄せくださった執筆者の皆様，そして制作実務作業にあたって大変お世話になった朝倉書店編集部の皆様に，それぞれ深甚なる感謝の意を表します．

　2012年4月

編者　千賀裕太郎

目　　次

第Ⅰ部　農村計画の基礎 ——————————————————— 1
1. 農村という地域 ………………………………………………………… 1
　1.1　現代・未来社会における農村 ……………………［千賀裕太郎］…… 1
　1.2　農村空間を読み解く ………………………………［糸長浩司］…… 4
　1.3　農村の社会 …………………………………………［福田　恵］…… 8
　1.4　農村の歴史 …………………………………………［髙橋美貴］…… 12
　1.5　農村の経済 …………………………………………［朝岡幸彦］…… 15
2. 計画という行為 ………………………………………………………… 21
　2.1　計画とは ……………………………………………［千賀裕太郎］…… 21
　2.2　計画の主体 …………………………………………［広田純一］…… 23
　2.3　計画の策定 …………………………………………［広田純一］…… 27
3. 計画の実現 ……………………………………………………………… 33
　3.1　計画の事業化 ………………………………………［元杉昭男］…… 33
　3.2　計画と実施（事業）の螺旋的成長 ………………［糸長浩司］…… 37
4. 日本の農村計画の歴史 ………………………………［元杉昭男］…… 40
　4.1　農村計画の歴史的視点 ……………………………………………… 40
　4.2　前近代の農村計画 …………………………………………………… 40
　4.3　近現代の農村計画 …………………………………………………… 42

第Ⅱ部　農村計画の構成 ——————————————————— 50
5. 空間・環境・景観計画 ………………………………………………… 50
　5.1　計画の総合性 ………………………………………［糸長浩司］…… 50
　5.2　生活圏域・集落空間の計画 ………………………［三橋伸夫］…… 52
　5.3　生産空間の計画 ……………………………………［山路永司］…… 58
　5.4　自然空間の計画 ……………………………［大澤啓志・勝野武彦］…… 64
　5.5　農村空間の総合デザイン …………………………［糸長浩司］…… 69
6. 社会・コミュニティ計画 ……………………………………………… 75
　6.1　農村における計画とコミュニティ計画 …………［朝岡幸彦］…… 75
　6.2　集落の活性化計画 …………………………………［弘重　穣］…… 80

7. 経済計画 ·· 87
　7.1　内発的活性化 ······································· [中島正裕] ···· 87
　7.2　農業発展の論理と計画 ······························ [柏　雅之] ···· 92
　7.3　エネルギー生産利用計画 ··························· [小林　久] ···· 98
　7.4　サステイナブル・ツーリズムの計画 ··············· [土屋俊幸] ···· 108
8. 外国の農村計画 ··· 115
　8.1　ドイツの農村総合整備 ······························ [千賀裕太郎] ···· 115
　8.2　イギリスの環境・農業政策 ························ [山路永司] ···· 118
　8.3　韓国の農村開発政策 ································ [劉　鶴烈] ···· 123

第Ⅲ部　農村計画の実践に向けて ─────────── 127

1. 農村における社会的企業と中間支援組織 ············· [白石克孝] ···· 127
2. 直接支払い政策の論理と展開 ·························· [柏　雅之] ···· 130
3. 農商工連携（6次産業化）による内発的経済発展 ········· [大塚洋一郎] ···· 135
4. 農村地域における資源循環システムの形成 ·········· [日高正人・上條雄喜] ···· 137
5. 水と地域と農の連携—農業用排水システムの社会的機能 ······ [中村好男] ···· 142
6. 赤とんぼの舞う水田景観の復活 ······················· [神宮字　寛] ···· 144
7. ため池の自然とその活用 ······························· [角道弘文] ···· 148
8. コウノトリと共生する農村づくり ···················· [藤沢直樹] ···· 150
9. 環境共生型圃場整備の計画 ···························· [田村孝浩] ···· 154
10. 野生動物との共生と獣害対策 ························ [梶　光一] ···· 158
11. 農村再生とエコビレッジの展望 ······················ [糸長浩司] ···· 160
12. 棚田の魅力と棚田保全 ································ [海老澤　衷] ···· 165
13. 混住化地域における農村計画のあり方 ··············· [鎌田元弘] ···· 168
14. 中山間地域の防災・災害復旧計画 ···················· [有田博之] ···· 171
15. 外来者参画の内発的地域活性化—そのメリットと課題 ········· [弘重　穣] ···· 175
16. 中山間地活性化のためのNPO法人活動 ·············· [関原　剛] ···· 180
17. 都市農村交流を中心とした山村農地再生活動 ······· [曽根原久司] ···· 182
18. 流域レベルの循環型経済による湖の再生 ············ [飯島　博] ···· 185
19. グラウンドワークによる地域活性化 ················· [渡辺豊博] ···· 188
20. 町や村の元気をつくる地元学 ························ [吉本哲郎] ···· 192
21. 農山村地域再生の新たな視点—単業から複業へ ········ [福井　隆] ···· 194
22. 地域再生手法と共同体の再生力 ······················ [山浦晴男] ···· 198

付録　農村計画の実例 ··· 203
索　　引 ··· 207

第Ⅰ部　農村計画の基礎

1. 農村という地域

1.1 現代・未来社会における農村

1.1.1 「3.11」を未来の農村への転換点に

　世界中の時の流れが，ある1点に集中して停止し，やがてそこから全く異なった質の時間が動き出すような，そんな歴史の大きな転換点を，われわれはいま超えつつある．とりわけ 2011 年 3 月 11 日後の日々を生きる者として，多くの人がそのことを切実に感じているのではなかろうか．

　東日本を襲った大地震とそれに続く巨大津波は，日本列島が「大地動乱の時代」に再突入しつつあるという，地震学者の指摘の正しさを思い知らされることとなった[1]．

　津波被害地域である三陸海岸地域には，深刻な津波被害がこれまでに何度もあった．過去の被災の直後には，高地への住宅移転を含む津波対策が選択された地域もあるが，数十年後には再び海岸部に居住する人が増え，今日の被災にいたったのである．犠牲者を心から悼むとともに，世界屈指の災害大国である日本のなかで，政治・行政に携わる者や専門家が，なぜ「避災・減災」という観点から十分な対策を提起できなかったのか，真に悔やまれるところである[2]．

　同時に勃発した福島第一原子力発電所のきわめて深刻な事故についても，事業者側の「想定外」という言辞に代表される，予防措置の欠如とその後の不十分な対応をふまえるならば，天災である以上に人災だったといわざるをえない．

　近現代の文明が培ってきた科学技術の膨大な蓄積をもってしても，地殻プレートの変動という形をとった，大自然という巨人にすればおそらく半歩にもならないつまずきを前にして，人間はほとんど無力に映り，また人間自らが行った，ウランという小さな鉱物の微細な原子核がもつエネルギーの解放でさえ，制御不能という事態を引き起こすに至っては，賢いがゆえに愚かな現代人の増上慢を感じた人は，筆者だけではなかろう．

　1995 年 1 月 17 日に発生した阪神・淡路大震災の場合は，大都市が中心的な被災地と

---

1)　石橋克彦「大地動乱の時代―地震学者は警告する」（岩波新書，1994）．同氏はこのことを「巨大地震―権威 16 人の警告」（文春新書，2011）でも述べている．
2)　伊藤和明「地震と噴火の日本史」（岩波新書，2002）．

なった．これに対して東日本大震災のおもな被災地は，農村地域である．したがって被災地の復興についても，農山村地域の再活性化がおもな課題となる．東日本大震災の復興は，現代における「農村計画」の試金石となっているのである．

第 2 次大戦後の経済成長期を経て，日本の農村地域はこれまで，都市地域の「発展」から取り残された，「遅れた」地域という印象を強めてきた．そして経済のグローバル化が顕著な姿をみせている現代では，多くの農山村で，過疎・高齢化がますます急速に進行しつつある．

しかし今日，明治維新後の「文明開化」に始まる都市型文明の「発展」が生み出した深刻な危機に当面した地平から，あらためて農村地域を眺めることで，むしろ大都市の背後に追いやられた農村地域こそが内蔵する大きく豊かな価値に，多くの人々が気づき始めている．

農村では，その土壌面がコンクリートなどの人工物で覆われて，太陽光と水と空気とが遮断されない限り，また土壌や水域に汚染物質が混じらない限り，人間を含む多様な生き物が，食料と住居を得て持続的に生存する基本的条件がある．さらに近年では，最先端の科学技術の適用によって，太陽光，水力，風力，波力，地熱，バイオマスなどの農村地域が豊富に有する自然系の再生可能な地域資源を利用して，汲めども尽きないクリーンなエネルギーの生産が十分に可能となっているのである[3]．

こうした人間の最も基本的な生存資源を，その消費地にごく近い農村地域による生産でまかなうことができるということは，都市にとっても農村にとっても，地域の自立と国の安全保障の達成，そしてカーボンフットプリントを最少にして温暖化対策に貢献するというきわめて現代的意味においても，有利性がきわめて高い．原子力エネルギー「神話」が破られたことによって，再生可能エネルギーの「実話」が堰を切ったように流れ始めた．この「実話」が媒介となって，「まだまだ人類は地球危機からの脱出できる」という「希望」が，21世紀初頭の絶望の底から湧き出はじめたといえよう．

農村こそ，今この「希望」を担って，再活性化が期待されているのである．

1.1.2 農村の価値への気づき

農村の豊かな価値への気づきは，欧州ではすでにかなり早くから顕著であった．

---

[3] 飯田哲也「エネルギー進化論―『第4の革命』が日本を変える」（ちくま新書，2011），p.212．なお，本書 p.213-214 で飯田氏は，「目立ちませんが，もっとも大切な項目は，省エネ節電で減らす20%です．…実際に今年（2011年）の夏に，東京電力の需要は20%以上も減りましたので，すでに実現できているのです」と述べ，「2050年には化石燃料もゼロにし，自然エネルギーと省エネ節電をさらにすすめ，自然エネルギーだけで必要な電力をすべてまかなおう」とシナリオを示している．

たとえば，18世紀後半に産業革命を開始したイギリスでは，工業化の進展とともに19世紀後半までに都市環境が著しく悪化した．ロンドンやバーミンガムなどの大都市の市民が，湖水地方などの農村地域に美しい景観を「発見」し，王侯貴族に加えて新興のブルジョアジーや文化人らが農村地域に別荘をもった．なかでも「ピーターラビット」の作者として知られる絵本作家ビアトリクス・ポターは，湖畔の田園で牧畜農場の経営を手がけ，やがて自らの農園を寄付してナショナルトラストの創設（1895年）に加わった．ナショナルトラストは当初から伝統的な農村風景を主要な保護対象として位置づけ，農地と家屋敷などからなる農場の寄付を受け，寄付をした家族の居住を認めながら，都市住民等から広く集めた寄付金やボランティアを投入して農場の経営を行っている．現在ナショナルトラストは英国最大の農地面積を所有する団体となっている．

このように資本主義先進国イギリスでは，前世紀終わりから，ある種の農村志向の開始がみられる．

しかし一般には20世紀は重化学工業化を原動力とした経済成長が国家規模で強力に推し進められ，都市地域が飛躍的に拡張した時代であった．その陰で農村は，労働力，土地，水資源などの重要な供給源として都市の繁栄を支えてきた．

ドイツでは，今から半世紀前の1960年代初めには，工業化が著しかったノルトライン・ヴェストライン州で人口の移動傾向が，それまでの「農村から都市へ」から「都市から農村へ」と変わり，また同年代に「わが村は美しく」というタイトルの，今日まで続いている農村の美しい田園景観を競う連邦政府主催のコンクールが開始された．農村への社会的再評価が，やはり日本よりかなり早い時期に始まっている．

こうしたなか，近年では日本を含む多くの国でも，経済成長がもたらす自然破壊や都市社会における病理現象に当面している．そして経済効率偏重の価値観の見直しが始まり，自然や文化の保全，都市問題の解決や地域間格差の是正などが取り組まれつつある．

いま多くの国で農村地域のもつ固有な価値が見直され，農村地域の保全と改善に資する計画・事業実施制度の整備に努め，美しく豊かな農村の姿が現れつつあるのである．

1.1.3　農村と都市の共生圏：農村計画への期待

都市は，歴史的経緯をたどれば，そのほとんどが農村から派生したものである．農村から都市が生まれたのであり，その逆ではない．

農村は古来それ自体で，衣食住といった人間生存のための基礎的資源を基本的に備えている存在だったし，今でもそのポテンシャルは非常に高い．また自然に恵まれて人々の心身を癒し，子育ての条件としても優れていて，長い時間をかけて培われた伝統文化を温かいコミュニティが引き継いでいる農村は，潜在的にいわば「自立地域」なのである[4]．

大都市の食料自給率（カロリーベース）を確認すれば，東京都1％，大阪市2％，そして名古屋市1％というように，基本的に都市は農村に基礎的資源を「依存」してはじめて存続可能となる地域である．再生可能エネルギーが普及するようになれば，エネルギーの面でも都市は近隣の農村に多くを依存することになるであろう．

一方で農村にとっても都市は，今日なくてはならない地域である．都市は，農村で生産される食料や木材などの資源の多くを購入し，また農村に居住する多くの市民に，商工業で働く場を提供するなどを通して，農村に居住する市民の経済的条件を満たしているし，高等教育，医療，福祉，文化施設といった現代生活に不可欠な生活機能を提供している．

このように農村と都市は，本来一つの「共生圏」を構成するということができ，こうした近隣の農村と都市の相互依存性が高ければ高いほど，地域の人々の幸福度が高くなり，しかも地球危機打開への貢献度も高くなり，さらに地域住民の地域への愛着も強まるということができる[5]．

今日，未来に向けた農村計画への期待は高いが，農村計画の策定・実施にあたっては，都市と農村が互いに孤立した状態は決して期待された姿ではない，ということの自覚の下に進められることが求められているといえよう．　　　　　　　　　　　［千賀裕太郎］

1.2　農村空間を読み解く

農村空間は自然の空間ではない．人類史上，1万年前の農業革命以降，自然を加工しながら人類は生きてきた．自然の栽培空間化が農耕であり，野生動物の家畜化が畜産である．自然を人間が生きていくために加工し，生産空間，定住空間を整えたものが，農村空間である．その意味では，農村空間は人工的空間である．ただ，極度に人工化された空間である都市と異なるのは，自然の特徴にあわせて長い時間をかけて利用，管理してきた結果として構成されている二次的自然空間であることである．「自然と人間の時間をかけて作られた関係性の空間」といえる．

---

4) 門脇厚司「子どもの社会力」（岩波新書，1999）では，子どもが誕生からの発達過程で社会力（社会を作り，作った社会を運営しつつ，その社会を絶えず作り変えていくために必要な資質や能力）をどのように獲得していくのかを明らかにしている．同書では現代の都市社会が失いかけている家族，地域コミュニティ，自然の重要性があらためて示されている．

5) 内橋克人「もうひとつの日本は可能だ」（光文社，2003）では，「FEC自給圏」が提唱されているので参照されたい．ここでFは食料，Eはエネルギー，Cはケアー（福祉）のことで，近隣の都市と農村が共同でF・E・Cにかかる自給圏を形成・運営することで，地方「分権」を政治分野だけでなく経済分野にまで拡張して，実質的な地方分権を確立していこうと論じている．

農村空間は人間が自然と折り合いをつけてきた二次的生態系（エコシステム）の空間であり，環境時代においてこの視点が重要となる．たとえば，槌田敦が提唱する江戸モデルでは農業生産をめぐる海と里と山をめぐる生態系の循環システムを提示している．山で堆積された養分が最終的に海に入り込むが，これを再度，上方に戻す作業が人為的な干鰯(ほしか)の施肥作業として行われている．また，鳥の飛来で降した糞による栄養素が山に還元される．あるいは，海と陸の生態系循環説としてのサケの遡上により，河川を介して海と山村のつながりが維持されてきた．このような生態系のつながりの中に農村空間のエコロジー性を読み解いていくことが求められる．

1.2.1 農村空間の特徴
日本の農村空間の特徴は簡潔にまとめると以下のとおりである．

①森林が国土面積の65％以上，滝のような河川，海と山岳が近く連続している断面的に豊かな多様で濃縮したランドスケープ構造に規定された空間・景観構造．

②地震，津波，土砂崩れ等の自然災害，地殻変動により長い年月をかけて形成された微地形は豊かで多様な生態系を構築し，それに準拠した生活と生産の場としての農村空間．

③必然的に生態系は，それぞれの場所性に規定されて複雑化し，複数化した．東西の海洋の水域と中央山脈と季節風，偏西風，モンスーンの気候に規定された豊かで多様な生態系の誕生．その活用として人間-自然の風土的空間・景観システムの多様性と地域性，土着性の誕生．

④縄文時代から人間が手をかけて育て利用してきた風土空間・風土景観．

⑤奥山-里山-里-町の土地利用に規定された空間システムと景観的ヒエラルキー．

⑥地産地消的に地域循環自前型の社会・経済システムを支えた空間・景観システム．エネルギー，各種空間・景観材料の自前性，土着性．

1.2.2 集落空間の特徴
農村空間は，［自然空間-生産空間-居住空間］から構成されるが，それらを複合化した空間が居住空間を核とする集落空間である．民俗学では，「ヤマ-ノラ-サト」の3段階の空間構成として理解する．近年さかんに使用される「里地里山」はそれらを景観的視点から表現した言葉である．農村空間の核となる集落空間は，その自然立地条件，歴史文化条件，農林業生産条件によって特徴は異なるが，以下のような共通的特性をもつ．

①領域性：居住域，生産域，聖域（精神域）などの歴史的形成．

②線形の構造：道，水系による線状での連結性．集落空間の軸の明確化．集落空間の骨格形成に寄与する．

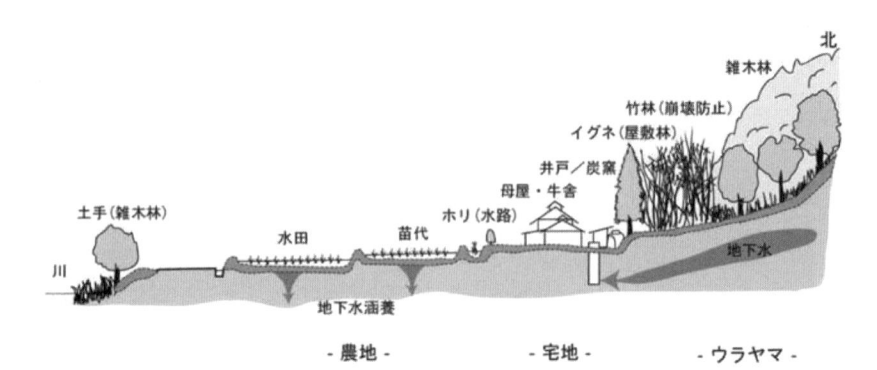

図1 福島県飯舘村大倉集落での［里山-宅地-農地］の段階構成

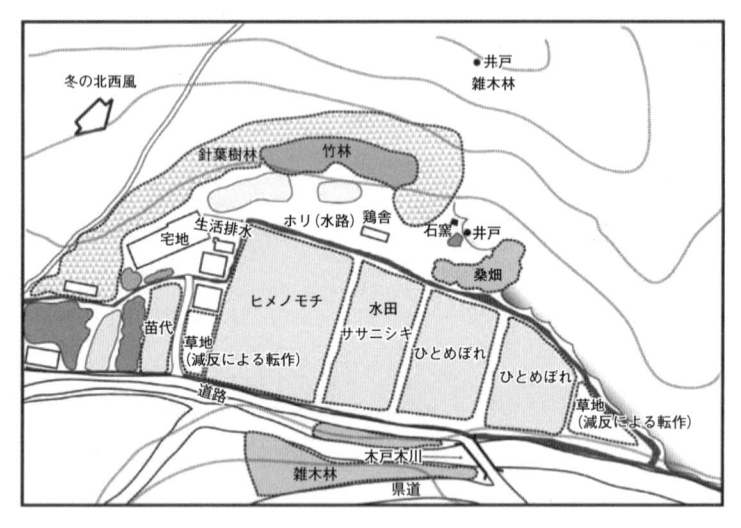

図2 福島県飯舘村大倉集落での農家周辺の土地利用状況

　③個空間の相似性：宅地空間の相似性．同じような空間構成の宅地の集合．
　④分節化と有機的結合：集落の社会構成に血縁的・地縁的なサブシステムがあり，それらが部分を構成し，分節化しながら，有機的に結合する．
　⑤境界の明確化：集落空間の入口，出口での暗示空間の存在（道祖神などの聖的空間）．峠，集落の背後の山の境界化，河川による境界．
　⑥共同空間の存在：道，神社，共有林，入会林（入会浜）など．
　これらの構成原理は空間的な意味だけでなく，集落住民の社会的付き合い，共同性意

識や精神などの社会的，心理的な営みを保障する原理であり，また，自然と人間との調和した共生空間を形成する原理でもある．

1.2.3 農村空間を景観から読み解く

農村空間を視覚的に構成する景観から読み解くと以下の8つの景からなる．

①居住の景：散居，散在，塊状集居，線状集居などの地形・風土や生産形態および歴史性に規定されてさまざまな形態が歴史的に形成されてきた．伝統的な曲屋茅葺農家，長屋門のある農家，倉のある農家，屋敷林のある農家等の多様性があり，地域固有の居住の景の基礎的要素となる．これらの共通性，統一性が特徴ある集落景観を形成する．居住景観形成における暗黙の作法が継承されている．近年はこれが崩れ，集落景観としての統一性や個性が喪失されつつある．伝統的な居住景観を継承しながら，農村の新たな居住景観を創出することが必要である．

②農の景：農業生産によって形成される景観である．面的な広がりをもつことから，農村景観の主要なものとなる．近代化，機械化により景観が単調さをもたらしている．棚田やはぜ掛けに代表されるような伝統的農の景観をいかに，今日的に維持していくかは，大きな課題となっている．この景観は，人間の営為によって形成された景観であり，人間の営為が継続できる仕組みを維持していかない限り，変容してしまう景観である．

③水の景：河川や沢などの自然に近い景観から，用水路や排水路のような農の景に相当するものがある．パイプラインに代表されるような生産基盤整備の近代化の中で，いま，農村の水がみえにくくなっている．もう一度，水に生き生きと触れられる景観づくりが必要となっている．

図3　福島県飯舘村での春の里山風景（2010年5月）

④緑の景：山林，平地林，屋敷林，鎮守の森，シンボル的樹木（景観木）などの樹木の構成する景である．遠景としては山並のスカイラインを形成し，近景としては連続した防風林の緑の帯，散居集落の屋敷林の緑の島的まとまりなどが，農村固有の景観美を形成する．

⑤歴史の景：神社，地蔵，古墳，石碑，道祖神，旧家の長屋門，旧家の屋敷構え等に代表されるような農村の歴史文化を今に伝える景観である．点的存在であるが，農村らしさと地域のアイデンティティに寄与する景観である．

⑥人文の景：祭り，虫送り，講等に代表される農村の人々の文化的な共同行為がつくる景観である．動的景観であり，農村におけるハレの景観となる．

⑦道の景：広域農道，集落内の生活道路，旧道等農村の線的な景観をつくるものとして道の景観がある．自動車優先の道路づくりが，農村の道路景観を単調で，寂しいものにしている．歩行者を優先し，周囲の田園景観と調和した道の景観づくりが必要である．自然地形に合わせた道の形態，道路沿いの道祖神等の文化施設の保全や旧道沿いの町並みの保全等での魅力的な道づくりが求められる．

⑧施設の景：集会施設に代表される生活の社会化のための施設と集出荷場やカントリーエレベーターに代表される生産の社会化のための施設がある．これらの施設は，更新されるときに，施設の周囲の景観と不一致をきたす場合が多い．新しく，便利であれば何でもよいという発想での施設づくりが，農村の景観を壊している事例が多い．農村の活性化のために，新しい共同の施設が今後建設されていくであろうが，その際には，地域にあった材料とデザインを用いてのより良い景観要素となる施設づくりが望まれる．

[糸長浩司]

1.3 農村の社会

1.3.1 「社会」からのアプローチ

近年，農村の危機を目の当たりにして，農村を何とかしたいという人たちが増えている．そうした人たちにとって，農村の社会を熟知することはどのような意味をもつのか．「社会」を人のからだにたとえるとわかりやすいかもしれない．人の病気を治すには，からだ自体の仕組みを知る必要があるが，それと同様に，社会を直すにも社会そのものの仕組みを知る必要がある．その仕組みを十分にふまえたときに，農村に対する実践的な熱意や試みも生きてくるのである．

それでは，農村の社会や仕組みとは何なのだろうか．「社会」といえば，学校で習う社会科やメディアで見聞きする政治や経済の動きをイメージすることが多いだろうが，ここでいう社会とはもっと身近なものである[1]．農村の場合でいえば，農家の人たちが日々

どのような活動をしているのか，どんな人間関係に囲まれているのか．長らく田舎に住んでいるとどんな考え方をもつようになるのか．そうした何気ない生活の営為こそ見逃せない「社会」なのである．

農村で繰り返し立ちあらわれる人々の活動パターン（行為や態度など）やつながり方（集団，ネットワークなど），あるいは共通の考え（価値，規範，理念など）に関心を向けることによって，淡々と営まれる農村生活が，驚くほど精巧な仕組み（システム，メカニズム）に支えられていることも理解できよう．

1.3.2　農村集落の諸集団と相互扶助

都市で生まれ育った人が，農村の濃密な人間関係や独特の立ち振る舞いに接して驚くことは少なくない．そうした印象をもつことは，無理もないことである．なぜなら，いままでの研究が示してきた通り，日本の農村は海外の農村と比べてもきわだった性格をもってきたからである．こうした特質は，農村の最も小さな単位である「集落」に凝縮されているので，以下では集落生活を手がかりにして日本の農村社会を考えてみたい．

農村集落には，住民生活を支えるために数多くの諸集団が存在している[2]．農業，水利，山林管理などの生産組織，氏子，檀家など神社や寺にかかわる宗教組織，青年団，婦人会，老人会，子ども会などの年齢集団，家族・家（イエ），本家分家，姻戚関係などの血縁組織，仮のオヤコ関係（名付け親，後見人），講（経済講，無礼講），育児・児童支援のための集まり（育友会など），趣味やスポーツの仲間グループ，行政関連組織（福祉，交通安全，環境整備，選挙などの係や委員組織）などである．

諸集団の領域は，経済，宗教，教育，文化，政治，行政など住民生活の全般に及ぶ．これらの多くに共通する性格として見逃せないのが，住民同士の生活を支える相互扶助の役割である．

たとえば，古くからみられた農業上の共同作業である結（ゆい）はその典型である．労力ばかりではなく，資金や生活物資を融通しあうことは各集団内で頻繁にみられるし，また病気や不幸などに直面した世帯や経済的に困窮した仲間を支援，優遇する場面も少なくない．

相互扶助の慣行は世界中の農村でみられるが，日本の場合，血のつながらない非血縁同士でも扶助関係を積極的につくろうとしてきた点に特徴がみられる．たとえば，血縁集団の家や家族であっても，跡継ぎがいないなら，血のつながりがない子も養子として慣例的に受け入れてきた．この点は，血縁関係のある養子を前提とする中国や韓国（あ

---

1)　ヴェーバー M., (清水幾太郎訳)：社会学の根本概念，岩波書店，1972
2)　鳥越皓之：家と村の社会学，世界思想社，1985

るいは沖縄）と大きく異なっている[3]．また集落のなかの家々を血縁関係によらず，空間的にいくつかの小グループ（組や班など）に分け，そこでも生活上の助け合いをしてきた．葬式などいざというときには，親族ではなく，近隣の住民（葬式組など）が手助けする仕組みが根付いているのである[2, 4]．

1.3.3 農村集落の自治と公共性

農村集落の内部には多くの諸集団があるが，集落自体もじつは一つの集団である．集落の特徴として，何よりも重要なのは，自分たちの手で生活の諸事項を取り決める自治的性格である．

たとえば，集落では代表者（区長や自治会長など）や役職者（副区長や会計など）を自分たちで決め，その決定方法（選挙や輪番など）もあらかじめ定めている．意思疎通や合意形成を図るために，協議（寄合，総会，集会など）も定期的に開催している．また集落独自の財政をもち，収支決算もしている．しかも，その収入手段は補助金のみならず，集金，共有益（山の収益や土地の貸借など），寄付金など自主財源を基本としている[2]．こうした自主的な地域運営は，江戸時代初頭から現在にいたるまで長らく育まれた地域自治の原型だったといえる．

集落自治は，個々人の生活をよりよくするためになされるため私的活動の充実という面をもつが，日本の場合，同時に上位にある行政機構（市町村など）の公的活動をフォローする面ももった．

集落の区長や役員に話を聞けばすぐにわかるが，そうした地域代表者はたびたび市町村の役所に出向き，自らの地域事情を伝え陳情などを行っている．また施策の意図や具体的実施方法を行政側から把握し住民に周知する役割も担っている．

時には政治的，行政的な役割を果たすこうした集落の特性は，曖昧な性格として一時批判されることもあった（公私の未分離問題）．だが，現在ではそうした公的役割を担うことが，国や自治体の財政を底辺で支え，民主的な住民の意思形成につながりうることも評価されている．また農地や山林の維持管理が環境保全に貢献する行為としてみなされつつあるが，これも農村社会の公共的性格を示唆する例であろう．

1.3.4 農村社会と村外者の役割

日本の農村は，集落社会が端的に示すように，きわめて強い人のまとまりを形づくってきた．こうした日本の農村像は，欧米で生まれた理想的な社会像である「コミュニテ

---

[3] 山路勝彦：家族の社会学，世界思想社，1981
[4] 細谷 昂：現代と日本農村社会学，東北大学出版会，1998

ィ」や「共同体」(共同体の場合は個人の自立をはばむマイナスのモデルになる場合もある)の絶好の事例であったため,両者を同一視するアプローチや国際比較の枠組みを多く生みだしてきた[5,6]．

しかし,近年,そうした従来の農村モデルとは異なる姿に注目が集まっている．農村自体を限定的な定住空間としてみるのではなく,絶えず移動してくる人々やモノの流通,幅広い地域のネットワークをも射程に入れ,俯瞰的な視野から農村像を見直す潮流が生まれつつあるのだ[7,8]．

たとえば,歴史的にみると,丁稚奉公や出稼ぎ,次・三男の都市流入,行商,旅人,薬売り,あるいはアイヌや沖縄,在日朝鮮人・韓国人の人々,漁民や狩猟者など多くの移動者が発掘され,それらの人々が運ぶ資源や物品,広域的な人のつながりが解明されつつある[9,10]．こうした人や資源の移動やネットワークは,定住社会としての集落や農村世界を壊すものではなく,むしろそれらと両立してきた可能性がある．村外者は,ただ単に農村社会の外にあったわけではなく,内部の人々と接点をもち,歴史上かたちを変えながらも,大きな役割を担ってきたかもしれないのである．この潮流は,現在進行中の人的交流(Iターン,定年帰農,農家民宿,大学生の農村実習,産消提携,国際結婚など)を後押しする新たな農村社会像を模索する動きといえる．

以上のように「社会」を知ることは,冒頭で触れたとおり,農村をよりよく改善していくための大前提となる．最後にこれに関して一つだけ留意しておきたい．

ここで記した農村社会の特質は,研究者が頭の中で思いついたことではなく,農村におもむき,見聞きしたことがそもそものベースになっている．したがって,農村の最前線にいて,その仕組みを知り尽くしているのは,現場に生きる人々なのである．その意味からいえば,外から来る学生やボランティア,専門的な知識をもった行政担当者,実践家,研究者は,農村に対して一定の役割を担いうるとしても,同時に農村に生きる人々から絶えず教えを乞う立場にあることを忘れてはならない．

〔福田　恵〕

---

5) 北原　淳：共同体の思想,世界思想社,1996
6) 日本村落研究学会編,鳥越皓之責任編集：むらの社会を研究する,p.140-179,農山漁村文化協会,2007
7) 熊谷苑子：二十一世紀村落研究の視点．年報村落社会研究,**39**,農山漁村文化協会,2004
8) 日本村落研究学会編,池上甲一責任編集：むらの資源を研究する,農山漁村文化協会,2007
9) 伊藤亜人：文化人類学で読む日本の民俗社会,有斐閣,2007
10) 川森博司ほか：物と人の交流(日本の民俗3),吉川弘文館,2008

1.4 農村の歴史

1.4.1 日本における村と村社会の登場

近現代にまでつらなる日本列島の農村景観や農村社会の原型は，16世紀後半から17世紀にかけて生み出された．この時代，社会の構成員を武士身分と百姓などそれ以外の身分とに分ける兵農分離が進められ，村は原則的に百姓のみの居住する空間となった．村は領主から年貢などの納入義務を請け負う機能を付与される一方で，村の構成員である百姓たちによって自治的に運営されるようになったのである（村請制）．

その村のなかでは，17世紀を通して分家や村の有力者に抱えられていた下人の自立などが進み，自立経営を営む小農が大量に生み出された．かれらは，零細な土地で，鋤・鍬を使った深耕や多くの肥料投入・きめ細かな栽培管理を行うことによって，できるだけ多くの収穫を上げることをめざす集約農業を採用し，経営の安定化をめざす．このなかで，それまで村の有力者によって独占されてきた村運営のあり方もまた変化していった．村のなかで多数を占める小百姓たちの意向にも配慮した，あるいは彼らを含めた議論や合意を前提にした村の運営が行われるようになっていくのである[1]．18世紀半ば以降になると，小百姓の手放した土地を集積するなどした有力な百姓も登場してくるが，一方で小百姓たちを含めた村の公共的な運営の論理も根強く残っていく．

1.4.2 日本農村の伝統的な空間構造

こうして成立した村は通常，空間構造からみると，ムラ(集落)-ノラ(耕地)-ヤマ(林野)という3つの構成要素からなった[1, 2]．一見すると私的所有の性格が濃厚にみえる土地であっても，そこには村によるコントロールが働いていた．たとえば耕地はその典型である．

通常，日本の伝統的な村では，個々の農家は自分の経営する耕地を散在させていることが多かった．ノラには，村びとの耕地が隣接しながら混在していたことになる（零細錯圃制）．異なった条件の耕地を分散してもち，それぞれの場所に適した品種や作物を分散して栽培することによって，気候不順などによる危険を分散し，また生育の時間差を利用することで労働力の集中する時期を分散させたのである[3]．一方で，このような零細錯圃制ゆえに，村びとの農作業には村から強い規制がかけられた．たとえば水田なら

---

1) 渡辺尚志：百姓の力，p.37-41, 83-86, 234, 柏書房, 2008
2) 福田アジオ：日本村落の民俗的構造, p.54, 弘文堂, 1982
3) 木村茂光編：日本農業史, p.198, 273-284, 351, 吉川弘文館, 2010

ば，隣接・錯綜した耕地に用水を供給するためには，同じ日程で田植えをはじめとする農作業を進めなければならないし，また地目の変換（畑を田に・田を畑になど）や耕地の売買なども必ずしも勝手に行うことはできなかった．このため，村では生業・生活全般について村の取り決めが交わされ，その遵守が求められたのである[1]．

このような村の規制は，ヤマの管理や利用，農業生産に必須な用水の調達や管理（貯水・取水・導水・分水などにかかわる施設の維持や水利用の調整），さらには中山間地域で典型的にみられた獣害の防除などに，村びとの共同が不可欠であったことから生じたものでもあった．たとえばヤマは，村びとの生活や生業に不可欠な肥料・燃料・飼料・木材などを調達する空間であったため，過度の不平等や対立が生じないように，利用期間や利用時間，道具や運搬手段などについて村として取り決めを作るのが一般的であった．ヤマは村や複数の村々の入会地として利用されることが多かったが，個人所有のヤマであっても村や村びとの公共的な目的のためには，その利用が許されることが多かった．そこが村の領域のなかに存在する以上，その利用には村が関与することができたのである[1]．

通常，村の正式な構成員として認められることは，その村の資源配分を受ける権利を認められることを意味した．村は耕地のみならず水・ヤマなどに対する村びとの資源利用をコントロールすることで村の生産環境を維持していた．村がしばしば一定の百姓株を設け，それをもつ者を村の正式な構成員として認める慣習をもっていたのは，そのためでもあった[3,4]．

1.4.3 近代の日本農村

以上のような系譜のうえに築かれた日本の農村を，明治から大正時代にかけてもっとも特徴づけたのは地主制度であった[5]．その成立の契機は，明治維新後に実施された地租改正によって，近代的な土地所有制度が成立したことにある．地租改正は地価を確定する作業を通して，その土地に課される租税の負担者に近代的所有権を与えた[3,6]．近代的な土地所有権とは，所有する土地を自由に使用および処分できる権利である．実態は村からさまざまな関与を受けてはいたものの，法的には地租改正を境に土地所有の性格は変質したことになる．

日本の地主制度は19世紀末に確立したといわれる．地主の土地集積は地租改正の時点で30％ほどであったが，明治・大正時代を通して地主の土地集中が進む．とくに明治10

---

4) 岡　光夫，山崎隆三，丹羽邦男：日本経済史―近世から近代へ―，ミネルヴァ書房，p.22, 1991
5) 大門正克：明治・大正の農村，岩波ブックレット，p.23-29, 1992
6) 飯沼二郎：日本農業の再発見，NHKブックス，p.140, 1975

年代（1880年代）に政府の紙幣整理によって生じた大不況（松方デフレ）と日露戦争（1904年）前後の増税などに伴う農村疲弊が小作地率上昇の大きな画期となった[2, 3]．こうして戦前までの日本の耕地面積のおよそ半分が地主に所有された小作地になったのである．農家別の割合でみると，約3分の2の農家が地主から土地を借りている小作および自小作農家であった[5]．こうした体制のもと地主は土地を小作人に貸し付けて高率の小作料を徴収し，そこで蓄積された富が預金や株式という形で資本に転化されていく．一方，多くの小作人は小作だけで家族の生活を支えることが困難であったため，その家族は低賃金で働く労働者の供給源として機能した．地主制度が近代日本における産業資本の発達を支えると同時に，社会のあり方をも特徴づけたのである[6]．

農業生産のあり方も，このような社会体制に対応して変化していく[6, 7]．水田では，19世紀末以降，乾田化と馬耕（馬を動力とした犂耕）の導入が進められ，米作の生産力拡大が計られる一方で，畑では桑が栽培され養蚕業が飛躍的に発展していった[7]．こうして米と繭とが近代日本の基幹作物となり，米を国内の食料基盤に，また繭を欧米向けの輸出品に振り向けることで，日本の経済と国家の国際競争力が支えられていったのである．

1.4.4 戦後日本の農業と農村

敗戦後の日本では，民主化政策の一貫として，また資本主義体制を支える社会的基盤の創出を意図して農地改革が実施された．これは不在地主の全貸付地と，在村地主の貸付地のうち保有限度を超える部分とを国が強制買収し，それを小作農に売り渡すという大改革であった．これによって地主制度は解体し，大量の零細土地所有農家が生み出され，日本の農村社会は大転換を遂げる[3]．こうして生み出された大量の零細農家が，戦後日本の農村と農業とを支え，また特徴づけていくこととなる．

実際，昭和30年代以降に進む農業の機械化と化学化は，彼らを担い手として進められた[7]．この時代以降，田植えや収穫作業など農作業部門の機械化が耕地の基盤整備とともに進み，昭和40年代までには稲作の中型機械化一貫体系が確立する．その結果，化学肥料や農薬の導入とも相まって，飛躍的な生産力の増大が実現された．農耕用牛馬も，この時代に日本の農村からほぼ姿を消す．

ただ，一方でそれは，日本の農業と農村に種々の矛盾を生み出していくことにもなった．高度経済成長期以降の日本農村では，他産業への若年労働力の流出が生じる一方で，1ha程度の零細農家が離農せずに兼業化していく．農業の機械化・化学化がそれを支え

---

7) 暉峻衆三編：日本の農業150年 1850〜2000年，p.43, 67, 82, 105, 168, 170-171, 178, 192, 199, 203, 230, 232, 有斐閣, 2003

た.この結果,日本農業では,農地の流動化と集積とを伴う経営規模の拡大や生産性向上が必ずしも進まず,農業や農村の高齢化や過疎化が進行することとなった.また,農業の機械化・化学化やエネルギー革命は[8],村による林野などの共同的な利用や管理を衰退させ,高齢化や過疎化とも相まって村の組織力や活力などを弛緩させてもいった.その結果,1980年代以降に進む安価な海外産農産物の流入などにともなって,食糧自給率の低下や耕作放棄地の増加,さらには国土荒廃といった問題が引き起こされてくる.その延長線上に,有機農業・集落営農など,さまざまな取り組みによって農業・農村の再生を模索する現代日本農村の姿が登場してくることになる. [高橋美貴]

1.5 農村の経済

1.5.1 経済成長と農業・農村経済

明治以降の日本の経済成長には目をみはるものがあった(図1).GNP(国民総生産)の変化をみると,1894年(日清戦争)以降,次第に伸び始めて,1915年から1919年に

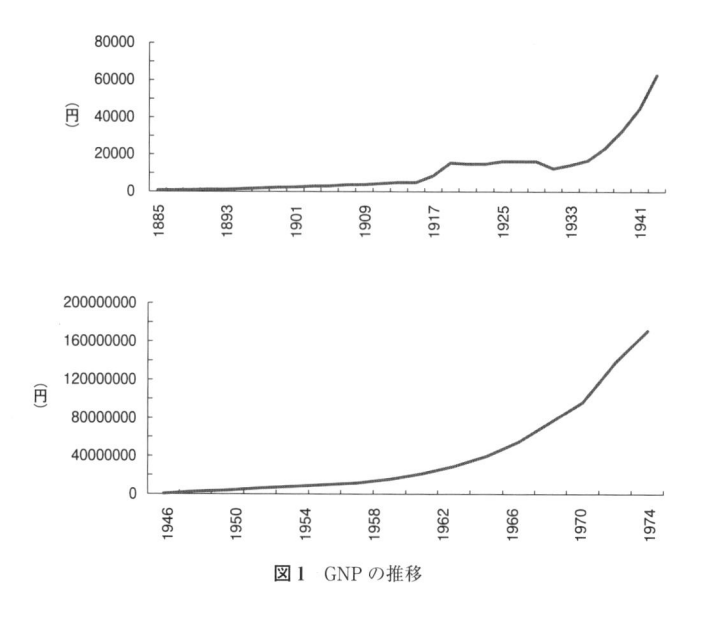

図1 GNPの推移

---

8) エネルギー革命とは,それまでの中心的なエネルギー源が別のエネルギー源に急速に転換し,その結果生じる生産や生活など社会のあり方の大きな変化をいう.ここでは,戦後日本で1960年前後を境にエネルギー源が石炭・薪炭から石油へと急速に転換し,これに伴って産業や生活など社会のあり方に巨大な変化が生じたことを指す.

かけて第1次世界大戦で「急増」した．ヨーロッパからの戦争特需がなくなった後に「停滞」期に入り，1929年の世界恐慌によってGNPは減少するが，1931年の満州事変を契機に日本は中国やアメリカ・イギリスなどとの本格的な戦争（1937年からは日中戦争，1941年からは太平洋戦争）に突入することでGNPは軍需を中心に再び急増した．しかしながら，太平洋戦争末期の日本本土の壊滅的な破壊によって，戦後日本は1955年頃まで1930年代の経済規模を回復することはできなかった．その後，朝鮮戦争による特需を契機に再び急速な経済成長が始まり，1960年の「国民所得倍増計画」の登場によって1973年まで「高度経済成長期」を迎える．

　明治以降，1950年代までの日本社会の主要産業は，明らかに農林漁業であり（図2），第一次産業従事者の割合はほぼ50%を維持していた．この割合が急速に減り始めるのは1960年代（より正確には1950年代の終わり）以降のことであり，高度経済成長政策のもとで農業基本法（1961年）を中心とした農業近代化政策，いわゆる「基本法農政」が進められた．農業構造改善事業（中大型機械化一貫体系，圃場整備事業など）が農村に広く導入され，米の増産が進んだ．他方で国民の食生活の変化（洋風化）から米の消費量の減少が進み，その延長上に減反・転作政策が導入された．

　その結果，1960年以降の総農家数は明らかな減少を続け，606万世帯あった農家は2005年には285万世帯（53%減）にまで減少した（図3）．専業農家の減少に対して増加を続けていた兼業農家も1970年をピークに減少を始め，農山村地域の過疎・高齢化が著しく進みはじめる．国勢調査（2005年度）にもとづく産業別就業者の高齢化割合をみると，農業従事者に占める65歳以上の高齢者の占める割合は51.5%（75歳以上は17.9%）であり，全人口に占める高齢者（65%）の割合23.1%（2010年度）の2倍以上となり，他の産業と比べても明らかに高齢化が進んでいるといわざるをえない（図4）．農家数の

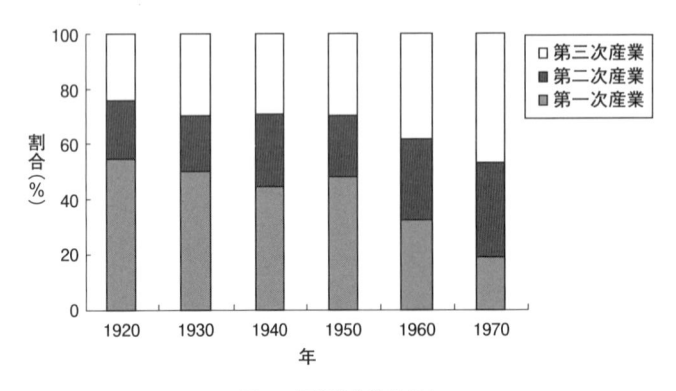

図2　産業別就業者割合

1.5 農村の経済

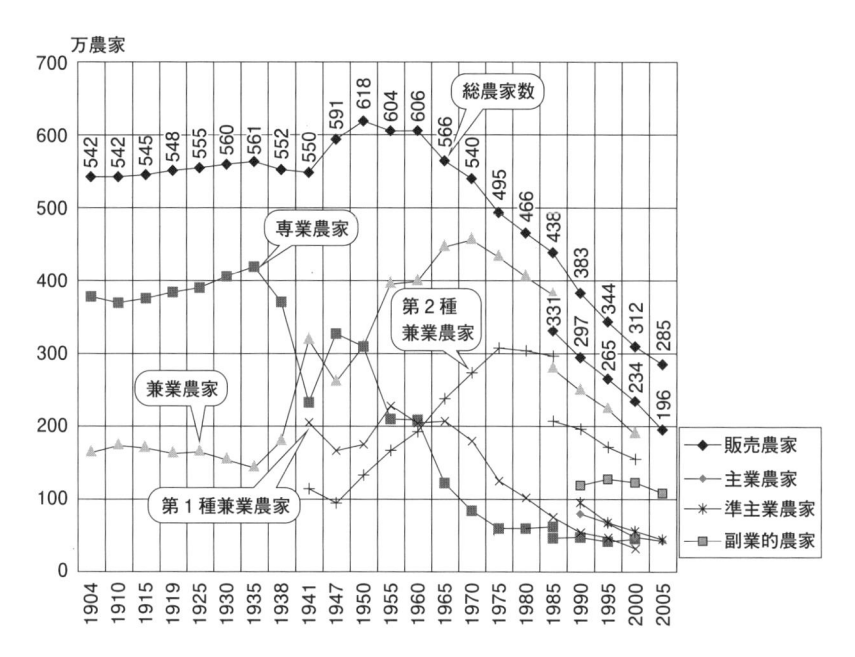

図3 農家数・専兼別主副別農家数の長期推移（農業センサス累年統計書）

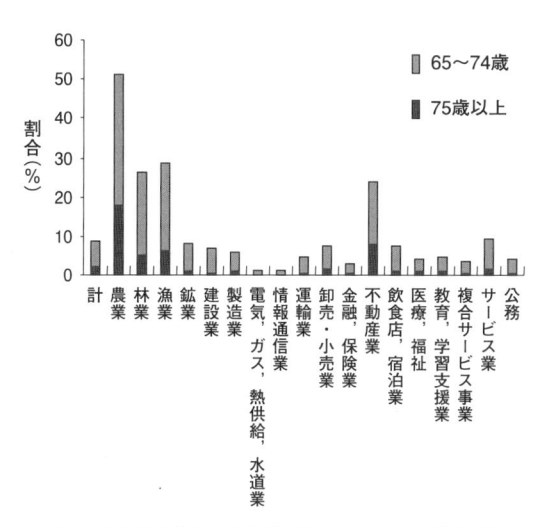

図4 産業別就業者の高齢化割合（2005年，国勢調査）

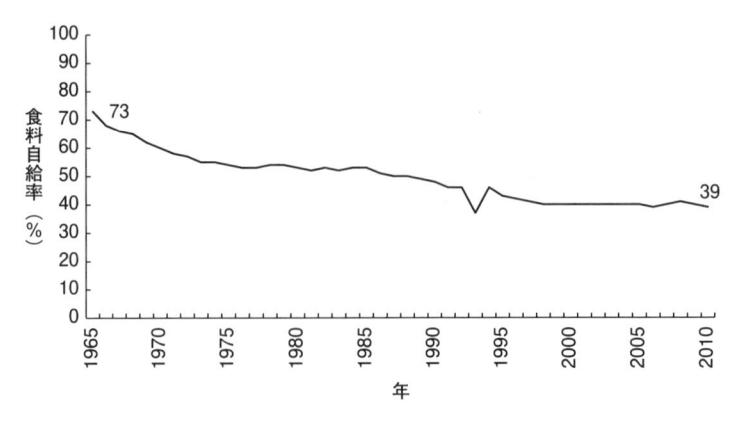

図5　食料自給率の推移（カロリーベース）

減少と過疎高齢化が進む中で，日本はますます食料を輸入に頼るようになっていった（図5）．1965年にはカロリーベースで70%を超えていた食料自給率は，2009年には40%程度にまで下がっている．

その後，日本政府は農業基本法に代えて食料・農業・農村基本法（2009年）を制定し，農地・農業の多面的機能を評価し，国土保全機能（環境保全）を視野に入れた農業政策への切り替えを図ろうとしている．しかしながら，グローバリゼーションのもとで引き続き国際競争力のある農業の生き残り（輸出型農業）を模索しており，TPPやEPA，FTAへの積極的な対応が目立つ．貿易自由化に対する農林漁業関係者の不安や反発は大きく，国内消費者が農産物に対してより高い安全性と安心を求める傾向が高まっていることにも配慮しなければならない．東日本大震災の復興と原発事故への対応の長期化によって，日本の農林漁業政策はますますむずかしい決断を迫られている．

1.5.2　農村における農法の模索

日本の社会にとって，明治維新（1868年）は国家の近代化とその経済的基盤としての資本主義経済の導入に向けた重要な出発点であった．約240年間にわたる江戸時代は，そのほとんどの時期を鎖国政策によって域内循環を基礎とした社会経済システムで支えられていた．その中でも，「百姓」と呼ばれた農民を中心とした村落共同体（ムラ）の役割が極めて大きかった．国家・社会の資本主義化は，市場の創出に向け，この村落共同体の解体を進めようとするものである．

それまでの労働集約的な農業のあり方を転換するために，明治政府は当初，欧米型の農法の導入を積極的に進めようとした．しかし，この試みは見事に「失敗」したといわ

ざるをえない．日本の風土に適さず，農民が慣れ親しんできた農法とまったく異なる農業のやり方が簡単に根づくはずはなかったのである．そこで，明治政府は「老農」と呼ばれる在来農法の指導者たちに注目することにした．ある意味で，トップダウン型の営農指導をボトムアップ型の営農指導に切り替えたのである．こうした生まれた農法は「明治農法」と呼ばれている．

第二次世界大戦の敗戦によって日本農業には新たな展開の可能性が生まれた．戦後日本を占領下に置いた GHQ（連合国軍最高司令官総司令部）は，1947 年に寄生地主制の解体を目的とした農地開放（農地改革）を日本政府に指令した．日本政府は地主の保有する農地を安値で買い取り，耕作していた農民たちに払い下げた．その結果，1950 年代には〈下記のような特徴をもつ〉新しい農業の発展基盤が生まれていた．

① 「自作農」を基盤とした高い営農意欲に支えられた農業経営．
② 農村社会教育（青年，婦人会等）に象徴される農村の民主化．
③ 耕運機に代表される小型機械化体系の登場．

ここに，「明治農法」に代わる「戦後農法」の可能性が生まれていたとみることができる．

ところが，いわゆる高度経済成長とそれを支える産業政策（農業政策も）は，日本農業の内発的発展の基盤を掘り崩し，「戦後農法」の可能性をつぶしてしまったと考えることができる．そして，農業構造改善事業等による多額の補助金を梃子としたトップダウン的な農業基盤整備（区画整理，要排水路整備等）や機械化・化学化が，「零細分散錯圃」と呼ばれる日本農業の構造的問題をよりいっそう顕在化させて，ある種の過剰投資と非効率をもたらしたのである．

こうした困難な状況のもとで，政府が進める農業近代化政策や補助事業が目指した大規模農業への道とは異なる，「もう一つの農業」のあり方を模索する動きが注目されている．たとえば，無農薬リンゴの栽培に成功した木村秋則さん，アイガモ農法の古野隆雄さん，マイペース酪農の三友盛行さん，有機無農薬栽培の金子美登さん，有機米栽培の石井稔さんなど，あえて農政と距離をおいた農法によって成功した農民たちに，現代の「老農」としての役割を期待したい．

1.5.3 自然災害と新たな経済の可能性

東日本大震災（2011 年 3 月 11 日）が発生した．阪神・淡路大震災（1995 年）や新潟県中越地震（2004 年）に比べてもはるかに大きな被害をもたらしており，とりわけ津波の被害による約 2 万人の死者・行方不明者とともに，福島第一原子力発電所の事故によっても多くの住民が避難している事実は重い．マグニチュード 9.0 という未曾有の巨大地震であったとはいえ，地震・火山・台風などの大きな自然災害を受けやすい日本とい

う国土に暮らす私たちが，いかに危機に直面しやすいのかを明らかにしている．

とりわけ「限界集落」と呼ばれる中山間地域の農山村計画について考えるうえで，大規模自然災害の被災地域における復興計画から学ぶことは多い．大きな自然被害に対して，救助や救援を中心とした第1段階から復興や支援などの第2段階に移行する際に，被災地域が被る「取り戻しがたい社会的被害」をどのように埋めるのかが大きな課題となる．中山間地域においては，しばしば「10年早まった」といわれる過疎・高齢化をどのように補い，持続可能な地域づくりを支えることができるのか，ということであろう．

人口が減ること以上に，人々が築きあげてきた社会的な「つながり」が失われることの意味の大きさに注目しなければならない．地域で支えあう関係なしに，地域の復興はありえないからである．中越地震の震源地となった新潟県長岡市川口地区（旧川口町）において，「地域通貨」を活用した地域の「つながり」を回復するための社会実験が始まろうとしている．地震被害からの復興のための時限を区切った公共事業や公的支援制度の後に地域が自立を模索していく方法の中に，過疎・高齢化に悩む農山村に共通する課題解決の手法を見出すことができる．

［朝岡幸彦］

2. 計画という行為

2.1 計画とは

2.1.1 「計画」の経験

　私たちはだれでも「旅行計画」の経験をもっているだろう．旅行とは，ある目的を達成するために，ある地域へ移動することである．この場合，行き先となる「地域」は，家族で幾日か楽しむことのできる場所などを意味し，地図を広げて訪問地を想像すると，かなり明瞭なイメージを共有することができるだろう．旅行代理店の宣伝パンフを利用するなどして旅行計画を組むことは，そう難しいことではないばかりか，楽しくもある．
　ところが，自分が住んでいる地域の将来計画ということになると，たちまちとらえどころのないものとなる．地域というものは，ある人が生まれたときには，すでに厳として存在していたもので，その環境を所与のものとして，あたかも自分の身体の一部であるかのようにして，長年暮らしてきた．その間，地域は時間とともに変化してきたものなのであるが，何が地域を変化させているのかが，これまたよくわからない．ほとんどの人にとって，自分の住む地域の「計画」を作った経験などはないし，そもそもそのような計画行為は，住民のなすべきこととは思ってもみない．したがって，地域の将来を計画するなどという大それたことが可能とは，なかなか思えないのである．

2.1.2 それぞれの「課題」の解決

　それでは地域は，なぜ，どのようにして計画の対象となるのだろうか．
　地域は，地域住民の労働と暮らしの場であるとともに，他の地域の住民にとっても，労働の場であったり，何らかの生活資源の調達の場であったり，時々訪れる場であったりして，価値ある存在であるが，何らかの事由によって，地域の課題が特定され，その課題を解決しようとするときに，地域は計画の対象となる．地域における計画の目的は，地域における課題の解決である，ということになる．
　たとえば，戦後の日本を振り返ってみると，高度経済成長によって，都市勤労者の所得水準が向上し，都市地域での乗用車，水道，下水道等の普及が進むと，都市と農村間の社会的格差が開いて，その是正が「課題」となり，この「課題」解決に向けた，農村生活条件の改善に焦点を当てた「農村計画」が策定され，実現に移されることになった．

さらに、こうした生産や生活の利便性の向上がかなりの程度まで達成されるようになると、新たな「課題」が自覚されるようになる。たとえば、二次的自然や田園景観、地域文化などの、農村が宿す「多面的価値」の消滅・劣化の防止・回復という「課題」に焦点を当てた「農村計画」が策定され、実践されることになる。

2.1.3 農村地域の将来ビジョンを実現する総合計画と土地利用計画

　地域にはさまざまな部門の課題が存在し、それらが相互に関係しあっていて、個々の課題が解決したかにみえても、別の課題が出現し、その課題がさらに他の課題に影響を与える。まるでもぐらたたきゲームのようである。

　そこで、地域を総合的にとらえ、長期の将来ビジョンを樹立し、それを実現する総合的な計画行為が必要になる。これには、個々の部門の課題にあわせた計画に比べて、より根本的な取り組みが要求される。地域の自然や歴史的な条件をよく吟味して、地域が本来有している価値の再発見作業が求められる。これに基づいて、地域における暮らしのあり方がデザインされ、地域経済の基本戦略が検討され、そのために必要なインフラ（公共基盤）の整備が総合的に計画される。

　さらに必要なことは、こうした計画の効果の持続性をどう担保するかである。個々の部門のビジョンは、いずれも地域における「土地」の上で展開される。放置すれば、たとえば工業部門の拡大が、生活域に大気汚染や騒音を生じ、安全で豊かな生活を脅かすかもしれない。道路脇に巨大な商業施設が立ち並ぶことを放置すると、その背後の農地や住宅地が日陰になって被害をこうむり、また地域景観の文化的価値が損なわれることになるかもしれない。

　こうした地域に将来生じると予想される矛盾を未然に防ぎ、地域の総合的ビジョンを長期にわたって徐々に実現に導き、その効果を長期にわたって担保するのが、地域の土地利用計画とそれに基づく土地利用規制の措置である。総合的ビジョンは、多くの部門計画により構成されるが、それぞれの展開が互いに悪影響を及ぼさず、むしろ良好な相乗効果をもたらすように、配慮するのである。

　農村における土地利用計画は、都市におけるそれと比べて、自然地と農林地という、宅地以外の土地利用が多いという特徴がある。自然地や農林地に建物が立つという変化、すなわち「宅地転用」は不可逆的で、元に戻すことはきわめて困難である。土地利用計画・規制は、こうした取り返しの付かない土地利用の変更を未然に防止する機能をも有する。

　また、土地利用計画・規制は、対象となる土地における建物の規模や形状を計画的に規制する機能を発揮することも可能である。建物の規模やデザインが、周囲の土地利用や地域の景観に悪影響を及ぼさず、逆に美しく魅力的な地域の形成に寄与するよう誘導

するのである[1].

2.1.4 計画づくりの手続きと住民の参加

以上のような農村計画には，そこに居住し活動する市民の創意と理解の結集が求められる．とりわけ，土地利用計画・規制は，個人の権利の制限を伴う．土地所有権は，憲法に保障された私権のもっとも重要なものであり，大多数の市民の了解がないと，土地利用の自由を制限する計画規制を成立させることは事実上困難となる．このため，土地利用計画を定めるための手続きが法律によって定められ，一定の条件を満たして計画が確定すると，その計画が効力を発するのである．こうした法律上の規制効果を伴うものであるから，地域の関係者の十分な理解が必要なのである．

農村地域の現在の課題を特定し，地域の産業や生活の将来像を探り，この実現に向けた総合計画を策定するプロセスを担うのは，その地域の市民，企業，行政といったすべての関係者である．地域の計画づくりは，冒頭でも述べたように，多くの人は不慣れであるので，計画作りに学習のプロセスを組み込み，関係者の成長と相互理解の進展を図りながら，慎重に進めていくことが重要である． ［千賀裕太郎］

2.2 計画の主体

2.2.1 計画策定主体

農村計画の策定に当たっては，誰が計画主体になり，また誰がその計画策定にかかわるのかということが重要である．

計画主体となりうるのは，計画対象地区が属する基礎自治体（市町村）または当該地区の住民組織のいずれかである．前者の場合，市町村が当該地区の住民の参加を図りながら計画を策定する．これに対して，後者の場合は，住民組織が市町村の支援を受けつつ計画を策定することとなる．農村計画が地域住民自らの計画であるという考えに立てば，当然後者が望ましいわけだが，計画策定を担えるだけの人材を地区内で確保することは必ずしも容易ではない（図1）．

従来は形式的には住民組織を計画主体としている場合であっても，実質的には市町村職員が計画を作成しているような例も少なくなかった．しかし近年では，計画策定を担える人材を地区で採用できるような仕組みを整えたうえで，地区自らが計画主体となって地域計画を策定する例も増えている．本項では，近年のこうした傾向を踏まえて，当該地区の住民組織が計画主体となる場合を想定して記述を進めることとする．

---

1) 千賀裕太郎：複数のビジョンを提示した農村計画の試み．農村計画学会誌，**16** (3), 263-273, 1997

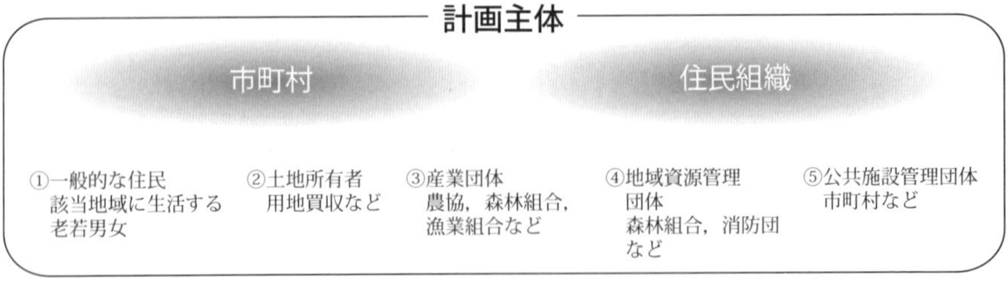

```
                    ─── 計画主体 ───
        ┌─────────────────────────────────────────┐
        │    市町村                 住民組織        │
        │                                         │
        │ ①一般的な住民  ②土地所有者 ③産業団体  ④地域資源管理  ⑤公共施設管理団体 │
        │  該当地域に生活する 用地買収など 農協，森林組合， 団体        市町村など    │
        │  老若男女              漁業組合など 森林組合，消防団          │
        │                                   など              │
        └─────────────────────────────────────────┘
```

図1　農村計画策定主体

次に，計画策定に誰がかかわるべきかであるが，基本的には，計画によって影響を受ける利害関係者全員である．一般に，農村地域においては次のような主体が想定される（図1）．

第1は，生活者としての住民である．農村計画が農村での生活にかかわる多面的な内容を含むものである以上，これは当然である．一口に住民といってもさまざまであるが，居住する地域，年齢，性別，職業，居住年数などによって分類できる．

第2は，土地所有者である．とくに計画事項として，土地や建物の整備や活用にかかわる事業を含む場合は最も重要な利害関係者となる．

第3は，産業別の団体である．農村地域であるから，農林水産業にかかわる団体，すなわち農協，森林組合，漁業組合がこれに該当する．また，農村地域でも小規模な商工業は存在するし，観光業が立地する地域もある．こうした商工観光業の団体や企業もまた利害関係者である．

第4は，地域資源管理にかかわる団体である．農業水利や農地管理を担当する土地改良区や森林管理を担う前述の森林組合，あるいは防災組織である消防団や水防組合もこれに含まれる．また，文化財や自然保護地，公園緑地等を有する地区であれば，これらを管理する団体・組織も該当する．

そして第5は，公共・公益的な土地や施設を管理する団体である．市町村や都道府県，国，学校，病院，郵便局など，そして寺社などもここに含めてよいだろう．

2.2.2　計画策定組織と体制

前項で挙げたような主体がどのように計画策定にかかわるべきだろうか．原則としては，できるだけ多様な参加の機会を設けることが重要である．参加の機会は大別して，計画策定組織への参加とそれ以外に分けることができる．

a.　計画策定組織

計画策定組織とは，さまざまな調査や情報収集を通じて計画素案を作成し，多様な主

体の意見を聴きながらこれを修正し，最終的に計画案をまとめる組織である．最終的な計画決定は，次項で述べるように，市町村当局や市町村議会，あるいは住民組織の総会が担うことになる．計画対象地区の利害関係者の代表等で構成する計画策定委員会を設置するのが一般的である．また，その実行部隊としてワーキンググループを設置して，実質的な計画立案を担当することも多い．ワーキンググループのメンバーは，必ずしも既存の団体やグループの代表にはこだわらず，人材本位で選ぶ必要がある．自治体や計画策定委員の推薦や公募によって選ばれることが多い．

　計画策定組織の中でも最も重要なのが，計画策定の進行管理と連絡調整を務める事務局である．ワーキンググループによる計画立案のとりまとめも事務局の役割である．ここで進行管理とは，計画策定のスケジュールを立てるとともに，スケジュール通りに作業が進むように必要な調整を図りつつ，計画策定作業全体をマネジメントすること．連絡調整とは，関係者とこまめに連絡をとりながらスケジュールを調整し，時として意見の調整も行うことである．なお，地域住民の中で人材が得られない場合は，地域外から採用したり，市町村職員がこれを担うことになる．

b．一般住民の参加

　計画策定員会やワーキンググループに参加できるのは，地域住民の一部であるため，それ以外の主体に対して計画策定にかかわる機会を設ける必要がある．参加機会は大きく，①計画素案を作成するために情報や意見を集める段階と，②計画素案に対する意見を聴く段階の2つに分けられる．

　①の情報収集段階では，不特定多数の住民の情報・意見を集める方法と，特定少数の住民の情報・意見を集める方法とがある．前者でよく用いられるのが住民アンケート調査である．住民にとって関心の高い課題を尋ねたり，地域の将来像への意向を問うたりすることが多い．アンケートの方法としては，町内会や行政区を通じて配布・回収する方法，個別に郵送する方法，インターネットによる方法などがある．

　後者の方法としては，計画地区の中の小地域ごと，または共通の利害を有する住民層（たとえば女性や子育て世代，小中学生，高校生，高齢者など）ごとに懇談会や意見交換会，ワークショップを開催して，かれらの意見を集中的に聴取することも有効である．懇談会や意見交換会に当たっては，参加者が意見を出しやすい雰囲気を作ることが重要であり，そのためには会場の場所（地元に近い場所の方が来やすい）や机・イスの配置（説明者と参加者が向き合う配置よりは，ロの字やコの字型の方が発言を引き出しやすい），会議のプログラム（主催者が一方的に話すのではなく，参加者が発言する時間を十分にとるなど），説明のさいの言葉遣いや態度（威圧的・事務的ではなく，協調的・対話的），そして配布資料の作り方（専門用語を避けるとともに，文章だけではなく図・写真・イラストなどを用いてわかりやすく）など，住民の視線に立った配慮が必要となる．

適当なコーディネーターが確保できるならワークショップ形式の集会を行う方がよい．

②の計画素案に対する意見聴取段階でも，意見聴取の方法は基本的には①と同様であるが，計画素案の示し方に工夫が要る．計画素案をそのまま提示して自由に意見を聞くという方法以外に，判断が分かれそうな，とくに重要なトピックについては，賛成，条件つき賛成，反対，保留などの選択肢を設けた設問を用意する方が，より明確に住民の意見を知ることができる．また，この場合も，計画に関して特定の利害を有する地域や住民階層ごとに意見聴取を行うとよい．たとえば，子育て支援対策を検討するなら子育て世代を対象とした意見交換会を開催するべきだし，地域での高齢者福祉対策を考えるなら，高齢者とそれを支える地域住民からの聞き取りが欠かせない．また，公園や緑地，河川や水路の環境整備を検討するのであれば，利用者や近隣住民を集めたワークショップをもつとよい．

以上のように，計画策定に際しては，計画課題に応じて，多様な手法を用いて，多様な主体の参加を実現することが重要である．

2.2.3 計画策定への支援

住民組織が計画主体となって計画策定に当たる場合は，行政やNPO，専門家などによる支援が望ましい．具体的には以下のような支援が想定される．

a．計画案を作成するための調査・計画技術の支援

既存資料の収集・整理，アンケート調査や聞き取り調査の企画・実施・分析・まとめ，図面の作成，文書の作成など，専門的知識・技術が必要であったり，住民が必ずしも得意としない作業の支援である．支援者としては民間コンサルタントやNPO，市町村職員，まちづくりや地域計画の専門家などが想定される．

b．計画決定までの合意形成技術の支援

懇談会や意見交換会，ワークショップの企画と運営のほか，利害関係者との協議の方法やタイミングなどへのアドバイス，さらには計画策定プロセス全体を通じた合意形成の手順と方法についてのアドバイスまで，スムーズな合意形成を実現するために必要とされるノウハウの支援である．支援者としては，NPOやまちづくり・地域計画の専門家が考えられる．

c．現行法制度や関係機関等との調整

計画策定にあたっては，現行の法令との整合性の確認や，国・自治体の他の計画や事業との調整が必要となる場合がある．住民組織では，そもそもどのような調整が必要であるかもわからないことが多い．これらについては市町村の支援が欠かせない．

以上の計画策定支援にあたっては，従来市町村が窓口になって，民間コンサルタントやNPO，専門家などの派遣調整を行うことが多かったが，近年は都市部を中心に中間支

援組織としての NPO が力を付けてきており，個々の計画地区に対して総合的な計画策定支援ができる体制も整いつつある．これは多様な主体のパートナーシップに基づく新しい公共の考え方に合致する動きであり，今後ますますこの傾向が強まっていくと予想される．

2.3 計画の策定

2.3.1 計画策定プロセス（図 1）

最初の計画策定体制の検討では，前項で述べた計画策定委員会とワーキンググループ，そして事務局の役割と構成員を検討する．これを担当するのは，地域自治組織の役員と市町村の地域コミュニティ担当者だが，計画づくりの経験が乏しい地区の場合は，外部の地域づくり・まちづくりの専門家の意見やアドバイスを受けるべきである．

計画策定体制が固まったら，次に計画策定委員会（ワーキンググループを含む）を正式に発足し，地域住民に広報する．以後，計画策定委員会を中心に計画素案の作成にとりかかる．

計画素案の作成に当たっては，まず地区の現況と課題を把握する必要があり，あわせて広く住民の意見を集める必要がある．これらの具体的作業は事務局とワーキングメンバーが主に担当し，随時計画策定委員会で確認する．外部の支援者がいる場合は，随時相談を行う．

計画素案がまとまったら，これを公表し，住民や利害関係者から意見聴取を行う．公表の方法には，市町村の広報，回覧板，印刷物の配布，公民館や集会所への貼り出し，HP への掲載，説明会の開催などがある．計画素案が大部の場合は，読みやすい要約版を作成して配布・掲示する．その上で，前項で述べたように，計画素案に対するアンケート調査を実施したり，地区内の小地域や階層別住民グループごとに懇談会や意見交換会，ワークショップを開催する．

計画策定委員会は，住民各層からの以上の意見を集約して，これを改めて公表するとともに，寄せられた意見をふまえて計画素案を修正し，計画原案を作成する．

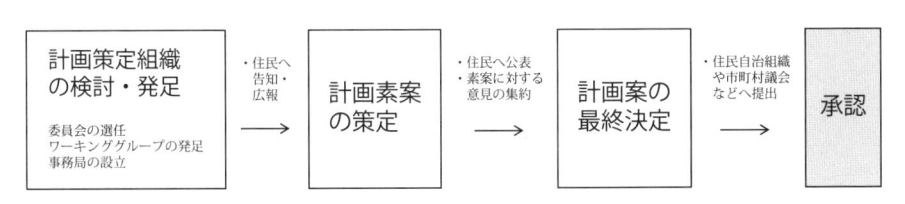

図 1　農村計画の策定プロセス

計画原案の最終的な承認を誰が行うかについては次のケースがある．
　第1は，住民自治組織の総会で承認する場合である．当該計画が地域の自主的な計画である場合，あるいは市町村からの働きかけで策定した場合であっても，計画の影響範囲が当該地域の中だけにとどまる場合はこれで十分である．
　第2は，市町村の承認を必要とする場合である．当該計画の中に行政が担当する項目が含まれているような場合は，当事者である市町村の承認が必要となる．このケースでは，自治組織が策定する地域計画（農村計画）を市町村条例で位置づけておく必要があるだろう．
　第3は，市町村議会の承認を必要とする場合である．当該計画の中に行政が担当する項目が含まれており，かつ予算の裏付けを必要とする場合である．自治体予算の決定は議会の専決事項であるから，当然議会の承認が必要となる．

2.3.2　計画案の作成プロセス

　計画の策定は，現状把握，課題整理，目標設定，政策立案，手法検討という手順で行われる．
　①現状把握：計画対象地区の現状を把握し，系統立てて整理することである．地形・地勢，気候，交通立地条件，沿革，人口と世帯，産業，土地利用，歴史文化，民俗，自然環境，地域活動等といった項目別に地区の特徴を整理していく．現状把握のためには，既存資料の収集と整理，及び関係者からの聞き取りが必要である．既存資料の所在を確認し，これを入手して読み込むには，それなりの知識や経験が必要なので，地区住民だけでは難しい場合は外部からの支援を頼む必要がある．
　②課題整理：地区が抱えている課題や取り組むべき課題を整理することである．昨今の農村地域が共通的に抱える課題としては，人口減少と高齢化，農林漁業における後継者・担い手不足，第1次産業の停滞・衰退，耕作放棄や土地管理の粗放化，集落機能の低下，学校の統廃合，公共施設や商店の閉鎖，生活交通の衰退，鳥獣被害の増加，二次的自然の衰退，伝統芸能や年中行事の衰退等が挙げられる．中山間地域ではこれらの課題がさらに深刻であり，他方都市近郊ではこれ以外に，無秩序な都市的土地利用への転用の抑制，旧住民と新住民の融和などが加わる．
　地区の課題を抽出するには，地区住民自身が何を課題と感じているかを知ることがきわめて重要である．このため住民アンケート調査や意見交換会等を行って，地区の現状への意識や意見を広く集めることが必要となる．住民側にとってはこれが計画策定への参加の機会ともなる．
　③目標設定：目指すべき地区の将来像ないしは達成目標を設定することである．地区の将来像をキャッチフレーズとして表現したり，最近では達成目標を数値目標として設

定することも行われる．キャッチフレーズとしては，「若者が住み続けたいムラ（マチ）を目指して」とか，「誰もが笑顔で暮らせるムラ（マチ）」といったもの，数値目標としては，たとえばU・Iターン者の人数や維持すべき子どもの人数，あるいは交流人口などを挙げることができる．

　目標設定は，策定委員会やワーキングチームが行うが，その経過や結果を随時一般住民に知らせることが重要である．キャッチフレーズについては，原案を住民に公募したり，あるいは策定委員会で複数案を考えたうえで，住民アンケートによって決定するといった方法をとれば，計画に対する住民の関心を高めることができる．

　④政策立案：先に挙げた課題を解決し，目標を達成するための政策を立案することである．課題が広範囲であれば，それだけ政策も多岐にわたることになるが，自分たちで取り組める範囲を考えれば，自ずとやれることは限られてくる．従来は網羅的に政策を並べて，それらの多くを行政に委ねるという計画もありえたが（今でもあるが），そのような計画は単に地元要望をまとめたものにすぎず，計画の実効性は乏しい．現代の農村計画に求められているのは，行政や外部支援者の力を借りながらも，着実に自分たちで実行できる計画であり，重要性と緊急性が高く，かつ地区として取り組める政策を立案することが肝要である．

　政策立案についても，基本的には策定委員会の作業となるが，住民への広報や意見聴取を随時行っていくことが大切である．

　⑤手法検討：誰がどのような手法で政策を実行するかということである．一般に政策を実行するための手法は，法令や協定等による規制的手法，補助金やガイドライン等による誘導的手法，計画主体自身が予算を確保して行う事業的手法，関係者への情報提供や啓発による教育的手法，関係者の協議を通じて行う協議的手法に分けられ，政策に応じて使い分けすることになる．これらは一般的には自治体が政策実行のために採用する手法であるが，地区自らが行う場合であっても援用可能である．

2.3.3 合意形成

　計画策定にあたっての合意形成の基本は，利害関係者への十分な情報提供と意見交換の場の確保である．合意形成をスムーズに進めるには参加のデザインの考え方が役立つ．

　参加のデザインとは，まちづくりの分野で開発されてきた手法で，計画や設計に利害関係をもつ主体が，「自由に発言できる雰囲気の中で発言でき，しかも限られた時間の中でも成果を生み出せる」場をどのようにつくるかを考えることである．参加のデザインには，①参加のプロセスのデザイン，②参加のプログラムのデザイン，③参加形態のデザインの3つの要素がある．

　①の参加のプロセスのデザインとは，計画策定プロセスのどの段階にどのような参加

の場を設けていくかを構想することである．これによって，参加者は何に対して自分の意見をいえばよいか，そして自分の意見がどのように計画に生かされるかを知ることができる．

②の参加のプログラムのデザインとは，個々の集まりの進め方を検討することである．個々の集まりには，少人数から大人数まで，意見交換から提案づくりまで，規模や目的もさまざまであり，形式も懇談会方式やワークショップ方式などいろいろである．それぞれに合わせた具体的な進め方，すなわち，集会の目的や目標，具体的な作業内容と手順，必要な道具や資料，部屋やテーブルの配置，スタッフの役割分担等を固めていくことになる．

ちなみに，計画策定作業にあたっては，参加体験型の集会であるワークショップが効果的である．通常の会議は，事務局が事前に原案を作成しておき，当日に参加者から原案に対する意見を求める形で進められる．このような進め方では，事務局の説明が長くて十分な質疑の時間が取れなかったり，多数の参加者の中で発言することが実際には難しかったり（発言者に大きなプレッシャーがかかる），説明側と質問側のやりとりだけに終始し，参加者同士の話し合いが深まらない，といった問題がある．それに対して，ワークショップでは，参加者を少人数のグループに分けて，グループごとに進行役（ファシリテーター）を置き，誰もが発言しやすい雰囲気を作りながら意見交換・意見集約ができる．

③の参加形態のデザインとは，誰にどのように参加してもらうかを検討することである．前述のように，本稿で想定している農村計画の場合は，利害関係者の代表等で組織される計画策定委員会の設置が参加の基本形態であり，一般住民については「計画策定組織外の主体の参加機会」で述べたような多様な参加の場を用意することがポイントとなる．

以上の検討を経て，実際の計画策定に入るわけだが，その際に重要となるのは，コーディネーターとファシリテーターである．コーディネーターは，利害関係者の合意を図りながら計画の策定がスムーズに進むように全体を目配りする．通常は計画策定委員会の委員長か外部の専門家，または策定事務局がこの役割を果たす．ファシリテーターとは，個々の集まり（会議等）での班ごとの進行役であり，参加者の発言をうまく引き出しながら，与えられた課題（議題）の成果をまとめる役割を果たす．

2.3.4 計画主体の成長

農村計画の策定に当たっては，計画主体の成長が欠かせない．計画策定に関わる利害関係者や行政職員は，当初から十分な知識や問題意識をもっているわけではない．むしろ，現状把握→課題整理→目標設定→政策立案→手法検討という計画策定段階を経る中

で，地域の現状と課題を認識し，課題解決のために何をすればよいかを深く考えるようになる．

計画主体の成長は，個人のレベルでは，問題意識から課題意識へ，そして当事者意識へという段階を踏んでいく．地域が抱える課題の存在を知るのが問題意識，それを解決すべき課題と強く意識するのが課題意識，そしてその課題解決に自分がかかわることを意識するのが当事者意識である．計画策定段階との対応でいえば，現状把握段階で問題意識をもち（あるいは深め），目標設定段階で課題意識を強め，政策立案・手法検討段階で当事者意識にいたるといえるだろう．

計画主体の成長は，計画の実行にとっても重要である．計画は実行するために策定するものであり，計画の背景や内容をよく知り，高いモチベーションを有する人材が実行段階にもかかわることによって，計画が本来の狙い通りに達成しやすくなる．実際には，計画段階と実行段階とでかかわる人が別々になるようなケースもみられるが，できるだけ計画段階でかかわってきた人を実行段階にまで継続させるような工夫をするべきである．

2.3.5 計画の実行

策定された計画を実行に移す際には，計画の実行体制を整備する必要がある．それには次の3通りのやり方がある．

第1は，計画策定組織を計画実行組織に衣替えする方法である．計画策定委員会を計画実行委員会に名称を変更して，実質的に継承することになる．委員も同じメンバーで引き継げればよいが，地域内の団体の長が当て職で参加している場合は，任期で長が変わればそれに応じて委員も変更することになる．ただし，当て職で参加したメンバーが当て職を離れても参加できるような工夫はほしい．また，計画の実行段階では，より多様で大勢の住民にかかわってもらう必要があるため，実行委員の数も増やすとよい．

第2は，計画の実行を既存の地域組織に委ねる方法である．たとえば，地域の自治組織の中に専門部会を置いているような場合に，計画に盛り込まれた事業を，これを担当するにふさわしい専門部会に割り振るということである．仮に自治組織に環境整備部会，地域交流部会，文化振興部会といった専門部会があったとすれば，それらに公園緑地整備，都市農村交流，伝統文化の保存といった事業（いずれも仮称）の実行を任せるわけである．

第3は，両者の中間的な方法で，計画に載せられた事業のうち，一部は既存の地域組織が担当し，適当な受け皿がない場合は，新たに実行組織を立ち上げるという方法である．

どの方法を採用するかは，既存の地域組織の充実度や実行力による．これが弱ければ

第1の方法，強ければ第2の方法をとるのが一般的である．ただし，既存の地域組織が充実している場合であっても，計画内容が多彩で，地域にとってはじめての試みが盛り込まれているような場合は，第3の中間的な方法を採用するとよい． ［広田純一］

3. 計画の実現

3.1 計画の事業化

3.1.1 計画の実現手法

「計画」とは，未来において地域で実現されるべき地域の姿（ビジョン）であるが，地域の土地利用や建築物の建設などが自由放任された状態では，計画が実現されることは困難である．そこで地域における「計画」は，行政によるかなり強い規制を通じて実現していく必要がある．しかし，民主主義国家では，住民の意思に反して，あるいはその意思を無視して，計画実現に向けた行政を遂行することはできない．地域の行政，住民，企業などが，この「計画」を互いに尊重し，「計画」が示すビジョンの実現に向けて協調した行動をとることによってはじめて，地域の「計画」が実効性を発揮し，望ましい地域が次第に現われることとなる．

計画対象地域における土地利用や建築物の建設などは，住民・企業などの私人によるほか，国や市町村等の公共団体によるが，こうした行為を秩序づけることが計画実現には不可欠であり，そのためには，いくつかの工夫が必要である．

「計画」に描かれた地域の骨格は，具体的には，土地の利用種目と，土地に建てられる建築物の規模やデザインによって，確保される．このためには，土地利用規制や建築規制等が必要であり，その規制内容は法律や地方公共団体による指導要綱などで示される．このような計画実現手法は「規制的手段」と呼ばれる．

公共団体による道路などの公共施設の整備は，私人の建設行為の前提条件となり，適正な建築物の建設などを誘導し，計画実現に重要な役割を果たす．このような計画実現手法は「開発的手段」と呼ばれる（表1）．

表1 農村計画の実現手段

規制的手段	a．開発行為や建築行為の規制 b．公共事業の強制と費用負担
開発的手段	a．計画主体による施設整備 b．地域住民などに対する誘導

3.1.2 規制的手段

規制的手段には，計画主体である市町村が，建築物の用途・形態を規制する場合のほか，計画施設の整備に地域住民などに経済的負担（費用負担や財産権の制限）を強制する場合がある．

a. 開発行為や建築行為の規制

都市計画法では，市街化調整区域内における建築物やゴルフ場などを造成する開発行為を厳しく制限している．また，第1種低層住居専用地域といった地域地区ごとに，建築物の用途や建ぺい率（建築面積/敷地面積）・容積率（延べ床面積/敷地面積）などの形態が制限される．農村計画でも，都市計画区域内であれば都市計画上の制限がかかる．都市計画区域外にあっても，「農業振興地域の整備に関する法律」（農振法）の農用地区域では農地転用が厳しく制限される．

また，都市計画法では，計画施設の整備予定地区内では，将来の事業遂行に支障をきたさないよう，都市計画事業の認可・承認後は，土地区画の変更，建築物や工作物の建設などを許可制にしている．

b. 公共事業の実施段階の強制

計画施設の整備を円滑に進めるための規制も行われている．道路用地などを強制的に収用するほか，土地の区画整理に伴い必要になる土地所有権などの権利交換を強制する換地制度がある．土地改良法では，農用地は関係受益者の3分の2の同意で強制的に権利交換できるが，宅地などの非農用地はその所有者等の全員の同意を必要とするため，農村計画の実現手段として十分ではない．

c. 公共事業の費用負担と開発利益の公共還元

計画に関連する公共事業でも，すべてを税金で賄うのではなく，事業から著しく利益を受ける者に対し，事業費の一部を負担させる場合がある（「受益者負担」という）．都市計画では土地区画整理事業でみられるが，農村計画では，土地改良事業で事業地区内関係者の2/3以上の同意があれば，事業を実施し費用負担を強制できる．

受益者負担に関連して「開発利益の公共還元」の問題がある．道路や上下水道等の公共事業の導入等によって，農地や雑種地が宅地化すると地価が上昇する場合が多い．農地所有者がその土地を売却した場合には，大きな利益（「開発利益」という）を得られる．これを税金として徴収する制度が，ドイツなどの地域計画法制にはある．日本でも，大正時代に都市計画法が制定されたときに，当初の法案にはこの「開発利益の公共還元」の項目は存在したが，審議の途中で削除され，今日に至っている．土地所有者が「開発利益」を獲得できる現在の日本の状態は，社会的公正の点から問題があるうえに，また公共事業を地域へ導入する不健全な動機ともなっている．

3.1.3 開発的手段

開発的手段には，市町村などの計画主体が自ら施設を整備する場合と，地域住民などを計画の実現に誘導する場合がある．

a. 計画主体による施設整備

市町村が計画に位置づけられた施設（計画施設）を自ら整備して，計画を積極的に実現する手法である．たとえば，市町村が計画上の道路，水路，公園などを建設し，自ら所有・管理する．新設ばかりでなく，既存の市町村道などを改良する場合もある．農村計画では，国や都道府県が市町村の施設整備に補助金で助成する制度（農村整備事業）を創設し，農村計画の実現に大きな役割を果たしてきた．

b. 地域住民などに対する誘導

計画実現のために，地域住民・民間企業・農業団体などに，建築物の整備や制限などで協力を求める誘導政策である．農村計画では，農道や農業用の用排水路などの整備は生活施設としても利用されるので，土地改良区に助成し土地改良事業の実施を通じて計画を実現する場合が多い．また，山形県の金山町の例では，地域住民や企業などが町内を産地とする「金山杉」を住宅の新築・改築に使用した場合に，最高30万円を助成し，計画に即した林業振興や農村景観の向上に著しい成果を上げている．

住民が計画に沿った形で地域環境の保持・改善などで協定を結ぶ場合に，市町村が法律の規定により支援措置をとる場合もある．建築基準法には，建築物の敷地，位置，構造，用途などを定める建築協定があり，農振法にも，周辺の農用地や生活環境に影響を及ぼす施設の位置を制限する協定の規定がある．いずれも市町村長が公告した協定は，土地所有者が変わっても効力が及ぶ．また，市町村が住民・企業とともにパートナーシップを組んだ地域環境改善活動（グラウンドワーク）も行われている．

このほか，市町村による先進地視察や講習会開催などを通じた地域住民への情報提供，国土庁で実施されていた農村アメニティ・コンクールなどによる優良事例の提示も計画実現を誘導する手段である．

3.1.4 農村計画の実現手段

a. 開発的手段の優位性

農村計画では，規制的手段が都市計画に比べ少なく，開発的手段が中心である．規制的手段には法律上の根拠を必要とするので，農村計画法の制定が過去に何回となく議論されてきたが，政府内の都市計画部局と農業・農村整備担当部局の調整が難航し実現していない．ただし，都市計画区域と農業振興地域の重複した農村では，1987年の集落地域整備法で，都市計画法の地区計画の手法が導入された．また，2004年の景観法では，農山漁村でも規制的手段も含む景観計画が策定できるようになった．

b. 規制的手段の少ない理由

農村計画に規制的手段が少ないのは，部局間調整の問題以外にも理由がある．

第1に，農村地域が農業生産と生活の複合空間で，しかも農林業が計画上優位なためである．農地法，農振法，土地改良法，森林法などの農林地の規制が結果的に農村地域全体の土地利用計画に影響し，生活環境の改善にも効果的であった．

第2には，居住密度が低く居住が分散しているため，一部を除いて実際の建ぺい率や容積率は都市に比べ著しく低く，都市計画のような形態規制の必要性が少なかったことである．しかし，都市近郊では，開発行為や建築物の用途などを制限する必要性が高い．

第3には，農業集落の存在である．家と家とが地縁的・血縁的に結びつき，地域としての意思決定機能も有することが多い．このため，住民間の申し合わせがよく機能し，行政による規制がなくても，計画が実現できる場合が多い．ただし，都市から移住した住民が多い都市近郊の農業集落では，集落機能に依存できず規制が必要になる．

c. 農村整備事業の実施

農道や用排水路の整備などを整備する土地改良事業は，国の他に，都道府県，市町村，土地改良区などが事業主体となり，国が資金を助成してきた．1970年代からは，生活環境施設の整備にも，農村総合整備モデル事業にみられる国の補助制度（農村整備事業）が充実した．農村整備事業は，土地改良事業の伝統もあって，いずれも集落内の合意形成を重視し，計画がボトムアップ方式で策定され，計画の実現を保証した（図1は農村計画作成時における住民参加の風景）．

農村計画施設は農業インフラから生活環境施設（主として公共施設）まで多岐にわた

図1 地域住民の計画参加（提供：(財)日本グラウンドワーク協会）

り，しかも，市町村の他，土地改良区，農業集落などの実施主体が関係する．このため，農村整備事業では，一事業地区に複数の事業工種と複数の実施主体を認め，事業種を選択するメニュー方式になっている．

こうした国の主導する農村整備事業は，近年の地方分権化の中でその役割を終えつつあり，自主財源や使途の限定されない国の交付金による地方自治体の単独事業に移行しつつある． 　　　　　　　　　　　　　　　　　　　　　　　　　　　　　[元杉昭男]

参考文献

島崎一男：80年代の農村計画，p.96-138，創造書房，1981
田中二郎：要説行政法新版，p.264-298，弘文堂，1972
日笠 端：都市計画第2版，共立出版，1986
元杉昭男：農業農村整備の社会的意義，p.208-225，土地改良新聞社，2008

3.2 計画と実施（事業）の螺旋的成長

3.2.1 計画から実施へのプロセス

農村計画は事業などの実施行為に対して優先する必要がある．計画とは，「未来を先取る行為」といえる．将来どういう農村社会にするのか，そのための農村経済の方針，そしてそれらを可能とする舞台としての農村空間の整備や保全を未来に対して想定すること，想像することが農村計画である．その将来の姿をシナリオを描き物語りとして語ることもできる．将来の姿を表，図，模型で表現することもある．描かれた計画を実現するためには，具体的な行動，実施行動を行う．個人の努力による実施もあれば，農村集落住民の共同の仕事での実施もある．あるいは，公共事業として行政と連携して，行政と住民との協働による事業実施もある．実施の形態，手法はさまざまである．

4.3節で，日本の農村空間，環境の整備事業の歴史的な解説があるが，特に戦後の食料増産を目的とした近代化では，大規模な公共投資による農業・農村整備事業が繰り返されてきた．その結果，計画の実施は公共事業のみによると勘違いする人たちもいる．しかし，農村に暮らす人たち自身が，自分たちで努力し，労力と資金を出し合って計画を練り，それを実施することも重要である．

伝統的な道普請やどぶさらい，入会地（伝統的に共同で利用してきた里山など）の管理等も農村を維持するための大切な実施行動である．伝統的な共同事業では計画から実施という色彩は弱く，伝統的な決まり事の実施に見えるが，決まり事を理解し，その必要性を認識して行う実施は，計画的な意図に基づく実施である．肝心なことは，個々の伝統的な行動であっても，その意味と価値を農村に暮らす人たちがしっかりと認識して

・新たな計画を練り、管理活動の見直しや、新たな実施をする。

・実施に住民も参画し、できることは協働で実施し、完成後の管理作業を担う。

・集落づくり構想を具体的な計画に仕上げる。短期－中期－長期計画

・集落の環境をみんなで見直す。環境点検活動

・実施成果をみんなで評価し、新たな課題を見出す。

・計画を実現するための公共事業や自主、共同事業を導入して実施する。

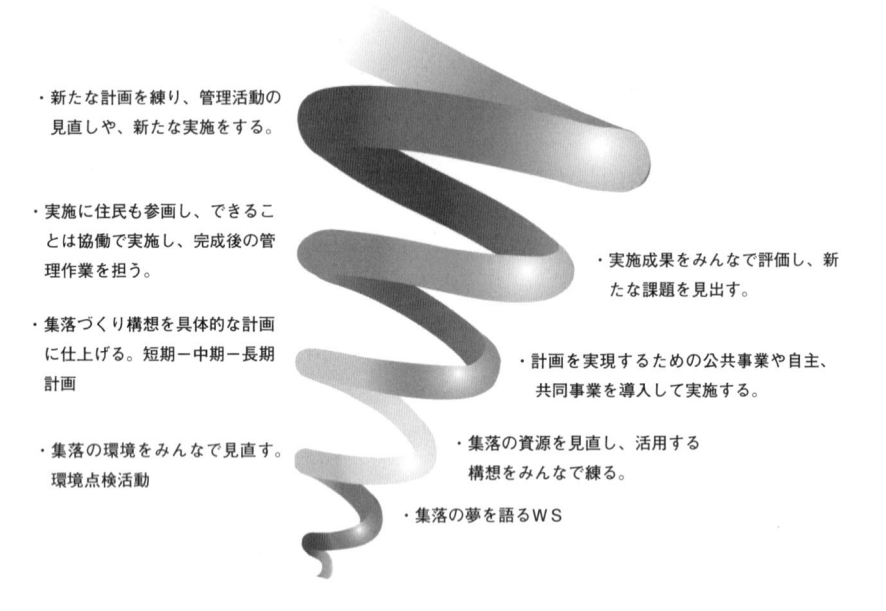

・集落の資源を見直し、活用する構想をみんなで練る。

・集落の夢を語るWS

図1 点検－構想－計画から実施(事業)－点検のスパイラル的な農村計画の発展

計画的に行うことである．

近年の自然保全や環境維持のために，農村住民たちによる自主的，共同的な参画型でのワークショップによる協働行動は，より計画的な意図とそれ基づく事業展開である．そうして実現した仕組みや環境，空間・施設は，農村住民がよく使用し，よく管理する．計画の段階から住民が積極的にかかわることで，その実現した仕組みや空間，環境に愛着が沸き，より大切に使用し末永く使用することになる．

時間とともに，実施された空間やシステムが古くなり，あるいは欠陥が生じてきた場合には，再度見直し，さらなる改良と発展のための仕組みや環境・空間を計画して実施していくことになる．"PLAN-DO-CHECK-ACTION"のPDCAサイクルでの計画と実施のサイクルが重要である（図1）．

3.2.2 住民参画による計画から実施へのしなやかな発展を

農村の主人公は農村に暮らす人たちである．そこで生産をし，子どもを育て，一生を終えていく人たちである．その人たちが農村の主役である．農村の計画と実施の主体も基本的には農村の人たちである．その人たちは今，そこに生活している人たちだけでな

く，将来もそこに暮らす人たちである．農村住民が自ら意識して，自分たちの農村の環境づくりのために参画することは大切である．参画とは，計画の段階から主体的に参加し，実施とその後の管理行動も含めた意味と，理解してほしい．

　計画を絵に描いた餅にしないために，計画を実現するためのいろいろな仕掛けが必要となる．小さいことでもよいから成果物を出す．身近なものでよいから計画し実現すれば，みんなが自信をもつことにつながる．

　場合によっては，計画に柔軟性をもたせ，実施した結果を早めに見直し，的確な修正を図る，流動的でしなやかな計画と実施のプロセスも必要となる．「やりながら考える」，"漂流的なアプローチ"といえる．ただ，むやみやたらに計画の修正・変更をしてはならない．修正・変更に際しては，十分な地域住民・関係者の参画と合意が必要となる．そのためにも，計画と実施の初期の段階からの住民の主体的で継続的な参画が必要であり，徐々に多くの人たちの参画を促すような実施プログラムも必要となってくる．当初は小さい集団での計画と実施が徐々に発展し，大きな集団の計画と実施に成長することを期待したい．

[糸長浩司]

4. 日本の農村計画の歴史

4.1 農村計画の歴史的視点

　農村計画は，住民の所得を対象とする所得計画と，居住環境や社会関係を対象とする居住環境計画をあわせもっている．経済発展が低い段階では，農業振興を中心とした所得計画が重視されたが，近代以前では租税の徴収に力点があった．経済発展とともに，農村計画の力点は居住環境計画に移る．
　農村計画でいう計画とは行政などを通じた社会的な行為であるから，農村計画の歴史も近代政府の誕生以降が基本である．しかし，古代の条里制や江戸期の新田集落にみるように，近代以前の政治体制下でも農村計画的な施策がみられる．
　以上の観点から，江戸期以前を前史とし，明治以降の農村計画を経済発展の段階に応じ，所得計画が中心の時代（所得計画重視期）と，以降の居住環境計画中心の時代（居住環境計画重視期）に区分して，農村計画の歴史を説明する．

4.2 前近代の農村計画

4.2.1 中世までの農村計画

　律令制度下の条里制は土地を碁盤の目のように区画し，1辺が6町（約654 m）四方を里といい，これを南北に1条・2条，東西に1里・2里と数えた．条里制と密接なかかわりをもって発達したのが条理集落で，わが国最古の計画的集落である．碁盤目状に道路・水路がつくられ，家屋はかたまり状に耕地内に散在した（図1）．奈良期から平安期半ば過ぎにかけての集落は1～10戸未満の屋敷が三々五々展開する小村，あるいは少々規模が大きくても屋敷が耕地を介在して雑然とまとまった形をとるのが一般的であった．条里制は，規則的な地割形態である条理地割と，システマチックな土地表示法である条理呼称法に意味があったため，その後に荘園制度が一般化する中でも，地域単位や領有関係の相互調整などの機能は存続したようである．

図1　条里制の遺構[1]

4.2.2　江戸期の農村計画

現在の村落の原型は江戸期に求められる．検地とともに村境を定める村切(むらきり)が行われ，村役人を通じて年貢や諸役を一村全体の責任で納めさせる村請制が実施され，領主支配の末端組織・行政村となった．また，兵農分離により農家主体の農村となり，農民は単婚小家族が主流になった．村の圏域と構成員が明確化されたのである．

江戸中期までは幕府や大名領主による新田開発と新田集落の形成が盛んに行われた．新田集落では耕地と集落が一体に計画的に造り出された．武蔵野（東京都・埼玉県）では，各戸が街道に沿って整然と並び，その背後に短冊状の畑地と平地林を配した路村形態となっている（図2）．児島湾干拓地（岡山県）は水田であるが同様の形態である．また，砺波平野（富山県）では，屋敷の周囲に自らの耕地を集中的に保有する散居形態となっている．

こうした計画的な農村整備は，新田集落だけでなく，既存の集落にも実施された．自力更正を基本とする村づくりのため，計画的な農家経済の振興や集落の再配置が行われた例もある．大原幽学による下総台地の長部村（旧千葉県干潟町，現旭市）では密集した集落を分散し，谷地田と屋敷・山林を一体化した計画的配置になっている．二宮尊徳も下野国芳賀郡物井・東沼・横田村などで農村計画を実践した．

---

1)　農業土木技術研究会：大地への刻印―水土の礎―，農業農村整備情報総合センター，2005

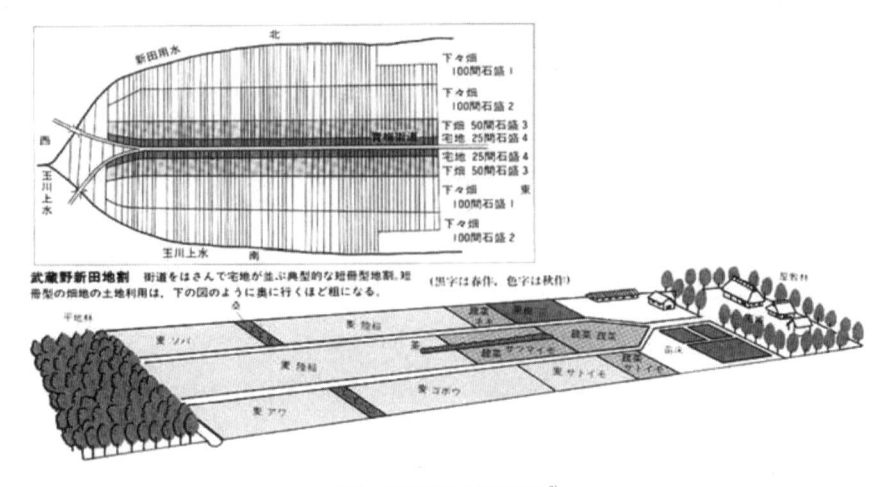

図2 江戸時代の新田集落[2]

4.3 近現代の農村計画

4.3.1 近現代の農村計画の視点
明治以降の農村計画のうち，所得計画重視期は農業からの税収で工業化を進めた前期と，工業化を達成し補助金等による農業保護政策を進めた後期に区分される．また，1970年代以降の居住環境計画重視期も，国が保障すべき国民の最低限度の生活水準（ナショナルミニマム）の確保を目的にした農村整備が実施された前期と，グローバル化と生活の高度化が進展し，多様な農村政策が行われるようになった後期に分けられる（表1）．以下，各期について説明する．

4.3.2 所得計画重視期の農村計画
a．屯田兵村建設・耕地整理事業
初期の明治政府は，地租改正（1873）で得られた農業からの税収入で工業化を推進し，農村投資には冷淡であった．例外的に，士族授産，明治用水（愛知県）などの事業のほか，新しい農村の計画としては，開拓と辺境防備を目的とする北海道の屯田兵村建設があった．通常，1兵村は200～240戸からなり，1戸あたり約5 haの土地が支給され，練兵場・官舎・学校など公共施設を囲んで兵屋が規則的に配列されていた．

---

2) 農業土木技術研究会：大地への刻印—水土の礎—，農業農村整備情報総合センター，2005

4.3 近現代の農村計画

表1 近現代の農村計画[3]

画期区分		年代	特色
所得計画重視期	前期	明治期 大正期 1868～1922年	①政府による農業からの税収確保 ②上層農民層，豪商，地主などによる農業投資 ③小作争議の発生
	後期	戦前・戦中期 戦後復興期 農業基本法期 1923～1969年	①産業調整問題への対応と政府による農業保護 ②疲弊した農村への対策 ③緊急開拓事業の実施 ④農家の兼業化と農村の混住化の進展
居住環境計画重視期	前期	総合農政期 1970～1984年	①ナショナルミニマムとしての農村整備の実施 ②農村の混住化への対応
	後期	国際化対応期 1985年～	①グローバル化と生活の高度化に対応した農村整備の実施 ②中山間地域問題への対応 ③環境問題への対応

その後，1899年の耕地整理法の施行に伴い，一部の地域では事業に併せた集落の計画的再編が行われた．富山県の舟川新地区（現朝日町）では，砺波平野特有の散居集落の住居を中央道路の両側に移転させ，集落の生活空間と生産空間を分離し，共同浴場，共同店舗，消防施設なども設置された．秋田県千畑村（現美郷町）や京都府雲原村（現福知山市）でも同様な例があるが，一般化しなかった．

b. 町村是

明治中後期から昭和初期にかけて，前田正名によって提唱された町村是（是は計画の基本方針という意味）は，1889年の町村制公布後に中央政府が主導した農村計画であった．その内容は，「自力本位で勤倹貯蓄を基本とし，各地の実情を明らかにし，町村振興の立案ないし計画を樹立し，農地の開墾，土地改良，造林，道路整備，学校の建設，生活慣行と風俗の改良，隣保共助の徹底等に関する計画や規約，申合せ等を作り，実行を期したことである」とされた．町村是は地方自治体による本格的な農村計画ではあるが，町村での産業振興に力点が置かれている．

b. 農山漁村経済更正計画

大正末期になると工業化を達成し，他の先進国と同様に農業保護政策が打ち出され，農業生産基盤整備に対し本格的な国費助成が始まった．昭和初期の農村不況では，公共

---

3) 元杉昭男：農村計画学会誌，21，2005

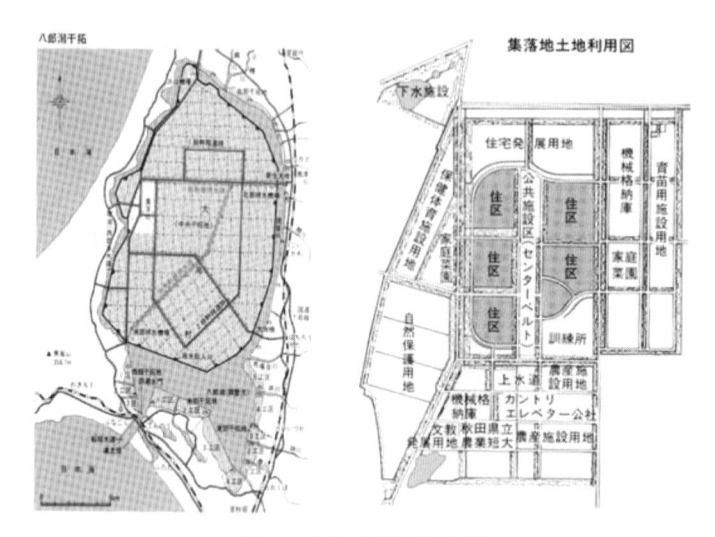

図 1 八郎潟干拓新農村建設[4]

事業に農民を雇用する救農土木事業や農産物価格対策・負債整理などの農村救済策が実施された．1932年に，精神更正から，インフラ整備や福利施設などの整備，経済組織，生活改善，金融・農地関係の改善など広範囲にわたる農山漁村経済更正計画が立案された．農民自身が自力更正の精神で計画から実施すべきものとされたが，十分な成果を上げることなく戦時に突入した．

c. 緊急開拓計画・八郎潟干拓新農村建設

戦後，1945年に政府は緊急開拓事業実施要領を閣議決定し，開墾・干拓を推進し復員者や引揚者などの大規模な入植を試みたが，多くは失敗に終わった．その後，既耕地の改良に重点が移され，農村建設計画（1950～1956年）では，200町村で，開拓による入植・規模拡大，耕地改良・耕地整理などの総合的再建計画を立案した．

この時期に，八郎潟干拓新農村建設（1957～1977年）が計画・実施された．総面積15,640 ha，入植農家580戸と規模が大きく，コミュニティ計画を積極的に取り入れた点で注目される．農業計画にあわせて，道路・上下水道，緑地などが総合的に検討され，役場，学校等の公共施設，農家住宅，農業用施設なども計画に沿って配置された．住宅地計画は当初の道路沿いの列状村案から，生活圏域構成に配慮した8集落案や4集落案が検討され，最終的には総合中心地集落案が採用された（図1参照）．農業農村工学ばかり

---

4) 農業土木技術研究会：大地への刻印—水土の礎—，(社)農業農村整備情報総合センター，2005

でなく，都市計画・建築学の研究者も加わり，農村計画学を飛躍的に向上させた歴史的な意義は大きい．

d. 新農村建設事業構想と構造改善事業

1956年に始まった新農山漁村建設総合対策では，1962年までに4500地域で，農家の自主的総意に基づく適地適産を基調とした農山漁村振興計画を樹立するとともに，農林地，共同施設，適地適産奨励施設，生活文化研修施設などの整備が特別助成事業で推進された．1961年には，農業基本法が制定されたが，農村計画に関連しては，農業従事者の福祉向上に限定し，居住環境の改善が含まれなかった．新農山漁村建設総合対策を引き継いで創設された第1次農業構造改善事業（1962〜1968年）にも農村の居住環境改善の事業がなく，その後，1969年に創設された第2次農業構造改善事業で追加された．

4.3.2 居住環境計画重視期の農村計画（前期）

a. 農村整備事業の創設の背景

1961年以降の高度経済成長と産業基盤重視の結果，公害問題，自然破壊などとともに，都市の過密と農村の過疎化が進んだ．1970年には政府は「新経済社会発展計画」を策定し，公共投資の重点を産業基盤から生活環境へと移すとともに，大都市圏から地方圏へと移した．

一方，農業基本法で目標とした農工間の所得格差の是正は，農家の兼業所得増大という形で解消されたものの，生活環境面で都市と農村の格差が解消されていなかった．また，農家の兼業化と農村の混住化は，農道への一般車両の増加，農業用水路へのゴミ・家庭汚水の混入などを引き起こした．政府は都市と農村の格差是正を打ち出し，従来農家の居住地であった農村を非農家も含む居住地として位置づけ，農村計画の新たな展開が始まった．

b. 新都市計画法と農振法の制定

高度経済成長期に入り，都市の拡大とともに，都市の縁辺部で農林地のスプロール的壊廃が進む中で，1968年に新都市計画法が制定された．旧法と異なり，都市施設の設置に加え，市街化区域と市街化調整区域に区分したゾーニング制度と開発許可制度により，都市の土地利用を計画・調整するもので，都市計画がより完成した形になった．

これに対して，1969年には「農業振興地域の整備に関する法律」（農振法）が制定され，農業振興地域整備計画では，土地改良事業などの事業計画とともに，農地転用が厳しく規制される農用地区域が設定された．しかし，農用地区域外の土地（農振白地）の土地利用規制・調整や生活環境の整備が計画に含まれず，完成された農村計画とはいいがたく，農村計画法の制定が望まれるようになった．

c. 農村基盤総合整備パイロット事業の創設

1960年代後半から圃場整備と併せて，生活環境整備や集落移転・新居住地造成を実施する発想から，1970年度に農林省は農業基盤総合整備パイロット調査を開始した．3000 ha 以上の農地を含む圏域を対象に，農業を主体とした産業振興，土地利用，生活環境整備等について地域総合開発計画を樹立した．1972 年には土地改良法が改正され，農地の区画整理区域内への非農用地の取り込みや公共用地などの創設に関する換地規定が追加された．

この計画に基づいて農村基盤総合整備パイロット事業（総パ事業）が 1972 年に創設された．当時の旧町村（1953 年の町村合併促進法施行前の町村）を主な対象に，都道府県を事業主体として，圃場整備，農用地開発，かんがい排水施設，農道などの農業生産基盤を整備するとともに，集落道，集落排水施設，飲用水と営農用水を合わせて供給する営農飲雑用水施設，農村公園，防火水槽などの集落防災施設といった生活環境を整備するものであった．事業費が 1 地区あたり平均 72 億円（1981 年度）と大きく，国庫補助率も 60% と有利で，本格的な農村計画といえるものであったが，事業費確保の困難性や工期の遅延に直面し，1976 年度に新規地区の採択が中止された．その後，集落程度の小圏域を対象に農村基盤総合整備事業（ミニ総パ事業）が創設された．

総パ事業は，当時の西ドイツの農村計画の影響を受け，生活環境整備とともに，圃場整備事業などを活用して土地利用秩序の形成を誘導的するものであった．農業生産基盤整備から農村整備にアプローチするもので，都市計画とは異なる農村の独自性を反映した本格的な農村計画であった．この計画により計画技術の水準が引き上げられ，後々に影響を与えた．

d. 農村総合整備モデル事業の創設

日本列島改造論が大きく議論される中で，農林省は 1973 年度予算要求に向けて，農村計画と農村整備事業の法制度の創設を検討した．都市計画法と同様に農村における生活環境整備や農振法の農用地区域外の土地（農振白地）に対する土地利用規制等を内容とした農村計画制度の創設を試みた．72 年の土地改良法の改正で実現しなかった，農民の申請によらず農民の直接負担もない農村生活環境整備事業を制度化する必要性が背景にあったのである．

予算要求の過程で法制度の創設は断念し，予算措置のみの農村総合整備モデル事業（モデル事業）が誕生した．事業内容は，総パ事業と同様に，農業生産基盤整備事業と集会施設なども含む生活環境整備事業で，1 地区当たり 15 億円程度の事業費で国が 50% を補助した．事業制度の特色は，住民自身が必要工種を選択するメニュー方式と，市町村，土地改良区，農業協同組合などさまざまな事業主体が参加する複合事業主体方式にあった．また，事業採択の要件として農村総合整備計画の策定を義務づけた．

農村総合整備計画は，農業振興地域を対象に，営農計画，生活環境整備計画，コミュニティ計画を一体としたマスタープランで，調整官庁である国土庁の指導により市町村によって策定された．計画には農水省所管の事業ばかりでなく，さまざまな省庁の所管する事業が含まれていた．

計画は，集落を重視して，集落住民の合意と自主性に基づく下から積み上げる合意形成手法などで，農村社会の特殊性が配慮された．土地利用に対する独自の法規制などは実現していないが，農村計画の一つの典型，あるいは到達点といってよいだろう．

4.3.3 居住環境計画重視期の農村計画（後期）
a. グローバル化の進展と生活の高度化

ドルの安定的切り下げと日独の内需拡大を内容とするプラザ合意（1985年）を境に，日本経済は本格的にグローバル化し，成熟化した．1992年の「生活大国5ヶ年計画」では，経済優先から生活のゆとりや豊かさを重視し，地球社会と共存する生活大国を目指した．

農村総合整備計画は国土庁の廃止とともに2000年で終了し，農林水産省の各種農村整備事業は農村総合整備事業に統合され，事業の前提として農村振興基本計画が策定され

表2　農村総合整備計画の推移[5]

項　目	第Ⅰ期対策	第Ⅱ期対策	第Ⅲ期対策	第Ⅳ期対策	第Ⅴ期対策	第Ⅵ期対策
計画期間	1974～1976	1977～1981	1982～1987	1988～1992	1993～1997	1998～2000
地区数	430地区	420地区	343地区	130地区	100地区	24地区（うち広域9）
テーマ	都市に比べ遅れている農村の環境整備	左に加えて 第三次全国総合開発計画の定住構想に即した定住条件の整備	左に加えて 定住条件の整備に際し地域行動計画を加え構想実現のためのソフト面の充実	左に加えて 個性豊かな地域づくりと地域の活性化を目指す農村の新しいニーズに対応した整備	左に加えて 農村の多面的機能に着目した農村の総合的アメニティの向上	左に加えて「多自然居住地域の創造」と環境に調和した整備および広域圏域型計画の追加
キャッチフレーズ	格差是正	農村定住区	地域行動計画	主題計画	重点課題，土地利用構想	参加と提携，広域圏域計画

5) 国土庁地方振興局農村整備課：国土政策と農村整備の歩み，2000

ることになったが，農村計画の変遷は農村総合整備計画の各期の主要テーマから読みとれる（表2参照）．以下に，計画の形式面，内容面，推進主体面から農村計画の変化を概説する．

b．計画形式の変化

1）**ソフト計画の重視**　第3期の農村総合整備計画のテーマに，整備された施設の管理・運営のあり方や住民自身による地域づくり活動を内容とする地域行動計画が追加された．施設の整備水準向上もあり，ソフト計画が重視されるようになった．

1990年代になると，英国にならった住民・企業・行政がパートナーシップを組んだ地域環境改善活動（グラウンドワーク）が，静岡県三島市，滋賀県甲良町，北海道旭川市西神楽などで始まった．1995年に（財）日本グラウンドワーク協会が設立された．

2）**個別主題計画への展開**　1988年から始まった第4期計画では，多様化した住民ニーズと課題に重点的に対応するために主題計画を定めることになった．総合計画でなく個別のテーマを決めた計画の策定は，整備水準向上の反映でもある．

また，ハンディキャップを抱える中山間地域では，居住環境計画の他，高付加価値農業の振興，グリーンツーリズム，都市農村交流など所得計画を重視した農村計画が策定され，1990年以降，国の助成も強化された．

c．計画内容の変化

1）**快適環境の創造**　国土庁は1986年から農村アメニティ・コンクールを実施し，景観の保全や形成，農村文化の保持などで優れた農村計画を推奨した．第5期計画では，農村のアメニティ向上をテーマにし，農村計画が生存環境から生活環境へ，さらに快適環境の創造へと重点を移した．

また，農村地域を「屋根のない博物館」と見立てた田園空間博物館構想の下で，伝統的農業施設や農村景観の保全，復元などに配慮した施設整備が実施された（1998〜2009年）．農村計画が，新設・整備から古い施設に歴史的・文化的価値を見出して，その保存・復元へと展開した．

2004年の景観法では，農山漁村でも景観計画が策定され，建築物等の形態，色彩，意匠などの規制ができるようになった．また，棚田，景観作物地帯などの景観と調和のとれた良好な営農条件を確保する景観農業振興地域整備計画の策定が可能となった．

2）**自然環境・地球環境の保全・再生**　第6期計画では，多自然居住地域の創造がテーマとなった．2002年の土地改良法改正では，環境との調和に配慮した土地改良事業の実施が規定され，田園環境整備マスタープランまたは農村環境計画の策定が国の助成を受ける事業の採択要件になった．

同年の自然再生推進法では，過去に損なわれた自然環境を取り戻すため，自然環境の保全，再生，創出等の自然再生事業を推進することになった．また，バイオマス・ニッ

ポン総合戦略が閣議決定（2002年）され，市町村でバイオマスタウン計画が策定されている．

d. 計画推進主体の変化

1) **都市計画からのアプローチ**　1987年に集落地域整備法が制定され，集落地区計画を定めれば，農振法の農業振興地域と重複した市街化調整区域などで，道路，公園などの整備に加え，建築物などの用途制限，建ぺい率の最高限度などを規制できるようになった．農振白地の土地利用規制などを含む農村計画が都市計画法の枠の中で実現されたのである．また，1992年以降，地区計画制度の導入が都市計画区域内の農村地域に拡大した．

2) **地方分権の進展とまちづくり条例**　地方分権の推進が叫ばれる中，国の関与を縮減し地方自治体の裁量を拡大した村づくり交付金が2004年に創設された．その後も交付金化が進められ，国の補助金に主導された農村計画から地方自治体の自主的な計画へと展開している．同時に，市町村が景観や開発・建築規制も含むまちづくり条例を制定する例も増えている．

4.3.4　農村計画の展望

我が国の農村計画は，江戸期に原型がつくられた村落を現代社会に調和させることを重視してきた．しかしながら，急激なグローバル化の進展や人口の減少などにより，社会経済の状況が激変する中で，原点に立ち返って考えるべきときではないだろうか．成熟社会の国民が，快適な居住環境と新たなコミュニティと環境問題などのグローバルな課題への対応を求めるとき，農村が居住地として選択されるために，農村計画は国民の要望に応える内容が求められる．　　　　　　　　　　　　　　　　　　［元杉昭男］

参考文献

大橋欣治：農村整備工学，p38-67，創造書房，1997
落合重信：条里制（日本歴史叢書新装版），吉川弘文館，1995
改訂農村計画学編集委員会：改訂農村計画学，p21-26，農業土木学会，2003
金田章裕：古代日本の景観，吉川弘文館，1993
谷野　陽：国土と農村の計画，農林統計協会，1994
土木工学大系編集委員会：ケーススタディ都市および農村計画（土木工学大系23），p111-124，彰国社，1979
日本村落史講座編集委員会：総論（日本村落史講座1），雄山閣，1992
「農村整備事業の歴史」研究委員会：豊かな田園の創造，p23-53，農山漁村文化協会，1999
古島敏雄：土地に刻まれた歴史，岩波書店，1967
元杉昭男：農業農村整備の社会的意義，土地改良新聞社，2008
渡辺尚志：百姓の力，柏書房，2008

第Ⅱ部　農村計画の構成

5. 空間・環境・景観計画

5.1 計画の総合性

5.1.1 社会・経済・空間の総合化

　計画とは未来を先どる人間的行為である．その未来とはみんなが幸せに農村で暮らしている未来である．抽象的な農村ではなく，具体的な人，樹木，動物がいきいきと暮らし，美しい景観と新鮮な空気が満ちている具体的な個々の農村である．

　農村計画は多面的な内容をもつ．単なる空間計画や空間整備，施設整備だけでその目的が達成されるものではない．社会計画，経済計画，空間計画（自然環境や農林地，人工的な施設を含めて）が三位一体の総合的な計画となる必要がある．農村計画の基本的目標は，農村空間における人間社会の幸せの追求にあり，社会づくりが目標である．その社会づくりのために，経済や空間・環境を的確に構築することである．経済優先，経済成長中心で進んできた近代的価値観を見直し，経済を地域社会に組み込み，社会と経済の活動を持続的に支える空間計画，環境計画の総合性と連続性が求められている．

　1992年にブラジルのリオで開催された世界環境会議で「サステイナブルデベロップメント」が提唱され，社会・経済・環境の総合的で持続的な発展が世界的目標として強調された．空間・環境といったハードの持続性だけでなく，人間生活にとって必要な社会・経済などソフトの持続性が肝心である．個々の地域で，ローカルレベルで持続することの必要性が国際的な公約となり，総合的な視点から「ローカルアジェンダ」や「ローカルアクション」が実施されるようになってきている．農村計画の総合性もこれらの地球的な活動と同様の総合性を個々の農村地域で住民と一緒に求めることである．

5.1.2 農村計画の空間・環境計画の目標

　農村計画の総合性を前提としたうえで，空間・環境計画における目標として4つの目標がある．①環境との調和（生態系の保全と維持），②安全性，③利便性，④衛生性，⑤快適性（アメニティ）である．これらの目標は個々に独立するのではなく，密接に関係しながら，バランスよく調整して実現することが求められる．一つの目標だけに特化すると歪んだものとなるので注意する必要がある．

　①は個々の地域における地形や気象の自然条件，自然生態系をよく理解し，その保全

と維持を目標とする．自然と人間の関係にはいろいろな段階があり層が形成されてきた．里山のような二次的自然は，人間的営みの継続で維持できる．特に農林地は自然生態系に依拠した生産的環境であり，的確な生産活動を継続することで農村の豊かな二次的自然が維持できる．近年，農林地の荒廃が進んでいるが，このことにより，自然の生態系も以前より貧困化したり，絶滅する種も出てくる．「農業生物」という概念が生態学でも使用され始めているが，農林業の的確な営みの上に，個々の農村空間の自然環境が保全，維持されることを忘れてはならない．

②の安全性に関しては，東日本大震災により大きな課題を農村に及ぼしている．自然災害に関して安心できる安全な環境を創造することが必要であるが，巨大な自然の力をすべて人為的な構造物で治めることは難しい．自然の猛威を巧みに除け，避け，しなやかで柔軟に対応する安全策も必要となっている．逃げること，除けることを含めた総合的な安全策を農村でも求められ，その知恵は地域固有の伝統的な知恵の継承として，農村計画の中に組み込むべきである．

津波被害で防潮林が破壊され，農地は塩害の被害を受け，また，東京電力福島第一原発事故での放射能汚染は農林地，農村空間を長期的に汚染し，生産も生活もできない状況を作ってしまった．自然の脅威だけでなく，人為的に制御できない原発による巨大エネルギー生産・供給システムの見直しが急務となっている．大都市を支える電力を生産するために無理に導入した原子力発電から脱し，より地域にあった自然エネルギー，再生可能エネルギーの地域的な分散供給システムにより，安全で安心できる農村でのエネルギーシステム開発計画とその実施が必要となっている．

③の利便性は，交通システムや便利な施設環境整備が目標とされる．ただし，利便性が往々にして無駄なエネルギー使用につながらないようなバランスが必要である．移動は早ければよいというものでもない．ゆっくりと移動することで農村の環境や景観を堪能できるというよさもあるので，スピード，利便性だけを追求する計画は好ましくない．

④の衛生性は，特に農村の近代化のなかで協調されてきた．汚れた環境は疾病や死をもたらすので衛生的環境に改善する必要がある．ただし，過度な無菌状態の農村空間は不自然である．人間は自然の生き物であり，多様な菌との共生関係で人間は生きている．人間の耐性も菌との共生の中で獲得されていくものである．エコシステムの中では菌は分解機能をもち，また，有機土壌を形成してくれる．都市と異なり農村は菌との共生で成立する空間としてバランスよく衛生的環境を整える必要がある．

⑤の快適性は近年では，アメニティとして表現される．総合的な快適性といってもよい．環境が的確に維持・管理され，その空間に人間がいることで，あるいは，その環境とかかわることで，「心地よい」気持ちになることである．そういう環境をアメニティ性の高い環境という．個々の人によって感じ方は異なるものの，総合的にみて，自然が保

全され，新鮮な空気や光に満ち，幸せを感じる環境を農村で維持すること，あるいは創造していくことである．視覚的に美しい景観づくりであり，あるいは，四季折々の香りや音が堪能できる状態をいう．

[糸長浩司]

5.2 生活圏域・集落空間の計画

5.2.1 地形・風土・歴史文化に規定された空間構造特性

わが国の農村地域は，地形や土壌，植生，気象など複雑多様な自然条件の下，永い歴史の中で形成された集落と呼ばれる社会的かつ空間的な単位の集合である．集落とは住居集合に他ならず，立地や産業とのかかわりから農村，山村，漁村と区分される．地理学的には村落と呼ばれ，その形態的特徴から集村や散村などとも分類される．集落の空間構造，ひいては農村地域の空間構造は，自然的条件，社会・経済的条件および歴史文化的条件により規定されている．

このことをいくつかの例で示す．まず，古代条里制に基づく集落である．大化の改新(645年)後の律令国家の基礎づくりとして，1町(約109m)の正方形を耕地の基本的寸法とし，6町(約654m)四方の碁盤目状に区画した大きさを「里」という戸数50戸で構成する村落とした．奈良盆地や琵琶湖東岸など古代に開発された平坦な地域には条里制に由来する集村が多い．下って，17世紀江戸時代は新田開発が盛んに行われ，たとえば加賀藩の開拓政策により砺波平野(富山県)の散村(散居ともいう)は拓かれた．緩やかな扇状地の上に細かな水路網が敷かれ屋敷林に囲まれた農家が点在する．明治期以降の北海道では，近代国家形成に向けて欧米型の農業が目指され，300間(約546m)間隔の道路網をもとに，100間×150間の5町歩(約5ha)の区画に農家1戸を配置する(北海道殖民地区画施設規程)屯田兵村の開発が進められた．

こうした歴史に記録された農村に限らず，集落は，経緯は異なれ地域の自然条件や時代ごとの社会・経済条件の下で，農業生産と生活の両立をめざして計画・開発され，世代を重ねる中で徐々に形成され現在の姿にいたったのである．

5.2.2 生活圏域の広がりと計画

さまざまな歴史的背景をもつ農村地域は，明治期以降の近代国家形成とともに，新たな行政体制に組み込まれ地方自治を担うこととなった．その過程を通じて，農村地域には集落を中心に幾重にも重なる同心円的な生活圏域が形成された．行政・地方自治体制の変遷が反映しているためである(図1)．具体例として，新潟県長岡市小国町太郎丸についてみる．集落の成り立ちは鎌倉時代中期と推定される．明治のはじめまで独立した村であった大字太郎丸は，明治22年に結城野村(12年存続)，明治30年には上小国村

5.2 生活圏域・集落空間の計画　　53

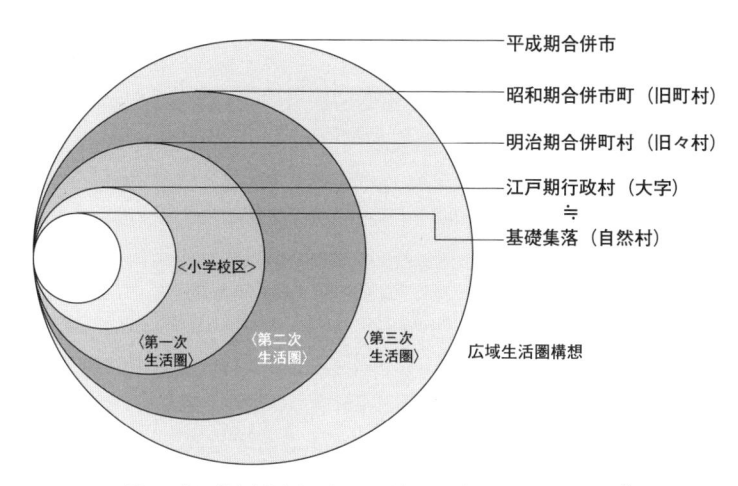

図1　市町村合併履歴にもとづく行政・自治圏の重層的構成[1]

（55年存続），昭和31年には小国町（49年存続），そして平成17年には長岡市となった．小学校統合により旧結城野村のまとまりは消滅したが，旧上小国村（現小学校区），旧小国町（現中学校区）など，各々生活圏域の広がりにその名残をとどめている．学校に限らず，役場，警察署，消防署，郵便局，農協などの公共施設，サービス施設などが立地したのである．小中学校を通じ形成された人間関係も影響は大きい．

このような行政・自治圏とは別に，人々の日常的生活の広がりは生活行動圏と呼ばれる．これは農林業から他の産業への就業移動，自家用車の普及などにより広域化の一途をたどっている．たとえば，長岡市小国地区住民の生活行為の依存先（1978〜1998年の20年間の変化）では，図2に示すように，他地区（他市町村）の占める割合は全般的に高まり，また，地区外へ出かける頻度も同様に高まった．地区内の公共的施設の縮退，商店減少等との相互作用的結果である．

今後の超高齢社会を展望するとき，行政の広域化に対しては地域自治組織の充実，生活圏の広がりに対しては，広域的対応による高度で専門的な行政サービス提供などの施策が講じられる必要がある．

5.2.3　生活環境整備計画

農村地域の住民が持続的に生活するうえで，さまざまなサービスを享受する必要があることは都市と同様である．学校教育，社会教育，保健・医療・福祉，情報・通信，交

---

[1]　2009年度農村計画学会春期大会シンポジウム

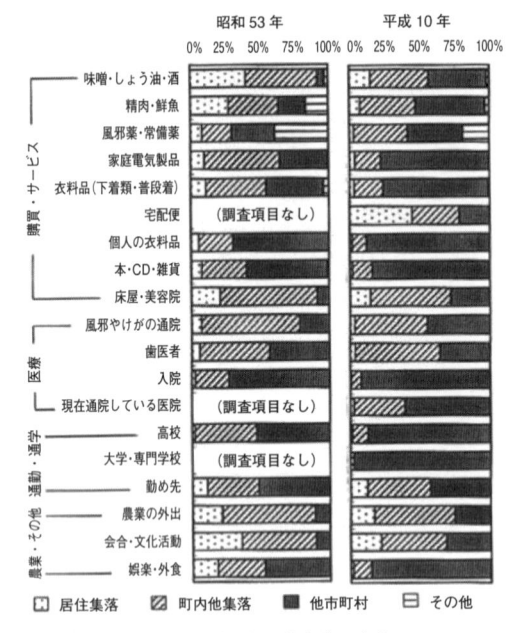

図2 生活行為の依存先の変化

通，文化・集会，防災・保安など多分野にわたる．特に，就業（通勤），通学，通院・通所，購買などは日常生活に不可欠の生活行為であり，それらの行為を充足する施設は生活環境の基盤を形成する．生活環境整備とは，物的な側面においては，このような生活上の共同消費財としての地域共同施設の内容とその地域内配置を住民のニーズに応えて整えることに他ならない．

一方，都市とは異なり，農村地域は一般に疎住性をもつ．このため地域施設の利用距離は一般に大きく，交通が生活環境に占めるウェイトは高い．現実には過疎化の進展により，公共的交通サービスは縮小され，市町村合併とあいまって他の諸サービスについても縮退傾向にあることは否めない．農村地域における前述した生活圏域構成を考慮すると，近隣都市等との連携を考慮した整備が求められる．

特に，高齢化のいっそうの進展の下，自動車の利便性を享受できない住民のための日常生活圏での自立的・持続的生活環境の形成をめざす取り組みが重要である．福祉分野における小規模多機能施設の例があるが，これにならった多分野にわたる末端機能を複合した新たな施設の展開，IT技術等先進技術を活用した諸サービスの供給はもとより，行政と地域コミュニティ，企業，さらにはNPOなどが連携・協働した活動が社会的側

面では求められる．自治活動の停滞した地域では，旧来の自治組織を見直し，新たな地域自治組織，NPOなどの対応により住民自治を維持していくことも生活環境の整備につながる．

5.2.4 公共空間計画の理念

学校をはじめとする公共施設，公園などの公共空間は今後いかにあるべきか．わが国農村のおかれた諸条件をふまえ，①高齢社会対応，②防災社会対応，③循環型社会対応の3点をあげたい．以下にその趣旨を述べる．

①高齢社会対応：国全体に先んじて超高齢社会が予測される農村地域では，高齢者が安心して移動できる交通手段の確保，居場所となる共同施設のバリアフリー化（スロープ・手すりなどの設置，段差解消），高福祉化（ゆったりした空間寸法，空調などの快適空間化）を進める必要がある．さらに，居住地内の歩車共存の交通システム，幹線車道と居住地の分離，滑りにくい舗装，街灯・転落防護柵の設置，高齢者世帯への緊急通報システムの配備，コミュニティによる地域見守り体制の充実，遠隔地保健医療システム導入などが挙げられる．

②防災社会対応：地球温暖化による気象現象の激甚化や地震多発化傾向をふまえ，高齢社会下において災害を最小限にくいとめるシステムを計画する必要がある．地域の緊急通報システム，災害時緊急避難や孤立化対応備蓄など地域防災計画の策定，自主防災組織による日常的な地域点検などが必要である．また，中山間地域などでは鳥獣害防護ネットの整備も欠かせない．

③循環型社会対応：脱原発・低炭素社会構築の一翼を担う取り組みとして，農村地域にあまねく賦存する自然エネルギー，バイオマスエネルギーの有効利用をはじめとして，省エネルギー型の生活様式を再構成する必要がある．また，伝統的な環境エネルギー技術の活用，具体的には，降雪地帯における融雪池，湧水利用（ヨコ井戸など），用水利用など，宅地内での物質循環を含む生態的循環システムの保全，地場産材や自然素材を活用した住宅，地域共同施設などの建設，改修による再活用などが挙げられる．

なお，人口減少社会の下，寺社など伝統空間を活用して，にぎわいを演出するハレ空間，祝祭空間，シンボル空間を再構築することも重要である．

5.2.5 農村建築のデザイン

農村地域に共通するデザイン手法として，自然との調和，エコロジカルデザインがまず挙がる．農村地域は，農業生産と生活が一体的に行われ，農業と生活を含む暮らしの営みは自然と密接に結びつく．このため，農村における自然とは人間が働きかけた二次的自然であり，農業を通じて管理される自然であり，暮らしの営みが生物多様性の維持

に寄与していることが明らかになっている．農村の暮らしを支える建築は，このメカニズムを阻害するものであってはならないであろう．

次いで，多様な地域性をもった農村地域における建築デザインを考えるとき，地域のデザインコードを読み解き，それを応用することがデザイン手法として挙げられる．デザインコードとは，それぞれの地域で長い時間をかけて生活の必要に応えるように空間の有り様を工夫してきた結果，地域に根付いた空間利用の作法をいう．茅葺きの家並み，屋敷林の仕立て，石垣による屋敷や田畑の区画などがそれに当たる．言い換えるならば，その地域を他の地域から識別できる空間的，景観的な特徴ということである．デザインコードへの配慮により，その建築は地域と空間的，景観的に調和しやすくなるとともに，利用者にとって親しみやすく愛着のもてるものになる．

建築技術は低炭素社会の構築に向けて，その材料や構法，設備などにおいて技術的進歩を遂げているが，次項でふれる環境共生の知恵や文化という地縁技術を継承しつつ適用されるべきである．

5.2.6 田園居住地のデザイン

農村集落の居住地は，前述のように，集居（集村）あるいは散居（散村）など立地する地形・気候条件，集落の開発経緯と密接に関連した形態をもつ．しかし，形態はどうあれ，個（屋敷）が道路（ミチ）でつながり全体（集落）を構成する．水（用水等）や緑（屋敷林等），圃場，神社などの共同施設が介在することにより，全体として機能的，環境的さらには社会・文化的なシステムを形成しているとみることができる．言い換えれば，住居集合の仕組みが内在化されている（図3）．

具体的には，機能面では，日常的な暮らし，通耕，家々の間の社会的交流からみた利便性，効率性が挙げられる．環境面では，気候条件の緩和にみられる太陽・気流など自

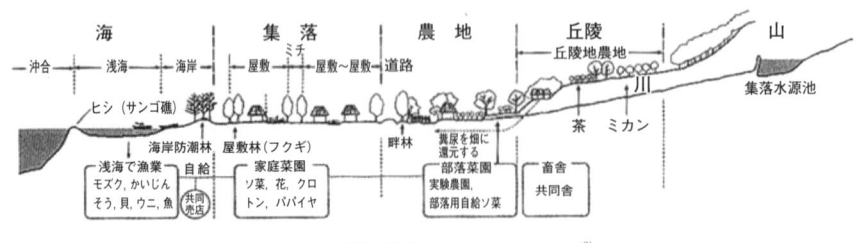

図3 水系生活環境単位の計画モデル[3]

---

3) 重村　力：水系生活環境単位の計画モデル．図説集落—その空間と計画（日本建築学会編），p.85，1989

然エネルギー利用，環境材のバイオマスエネルギー利用などを指す．社会・文化的側面としては，集落を構成する世帯間の本分家関係の表現，集落居住地の出入口や屋敷の区画，主要なミチ，神社など精神性を含むムラの中心など，居住者の空間認識の表現などがシステムに投影されている．

　居住地デザインは，したがって，こうした住居集合の仕組みを理解し，これを継承するように生かすべきである．土地利用および屋敷配置における面的・ゾーニングデザイン，個々の屋敷や施設を扱う点的・配置構成デザイン，そして，道路や水路，生け垣などの線的・ネットワークデザインの相互が有機的に連携し，全体として居住地の立地諸条件と調和させることが目標である．

　地球環境への負荷をできるだけ少なくする低炭素社会，循環型社会の構築に向け，人間居住のあり方について強く問題提起がされている．農村地域の居住地デザインには，先人が遺した環境創造の知恵と文化を継承し，これと新しい環境共生の科学技術とを融合させていくことが求められている．

5.2.7　地域景観の評価と保全

　地域の景観とは，人間が地表にはたらきかけた結果の総体であり，人間と自然の相互作用の営みの姿である．農村地域では，地形や植生，気候などの自然条件に加えて，農業や林業などの土地利用，住宅や生産施設，寺社などの建物，道路や水路，圃場や農道などのインフラが地域の景観を大きく左右している．また，祭りや運動会など伝統的，地域的な行事，慣習等は景観に彩りを添える．

　地域の景観が良好に保たれているかどうかは，農業や林業など地域の産業が活力をもっているか，建物など構築環境が自然的条件や歴史文化的条件に配慮しているか，に大きくかかわる．景観は産業・経済など地域活力，教育，健康・福祉，文化など住民生活の質の高さを表すバロメーターにほかならない．

　地域の景観を保全することは，そこに生きる人々の精神世界を保全するということでもある．地域の景観は物理的に目に見えるというだけにとどまらない，人々の記憶や精神性などとも結びつき，地域に対する愛着や誇りにもつながるアイデンティティの源泉だからである．地域景観の評価は，したがって，地域住民の意向を尊重する形で進められるべきであり，目に見えない歴史や文化を含めて景観をとらえ評価する視点が欠かせない．もちろん，持続的な環境形成，循環型社会形成が求められる時代であることから，生物多様性の確保に配慮し，2004年に成立した景観法を活用して，地域（自治体）ごとに景観計画を策定し，守り育てるべき地域の景観をその方策を含めて明確にすることが必要である．

［三橋伸夫］

図4 農村景観（農林水産省：「農村景観形成ガイドライン」，2003）

参考文献

青木志郎編著：農村計画論，農山漁村文化協会，1984
小国町町史編纂委員会編：小国町史・本文編，1976
長岡市小国町太郎丸区編：集落活動計画（3），2010
日本建築学会農村計画委員会編：図説集落―その空間と計画―，都市文化社，1989
農村開発企画委員会編：集落空間の計画学（農村工学研究35），1983
農村景観計画研究会編著：景観づくりむらづくり，ぎょうせい，1994
農林水産省：美の里づくりガイドライン，pp.128-141，2004
三橋伸夫：農村地域における生活行為依存先の変化―新潟県小国町における生活圏の20年間の変化に関する研究 その1―，日本建築学会計画系論文集，560，179-184，2002
三橋伸夫：圏域論からみた広域地方計画，農村計画学会誌，28（2），78-83，2009
山崎寿一：集落のエコロジカルデザイン，地域環境デザインと継承，日本建築学会編，2004

5.3 生産空間の計画

5.3.1 農村における生産空間の特質

a. 農村の空間配置

農村は農業（広義には農林漁業）を主産業とする空間である．農業生産のためには一定の面積を必要とし，また広域の交通手段が発達する前には「通勤」による農業は不可能なため，生産の場と生活の場は隣接していること，あるいは一体であることが必要だ

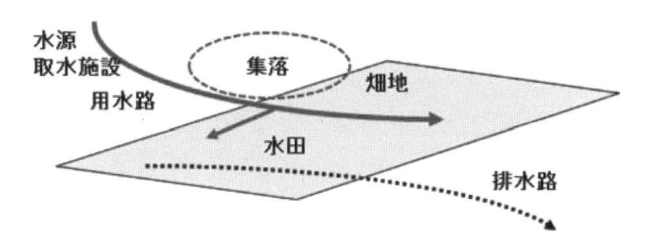

図1 平坦地における生産空間と生活空間の配置

った．一方，高品質の作物を多量に生産するためには，緻密な栽培管理が必要である．そのためにも，生産空間と生活空間とは近くにあることが望まれる．

わが国ではイネを主作物とし，水田が主たる農地であるところが多く，そこでは，貯水施設，取水施設，幹線水路などの灌漑施設が必要であり，それらは共同体で維持・管理する必要がある．したがって，灌漑施設は共通の施設であると同時に，コミュニティ活動の発現する場でもあった．

平野部の典型的な農村の空間配置を図1に示す．河川や溜め池を水源として取水された農業用水は，用水路を経由して集落の農地に至る．集落は農地の上端あるいは中央に位置し，多くの農業用水は生活用水の役割も果たしていた．

集落およびその農地からの排水は，排水路を経由して下流に流れ，河川に戻り，あるいは下流での用水源となる．

b. 生産空間の危機

このような農地と集落とが一体となった土地利用は，永年月続いてきたが，1960〜70年代の高度経済成長期に，特に都市近郊において危機を迎えることになった．その原因は，都市的土地利用のための無秩序な農地転用（スプロール）である．農業生産の近代化のための新たな用地は必要であるが，それ以上に，農業以外のための農地転用が，大量にそして無秩序に行われることとなり，農地利用に大きな支障を与えることになった．

図2はその典型的な一例であるが，条里制により秩序だって区画され千年以上続いた土地利用が，短期間の間に大きく様変わりしている．集落そのものはほとんど変化していないが，北部からの都市化圧力で大規模な住宅団地が進出し，国道および鉄道が農地を斜めに分断し，数多くの工場も進出してきている．

また，1980年代以降に顕在化し，2000年以降さらに拡大してきている耕作放棄も，生産空間を劣化させている．耕作放棄は当該農地の生産を停止させるのみならず，雑草や害虫を周辺に広げることにもなる．また，耕作放棄により農業生産から撤退する農家が出てくると，残った農家に用水管理負担が増え，また耕作放棄地に隣接する農地での生産性や生産意欲に影響し，負のスパイラルに陥ることになる．

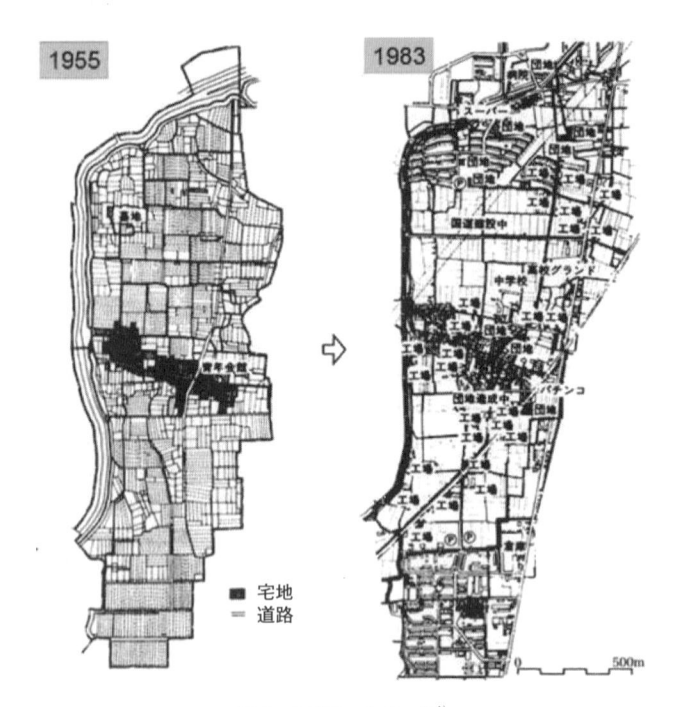

図2 スプロールの一例[1]

5.3.2 農地・用排水路・道路の整備計画
a. 圃場整備による生産性の向上
農地における生産性を向上させるために，地域の農業者によって農地の整備が行われるが，これを圃場整備と呼んでいる．圃場整備は，区画規模の拡大，形状の変更（整形化），用排水路の整備，道路の整備，土層改良などによって農地の生産性および利便性を向上させることを目的としている．これは，いわばハードウェアの整備であるが，加えて，耕作地の集団化といったソフトウェアの整備も併せて行われる．

図3は1960年頃の実際の整備例であるが，微地形に合わせて小さく不整形であった農地（ここではすべて水田）を，大きく，かつ長方形にしている．加えて，1農家が複数ヵ所に分散所有していた水田を，1ヵ所に集団化している．これは土地の所有権の移転であるため，法に則る必要があり，そのプロセスを「換地処分」と呼んでいる．

---

1) 中村民也ほか：集落空間の計画学—農村集落のかたち—．農村工学研究，35，104，1983
2) 新澤嘉芽統，小出進：耕地の区画整理，p.202-203，岩波書店，1963

5.3 生産空間の計画

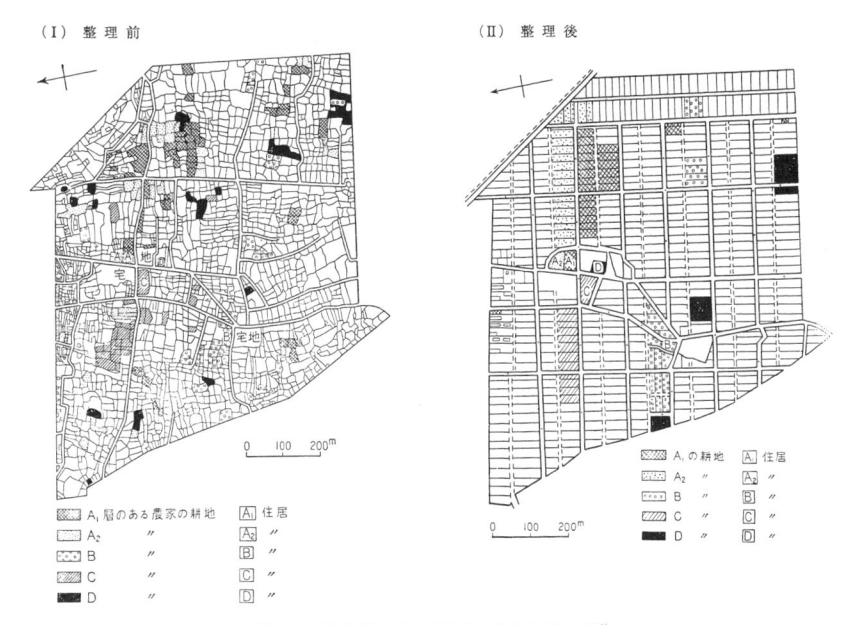

(I) 整理前　　　　　　　　　(II) 整理後

図3 圃場整備による区画の整形と集団化[2]

　この時代の整備では，1つの区画（耕区と呼ぶ）の標準的な大きさが54 m×18 m（0.1 ha）とされていたが，1963年以降は，農作業機械の大型化に伴い，標準的な大きさが，100 m×30 m（0.3 ha）に改訂され，さらに，1990年以降は1 ha以上の区画が推奨されるなど，耕区の大きさが大型化してきている（大区画化と呼ばれる）．

b. 圃場整備の事例と効果

　第二次大戦後の農地改革の結果，ほとんどの農地において，所有者と耕作者とは同一となり，所有権を手に入れた耕作者は，自作農として農業経営に勤しんだ．しかし高度経済成長期を挟んで，小規模な自作では十分な収入が得られず，むしろ赤字生産となってきた．

　そこで，圃場整備を契機に，小規模自作農家の土地を集めて「大規模な小作」とでもいうべき新たな取り組みが行われるようになってきた．図4はその一例であるが，太い線で囲まれた範囲（最大で7 ha）が耕作単位であり，細い線で区切られた部分が，各所有者の農地である．なお，この場合借り手と貸し手は一対一で契約を行うのではなく，全員で利用者組合を作り，貸し手は土地を組合に貸し，組合が借り手農家に貸すという形態をとっている．

　これにより，借り手側の労働生産性は大いに向上し，通常よりも高い借地料を払うこ

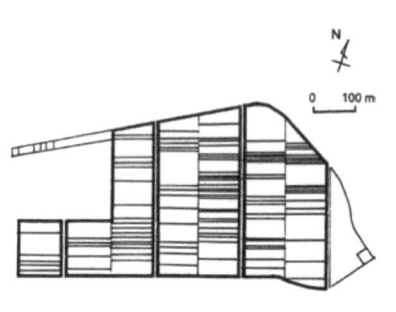

図4 土地利用の集積による巨大区画

表1 創設換地によって生み出すことのできる土地

全員の共同減歩による創設換地
  1. 土地改良施設（農業用道路，水路など）
  2. 農業者の大部分が利用できる施設
    (1) 農業集落排水施設
    (2) 農産物の生産・集出荷・貯蔵施設
    (3) 農業生産資材の貯蔵・保管施設
    (4) 集会施設，農村公園等
希望者の減歩・不換地による創設換地
  3. 生活上または農業経営上必要な施設
  4. 公用・公共施設（河川，道路，公園用地等）
  5. その他（工場，住宅用地等）

とが可能となっており，これは貸し手側にも有利な条件である．

c. 用排水路と道路

水田の一枚一枚に水を配る水路は，開水路の場合とパイプライン（管水路）の場合がある．パイプラインにすれば，敷地は不要となり，漏水も減るが，施設整備費がやや高く，加圧のための運転経費が必要となってくる．どの方式にするかは，地域の実情に合わせて選択される．

水田の一枚一枚からの排水先は，ほとんどの場合開水路である．しかし，管水路にする事例も若干ながらある．図4の地区では管水路にすることで，潰れ地を減らし，農業機械の水田への出入りを便利にしている．

生活空間における生活道路は，原則として舗装が必要であるが，生産空間の道路は必ずしも舗装を要しない．また路面の高さについても圃場面との段差を少なくする方が作業性および安全性は向上するため，そのような整備を行う場合もある．

5.3.3 地域営農改善計画

a. 収穫後の施設

農地そのものの改善については，その概略を前項までに述べたが，収穫後の調製や保存のための施設も必要である．野菜や果物では，集荷，選別，保冷，箱詰め，出荷を行う施設が，米などの穀物では，乾燥，調製，貯蔵のための施設が必要となる．

これらの施設整備のために新たな用地が必要となるが，その用地は圃場整備事業の際に創設換地によって生み出すことができる．

b. 創設換地

　圃場整備事業において，土地の集団化のためには換地処分が必要であるが，その際に，全員から少しずつ土地を提供してもらい，あるいは希望者から大量の土地を提供してもらうことにより，土地が捻出できるが，その生み出した土地にどういった整備ができるかが決められている（表1）．この制度を用いることで，生産環境そして生産性を向上させることができるが，加えて，農村の生活環境を整備・向上させるための施設の用地も生み出すことができる．したがって，圃場整備事業は，地域の活性化につなげることも可能である．

5.3.4　農地景観の評価と保全

a.　農地景観の特質

　水田は耕区の一つ一つが完全に平らであるため，隣接する耕区と耕区の高低差は，道路や畦畔などで吸収される必要がある．この吸収のされ方によって景観が決まってくる．

　傾斜地の水田で，地形を活かし，緩やかにそして曲線的に高低差を吸収したところでは，景観的に高い評価を受けることが多い（たとえば，図5）．しかし，地形を活かすことは，一般に大きな整備を行わずに，機械作業効率が低いままであることを受け入れることであり，労働生産性を犠牲にすることでもある．

　平坦地の水田では，耕区間の高低差はほとんどないため，高低差を吸収する法面や石垣は存在せず，樹木や道水路の配置が景観の多くを決定する．

　一方，畑の場合は，畑面が水平であることを要しないし，むしろ排水のために若干の傾斜を残しておくことが望まれる．そこで圃場面そのものが景観構成要素となり，景観

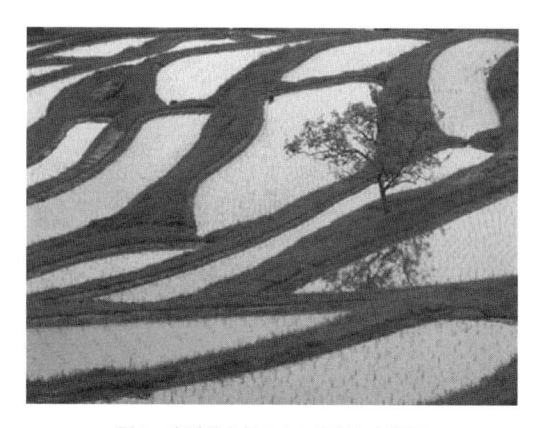

図5　高低差を緩やかに吸収した棚田

を決定する.

b. 農地景観の保全

畑地および平坦地の水田では，圃場面そのものの管理の具合と，樹木や道水路の配置が農地景観を左右する．麦の列が緩やかにうねる畑，田植え後の早苗，風にそよぐ緑の葉はよい景観を提供するが，雑草の生い茂った田面や法面は生産の面からも景観の面からも好ましくない．

農地景観の良否には，景観構成要素も重要であるが，根本的には管理の状態がより重要である．そのためには，営農が継続することが必要であり，土地生産性と労働生産性を保証する圃場整備が不可欠となってくる．　　　　　　　　　　　　[山路永司]

参考文献
広田純一：農業生産環境の整備と土地利用. 改訂農村計画学（農業土木学会編），pp.76-87, 2003
山路永司：農業基盤整備における景観的配慮. 農村計画学会誌, **10** (4), 41-46, 1992

5.4 自然空間の計画

5.4.1 二次的自然の特性とその保全

a. 自然空間の区分

農村における自然空間は，地域の生態系を支えるとともに，生態系サービスとしてさまざまな恩恵を地域住民に及ぼすものであり，人々の持続的かつ健全な暮らしに不可欠のものである．自然空間は，人為の影響がないかわずかな「原生自然」と，人為の影響が顕著な「二次的自然」に大別される．二次的自然のうち，特に都市的な空間利用が主要な地域では「都市自然」として，一般に農村地域の二次的自然とは区分される．このように，自然生態系が卓越する地域でもなく，都市的な人為圧が卓越する地域でもなく，両者の間で人為性と自然性がそれぞれ中程度にあることで平衡状態を保つ地域が「農村の二次的自然」である．近年では「半自然」とも呼ばれ，里地と里山林を合わせた意味の「里山」という言葉に二次的自然を象徴させる場合も多くなっている．

b. 二次的自然の構造的特性

二次的自然の構造的な特性は，丘陵地，台地，低地，自然堤防等の地形の起伏等と密接な関係をもち，農業的，林業的あるいは畜産・水産業的な土地利用（集落や農地，採草地，樹林地など）を空間的に選別してきている．土地利用は植物による土地被覆状態すなわち植生に反映されるため，地形と土地利用に対応した植生のモザイク性が成立する．この植生のモザイク性は，立地の乾湿条件および農的な攪乱強度等により，①湿性草地（水田，休耕田，ため池，水路など），②乾性草地（畑地，畦畔，採草地，法面，初

期の萌芽更新地や植樹地等），③樹林地（雑木林，人工林，竹林，屋敷林，社寺林等）に大別される．植生のモザイク性による地域景観は，勾配や土壌・乾湿・環境攪乱条件などのさまざまな立地条件をふまえつつ，かつ表土流亡や斜面崩壊が生じないよう土地の持続性も考慮し，最も生産性が高くなる土地利用の選択を行ってきた結果，成立したものである．土地利用形態は，集落からのアクセス性や生産物の経済性による変化，そして労働力の集約化や投入可能量の変化に応じて時代とともに変わるため，それに伴って植生のモザイク状況も変動する．すなわち，ある地域の二次的自然の状態や変遷は，その地域の人間活動の歴史性が強く反映されている．

c. 二次的自然の機能特性と「第二の」危機

二次的自然の機能的な特性は，伝統的あるいはそれに近い土地利用や農法の下では，豊富な生物相が成立することである．こうした機能発現のメカニズムとして，地形の起伏に応じた立地条件の多様さと各土地利用での人為的攪乱の内容・強度・頻度の組み合わせにより，多様な植物群落と野生生物生息空間（ビオトープ）が成立してきたことが挙げられる．加えて先の植生のモザイク性により，水域（湿性草地）と樹林地や草地，あるいは樹林地と草地など，異なる環境が接する場所にさまざまな移行帯（エコトーン）が生じること，また両生類のように異なる環境を行き来する生活史をもつ生物の生息可能な空間が拡充されたことも特筆される．さらに，それら植物群落や野生生物生息空間が，生物の移動・分散可能な距離内に多数存在することで種の個体供給のネットワークが形成されてきた．

しかし現在は，近代的で生産性優先の土地利用や農法の敷衍により，またもう一つは逆に耕作放棄や管理放棄といった人為的攪乱の減少・消失により，上記の機能発現メカニズムが崩れ，生物相の貧弱な地域が各地で生まれている．近年，生物多様性という視点から二次的自然が注目されるが，これはわが国の絶滅危惧種の約 5 割が二次的自然に分布する種であり，特に人間が二次的自然に干渉しなくなることにより生物多様性を低下させることが明らかになったためである．これが，生物多様性国家戦略[1]で示される「第 2 の危機」，すなわち里地里山などにおける人間活動の縮小による危機である．

d. 二次的自然の保全

二次的自然の保全には，まず地域の自然環境について各要素の空間的な分布やその特性について把握し，図面化する必要がある．これには，土地利用図，地形・地質図，現存植生図，ビオトープ地図，法令などによる保全区域分布図，ホットスポット（生物多様性が特に高くかつ消失のおそれの強い地区）の分布図等がある．ビオトープ地図には，小さくとも生態的に重要な景観要素（たとえば，カワセミの営巣地となる崖地や水生生

---

[1] 環境省：生物多様性国家戦略 2010, 2010

物の越冬地となる水田脇の湛水承水路など）を抽出したもの，地形・植生と動物群集も含めたエコトープとして土地の類型化を行ったもの，さらに生物の移動阻害要因となる要素（例えば河川や水路の鉛直方向の移動阻害となる堰・落差工や横切るときの移動阻害となる垂直壁護岸等）を示したものなどがある．これら地域の「自然環境情報図」を整備し，それを基に地域計画や自然環境の保全・修復計画を策定する．その際，あらかじめ保護区域，開発抑制区域，環境配慮区域，環境修復（創出）区域等の保全水準・指針とその適用範囲を定めておくことが望ましい．また，移動阻害要因に対しては，スロープや小階段，アンダーパスやブリッジの設置など，生態工学的な対処が求められる．

一方，「第2の危機」で示されるように，二次的自然の保全には土地利用に応じた適正な人為的攪乱の継続とその担い手の存在が不可欠である．しかし，中山間地域を中心とする農村の人口減少が進む現在，適正かつ永続的に土地を管理できる範囲は限られてきている．このため，地域コミュニティ単位で将来的な地域の自然空間のあり方を討議・共有し，管理が必要な場所や範囲を見定めて無理なく長続きする規模と方法で利用管理を行うことが望ましい．その際，住民自身による地域の自然環境の現地点検と合わせて，かつての風景や暮らし方，遊び方，生物資源利用等の掘り起こしや再評価を行い，それら人とのかかわりも含めて地域を代表するシンボル的な生物（たとえばゲンジボタル，コウノトリ等）を選出すると将来像が共有しやすく，以後の環境管理活動や自然環境モニタリング・環境学習活動の原動力ともなる（図1）．

図1 住民による地域の自然環境や自然資源の点検・掘り起こしと将来像の共有

e. 自然保全・再生の計画論的展開

このように農村の自然空間の計画においては，生物多様性を，それを育む農村社会と地域生態系との不可分のものとして捉える必要があり[2)]，地域の特性に応じた保全・再生の計画論的展開（表1）が求められる．これらの課題について，わが国同様技術先進

5.4 自然空間の計画

表1 農村の生物多様性の保全・再生における計画論的展開方向[2]

	山間地	中山間地	平地	都市近郊
①食料供給〔国民全体〕	豊かな生物相を活かした粗放的・高付加価値の生産活動の構築（林産資源・山の恵みも含む）	ランドスケープの多様さや，その有機的関連性を活かした多品目，多品種からなる生産活動の展開	環境負荷の高い生産性優先農業から生物多様性を利用した環境保全型農業へ，生産性と環境保全機能のバランスのとれた生産体系の確立と敷衍	都市住民のニーズに合わせた環境保全型農業の実践，および都市住民のそれら食料供給への参加
②多面的機能（特に保全生物学的役割）〔国民〜農村住民〕	その自然域との境界的性質の再定義，自然域／農村域を行き来する生物の対応（特に害獣被害の防止と生息数管理）	農村（田園・里山など）らしさを特徴付ける，地域のオリジナルな生物多様性の見定めとその保全	多様な景観構成要素のネットワークによる地域生物相の回復，平地農耕地への依存度の高い生物の保全	残存農地における逃避地的機能の強化，農村-都市境界部における生物相保全・利活用モデルの提示
③生活圏創出（農村住民にとっての土地利用の秩序化）〔農村住民・移住希望者〕	1. 人為放棄による自然化の促進とそれに伴う自然域の生物相保護への寄与 2. デカップリング政策などによる粗放的管理での農村域の生物多様性維持	1. 土地利用のモザイク性の維持・回復による多様な生物生息空間の確保 2. 農村の生物多様性の高さを活かした新たな農的生活圏イメージの模索	1. 都市化の抑制あるいは適正な土地利用誘導による農村としての景観維持 2. ランドスケープの多様性の増進，および広さを持つ立地を活かした緑地計画・ビオトープ計画などの展開	1. 混住性を活かした緑豊かな良質な生活環境・生活コミュニティの形成 2. 緑地環境の創出における適正な計画目標（地域生物相の回復）の設定
④共生空間の地域管理（生物多様性を介した農村-都市交流）〔農村住民・都市住民〕	都市住民の側からの管理主体へのインセンティブの付与，特に自然域の生物資源を活かしたツーリズム活動	ランドスケープの多様性やその農的な関わり方（価値観を含む）を活かしたツーリズム活動	食料供給や有機物循環の場が見えるツーリズム活動，多様な管理主体の確立とその協働	都市住民による農地・里山管理活動の推進，都市の負荷の緩衝・改善の場として農村があることの啓発
⑤文化的・生態的価値〔国民〜農村住民〕	農村社会と不可分の地域資源としての農村の生物多様性の再認識（伝統的な生物資源利用・食文化・民俗風習・誇りなどの掘起しとその回復・再構築）			

注）〔 〕内は，関心の中心的な主体．

国のドイツではすでに1980年代から農村における野生生物生息空間（ビオトープ）の保全と再生が積極的に行われ，生息期間や繁殖期間の利用制限や維持管理の手法・頻度の適正化等に対する所得補償的政策も進められてきている[3]．その最も新しい施策の一つとして「窓枠作戦」があり，これは特定の野鳥（タゲリやヒバリなど）の繁殖期に耕地で一定面積作物を作らず裸地を維持するものである．

5.4.2 水田生態系・半自然草地生態系・雑木林生態系

農村の自然空間を構成する湿性草地，乾性草地，樹林地のうち，それぞれ代表的な環境区分として水田生態系，半自然草地生態系，雑木林生態系について，その特性や空間計画上の留意点を述べる．

a. 水田生態系

水田生態系は，東アジアモンスーン気候に位置する日本の農村では普通に存在し，イネの栽培が行われることで成立する．耕起・湛水によっておもに春から初夏にかけて富栄養の浅い開放止水域が生じ，これが水田の生物相を特徴づけている．ただし，水田を利用する生物種は水田内のみで生活史を閉じるものだけでなく，周囲の環境と行き来する種も多い．特に水田と水路，ため池，河川などの水系ネットワークは魚類を中心に生態的に重要であり，移動を可能とする連続性の確保が求められる．また，湿性立地と乾性立地では非灌漑期の水分条件が異なるため，一般に生物相に大きな違いが生じる．特に本来，湿地であった立地に拓かれた湿田では，湿地特有の生物相が残存している場合が多い．現在，圃場整備により全国的に乾田化が進む中，その耕作の継続維持も含めて，たとえ小規模でも地域ごとで湿田の保全・再生（たとえば「冬みず田んぼ」として稲刈り後に水田に水を張って春まで水を溜める冬期湛水など）が望まれる．

b. 半自然草地生態系

半自然草地生態系は，草刈り，火入れ，放牧により維持される草地空間で成立し，かつては国土の広い面積を占めていたと考えられる．粗放的ではあるが毎年農的な撹乱が入るため樹林地への植生遷移が止められ，灌木混じりの低茎～高茎の草原状の植生となる．阿蘇や秋吉台などにみられるような広大な草原のみならず，水田と樹林地の境の裾刈り部分や棚田の法面等の小規模なものは農村のいたるところに見出すことができる．秋の七草など，花の目立つ野草類が多く生育し，またフキ，ゼンマイなどの春の山菜となる野草類も多く，住民が生物多様性を直接感じられる空間であり，積極的な復元や活

---

2) 大澤啓志，大久保悟，楠本良延，嶺田拓也：これからの農村計画における新しい「生物多様性保全」の捉え方．農村計画学会誌，**27** (1)，14-19，2008
3) 勝野武彦：農村における自然環境保全．造園雑誌，**52** (3)，215-221，1989

用が期待される．

c. 雑木林生態系

　雑木林生態系は，かつては10～20年周期で伐採され，萌芽更新が繰り返されるおもに広葉樹からなる二次林で成立する．そこでは，萌芽更新後の数年間の採草や柴の採取，また樹木が生長して樹冠が閉じた後での落ち葉採取など，薪や木材のみならずさまざまな資源を得るための林床管理（人為的攪乱）が行われてきた．南西日本の低標高地では常緑樹の場合もあるが，多くは高木が落葉樹で構成され，このため春期の展葉前に林床に届く光を利用するカタクリ等の春植物が多く生育する．また，展葉後も比較的林内は明るく，一般に低木や林床植生は豊富である．しかし，林床管理が行われなくなると，林床でのササ類など，特定の種の繁茂や高木の常緑樹への遷移により生物相が貧弱となりやすい．バイオマスとしての木材・下草・落枝・落葉の資源獲得の場のみならず，植物・動物・菌類等の雑木林の豊富な生物相を活かした新たな生物資源の利用，あるいはレクリエーション林や作業体験林などの空間自体を現代的に使うなど，管理（人為的攪乱）が継承・復活あるいは創出される新たな利用法の提案が課題である．

　農村の自然空間を構成する他の各景観要素の保全・復元においても，現在の状態のみならず，利用形態の変遷，潜在的な立地条件，自然的・人為的攪乱の内容とその継続可能性，種の供給可能性，今後の住民とのかかわりなどをふまえて，復元や創出あるいは植生管理を計画する必要がある．

　　　　　　　　　　　　　　　　　　　　　　　　　　　　　　［大澤啓志・勝野武彦］

5.5　農村空間の総合デザイン

5.5.1　地球環境時代における風土の作法としての総合デザイン

　人間は生きていくために，周囲の環境に対してデザインする．デザインは人間にとっての環境の総合的な秩序化である．環境を形成している環境構成要素間の相互関係を十分に理解し，その適切な配置と仕組みづくりをすることである．デザインとは，「ものを的確に配置し，無駄なエネルギーを使わず，自然の力を活用してシステムを可動させること」である．総合デザインは，エコシステム，自然遷移に準拠し，協調し，人間が生活するうえで必要なものを生産し快適な環境を整えるための方法である．人間に必要な建物，農林地，生産施設，交通施設，自然空間を，地形や気象，植生などの自然条件のもとに適切に配置していく方法である．生態系にも健全で，人間の美感にも，心にも気持ちよいアメニティの高いものとして形成する．

　日本の農村空間は山，川に代表される自然環境，農林業生産環境，伝統的な集落居住地からなる．これらの環境要素は地域固有のつながりから全体像が構成されてきた．相

互関係を保ちながら歴史的に持続して存在し，地域固有の美しい農村景観，風土景観を構築してきた．風土景観とは，「大気と大地の境界に人間がつくり出した姿」ともいえる．その風土景観は地域固有の「風土の作法」によって維持されてきた．しかし，近代化の過程でこの作法は一部壊れ，その担い手は減少し，荒れる風土景観が増加していることは嘆かわしい．再度，風土固有の作法を見直し，総合デザインによる農村空間の再構築が求められている．

風土の作法のおもなものを集落景観の視点から解説する．①オモテとウラ：太陽の方向がオモテであり，太陽のエネルギーをうまく活用する．②奥行き性：集落の奥には神社があり聖的空間が維持され，環境保全の核となる．③縁（エッジ）のあいまい性と明確性：オモテはあいまいに畑・水田で拓かれ，ウラは樹林・里山で明確に閉じる．④水網性：集落のなかを網の目のようにめぐらされた水系．⑤均質的集住性：「街道沿いの屋敷林-母屋-屋敷林-畑-平地林」などにみられる構成要素の連続性．⑥分散的完結性：屋敷林をもつ散居集落など．⑦共同の集約的景観維持：水系管理，里山管理，入会地管理，共同体での管理．⑧ヒューマン・ビオトープ：屋敷の中に，水・植物・動物・島のビオトープが共生している．

風土の作法を再認識したうえで，生態学的知，工学的知，農林漁業的知，社会文化的知の総合知が求められる．伝統智を組み込んだ総合知を基礎に，より新しい農村社会のニーズや地球的環境課題に対応した総合的デザインが求められている．

5.5.2 農村空間デザインのパラダイム転換

農村計画・整備の歴史は，食料増産を目的にした経済合理性，農業・農村の近代化として進められてきた．しかし，地球環境時代の今，新たなパラダイムシフトが求められ，近年では農村の多面的機能を評価した総合デザインへの転換が進みつつある．農村空間デザインのパラダイムシフトを表1に示す．

①近代合理型から環境調和型へ：自然征服型の近代合理主義的対応から脱して，人類も自然の一部であり自然との調和の中に自然との関係性を再構築することが必要である．

②食料生産空間から多様な環境資源空間，国土保全空間へ：農村は農業生産物を生産する空間だけなく，多様な生物資源，環境資源のある空間であり，その多様性を保持することが必要である．農林業の生産活動の継続により，水源保全等の国土保全空間としての機能を充実させる．

③効率的生産性重視から持続可能な農業へ：機械化や化学肥料の多投下による効率的生産性重視による農業から，生物環境，国土保全等の視点のもと，持続可能で生態系を重視し，野生動物とも共生した生態系農業への転換が志向されている．

④生活環境の都市的近代化から農村固有の豊かさへ：これまでは農村の生活環境を都

5.5 農村空間の総合デザイン

表1 農村空間の総合デザインのためのパラダイムシフト

	近代合理性（経済成長路線）	環境・総合デザイン
農村の一般的なとらえ方	・食料生産空間 ・都市に比べての後進性 ・封建制 ・時代的遅れ ・保守性 ・非衛生	・生物資源空間 ・再生可能エネルギー ・国土保全空間 ・生物生息空間 ・多面的な機能空間 ・農村固有の豊かさの評価 ・伝統性，伝統智の再評価 ・芸術性，景観美 ・伝統的文化，行事の再評価 ・自然との触れあい ・国民のためのアメニティ空間
計画・デザインの目標	・生産合理性（生産の効率化） ・農業生産単一機能の重視 ・大型，機械化農業振興 ・生活の近代化 ・都市化（都市に追いつく） ・空間の整備の均一化，標準化 ・空間利用の純化 ・利便性，安全性，衛生性の強調 ・機能性の重視 ・管理のしやすさ，合理性 ・農村の完結性	・自然環境との調和した生産環境 ・環境保全型農法 ・再生可能エネルギー生産 ・エコロジカルデザイン ・空間の多面的な機能の維持や創造 ・生活の個性化，地域固有化の尊重 ・温暖化対策 ・農村文化の蘇生，保全，再創造 ・多様な要素の的確な混在化と連携 ・総合的な快適性（アメニティ）重視 ・景観保全と景観づくり ・住民の参加による協働管理 ・都市との交流，つながり ・バイオリージョン的なつながり重視
実施・整備手法	・機械的 ・工学技術的な人工的改変 ・線型的な形 ・疑似自然 ・トップダウン ・短期達成型	・生物的，生態的，有機的 ・生態系重視で自然融和型 　（エコロジカルテクニック） ・生き物との共生環境づくり ・循環型，円環型 ・自然の再生，自然素材の活用 ・住民参画（ボトムアップ）の重視 ・多様な主体，ステークホルダーの参画型 ・長期達成型，シナリオ型

市の水準に追いつかせることが基本的戦略であった．しかし，都市化の諸矛盾，化石資源に頼る都市生活の有限性が指摘される中で，あらためて，都市の水準に合わせるのではなく，農村固有の生活環境を形成し農村の真の豊かさを創造することが必要となっている．

⑤線型的・人工的改変から循環的・自然融和型環境創造へ：近代的な圃場整備は矩形化や用水路の三面コンクリート張りにより，ハードな線型デザインとして効率性を重視したデザインであった．一定の生産性を上げるために必要な場面もあるが，これに対して，地域の自然な等高線に沿った圃場形状を追求し，農村の生態系の循環性に着目した生態系技術の適用が求められている．

⑥閉鎖型農村から開放型農村による活性化：農村は農村に暮らす人たちだけの環境価値ではない．そこを訪れる都市民の農業体験や，自然とのふれあい体験，農村文化，エコライフを体験，学ぶ空間としての価値が農村にはある．グリーンツーリズムやエコミュージアムのような，農村固有の自然，農，歴史文化を組み込んだ複合的な都市農村交流が農村活性化にもつながる．

⑦トップダウンからボトムアップ型主体の育成：公共事業主体の行政のトップダウン的なデザインや実施事業の展開から，より地域住民が参画するボトムアップ的な手法を採用し，デザイン・整備・管理の持続的な仕組みづくりと主体形成が重要となっている．

5.5.3 パーマカルチャーデザイン

総合デザインの手法の一つとしてパーマカルチャー（以下「PC」）を解説する．PCは，パーマネント（永続性）とアグリカルチャー（農業），カルチャー（文化）の合成語である．身近な場での永続的な農を基礎として，自然と共生した生活空間の持続的な創造手法である．自然を征服するのではなく自然とともに，エコシステムから学び，多様性，連関性，循環性のシステムを作り上げる．モノカルチャー的な生産システムに対して，「食べられる森」をイメージした「混在と統合のデザイン」である（図1）．

パーマカルチャーはデザイン原理として下記がある．①あるもののアウトプットが他のもののインプットとなる循環サイクルの構築のための連関性（つながりの強い要素を近くに配置することでエネルギーなどの無駄をなくす）の確保，②一つの要素の多機能性，③重要な機能は多くの構成要素によって支えられること（水や食糧等の生きるために重要な要素は複数の方法で確保しておく），④効率的な土地利用計画（人間の労働の頻度による菜園や畜舎の配置や風や水の流れ，太陽エネルギーを効率的に使うなど自然のエネルギーの流れをうまく利用する），⑤生物資源の活用（食糧，燃料，肥料，防風などでの動植物の利用），⑥地域内でのエネルギーの再循環（物だけでなく，情報の循環も大切），⑦適正技術（地域の素材を利用し，地域で自主管理できる技術の開発），⑧自然遷

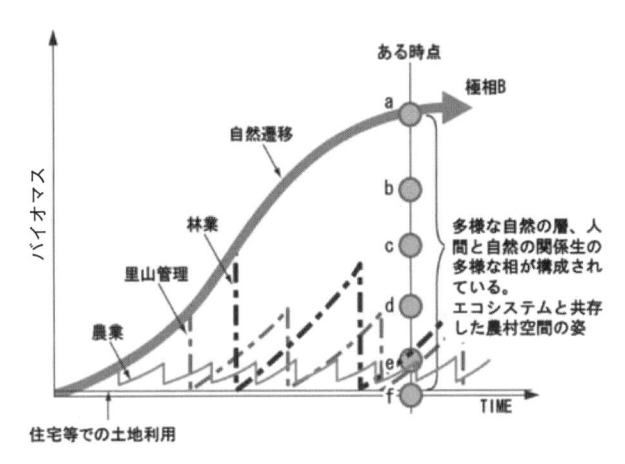

図1 パーマカルチャーのデザイン論での自然遷移と共生した農村空間の多層デザイン

移の活用(自然の遷移の中で,植物を育て,食糧を収穫する.一年草種と先駆種と極相種の混在したシステム),⑨エッジを最大限化する(海岸,山裾,池や河川の水際などのエッジは,エネルギーが集まり,多様性があり,生産性高い場所となる)などである.デザインする前に,デザイン対象となる自然の特性を観察するプロセスを重視する.そうすることにより,個々の自然のもつ特性をデザインの中に無駄なくとりこむことができる.

5.5.4 バイオリージョン的な流域総合デザイン

米国の環境運動から提唱された流域的な総合デザインの思想として「バイオリージョン」(bioregion)がある.生命地域,生態地域と訳される.流域での行政的な枠組みを越えて,人間を含めた生物・生命が共存・共生しているつながりの強い環境形成を目指した,一体的で総合的な環境づくりの思想である.バイオリージョンとは,人間の都合による地域の境界線でなく,自然の特徴により一つのまとまりをもつ地域と認められるものである.動物相,植物相,地形,土壌,そしてこれら自然の特徴に根ざした人間社会や文化の特質などが,バイオリージョンを決める手がかりとなる.

こうした要素で決定されるバイオリージョンは,一つの河川の流域,あるいは,いくつかの流域の集めたものと重なってくるのである.生命の根幹である水を基幹として成立する地域環境の範域を地域計画の基本的範囲として捉える考え方である(図2).

バイオリージョンは以下の意義をもつ.①自然生態系的連鎖,②社会・経済的連鎖,③歴史・文化的連鎖,④政治的連鎖である.政治的な行政境を越えて,自然生態系を一

図2 流域的な山・里・都市のつながりの全景（日本大学生物環境工学科のパンフレットより）

つの骨格として位置づけ，地域環境の保全や活用の範域を決定し，その範域での計画的行為や事業的な行為を位置づけていこうとする考え方である．

日本の行政区域の範域は，その原型である江戸時代の藩域が比較的流域性をもっていることから，バイオリージョン的なエリアとして想定しやすい．しかし，近代化は陸上交通の整備による経済的振興を図ったために，流域的な生活圏のつながりは希薄化してきた．道路網の整備による流域を越えた生活圏，経済圏の拡大の中で，歴史的に形成されてきたバイオリージョン的な範域は希薄化した．しかし，気候，風土，伝統的な農山村文化の遺産は，まだ十分にこの流域の範囲の中でみてとれる．

川上と川下の運命共同体的な言葉として"森は海の恋人"というキャッチフレーズがある．東北の気仙沼のカキ養殖業者が，カキの収量不足は上流の森の荒廃に原因があると気づいて，健全な森づくり，森林の育成のための支援活動を始めてきた．日本全国でこの種の流域ネットワークの市民活動が始まってきている．川の水を介した新たな共同体づくりである． ［糸長浩司］

6. 社会・コミュニティ計画

6.1 農村における生活とコミュニティ計画

6.1.1 農村の暮らし

　日本の農村は，第Ⅰ部 1.5 節で述べたように，1960 年代以降に大きく変わったばかりでなく，いまもその担い手を減らし続けている．

　こうした状況の中で，日本の「農村」（農業集落）の生活上の利便性とまとまりが次第に失われてきている．たとえば，村から町の中心地までの所要時間（DID までの所要時間別農業集落数）をみると，「居住者が普段利用している交通手段による所要時間」で 15 分未満が 27.6%，15〜30 分が 39.9%，30 分〜1 時間が 25.3%，1 時間以上が 7.2% となっている．これを農山村地域類型別にみると，過疎地域＞振興山村地域＞特定農山村地域＞指定なしの順に中心地からの時間距離が大きくなることがわかる（図 1）．中山間地域の過疎化や市町村の合併が中心市街地までの距離をますます遠くしているばかりでなく，公共交通機関の廃止や自家用車をもたない高齢者の増加が集落から市街地までのアクセスを悪くしていることは明らかである．さらに，村の寄合の回数も二極化して

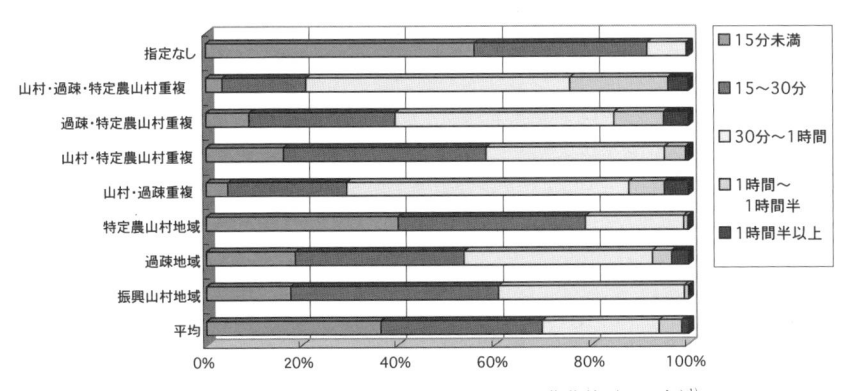

図 1　農山村地域類型別 DID までの所要時間別集落数（2005 年）[1]

---

1) 農林水産省：2010 年度世界農林業センサス結果の概要（確定値）．2011 年 2 月 1 日現在（3 月 24 日公表）

いる．過去1年間の寄合の開催回数は，11.7％の集落が6.1回以上開催しているのに対して，5〜6回が15.2％，3〜4回が13.5％，1〜2回が10.8％となっている．人手や世帯が減る村の中で，高齢者が一生懸命「支え合い」ながら生活する様子が想像される．

6.1.2　農村における「つながり」の変容

かつて日本の農村にふつうに存在していた「支え合い」「助けあう」関係は，急速に消えつつある．哲学者・内山節は「日本の伝統的共同体は戦後の高度成長をへて20世紀終盤になると，ほぼ解体されたのではないか」と述べている[2]．農業基本法と1960年代の農業構造改善事業などのいわゆる基本法農政が，日本の農業生産のあり方や農村の景観，農村や住民の人間関係を支えていた共同体（イエとムラ）の枠組みを大きく変えていったのである．

高度経済成長期（1960年代〜70年代初頭）に農村でも失われた「つながり」を人と人，人と地域とのつながりばかりでなく，人と自然とのつながりの喪失とみることもできる．内山は人とキツネとの関係について，面白い事実を指摘している．「キツネにだまされたという話は山のようにあるにもかかわらず，1965年，つまり昭和40年頃を境にして，新しく発生しなくなってしまうのである．」[3] 内山は，高度経済成長期に，①非経済的なものに包まれているという感覚の喪失，②科学的に説明のつかないことの否定，③自然からの情報を読みとる行為の衰退，④進学率の上昇による「知」の弱体化，⑤伝統的な「ジネン」感覚の喪失，⑥伐採と植林によるキツネの生息環境の変化，などの多様な「つながり」が失われたとみる．

とはいえ，この「キツネにだまされる」という感性は，日本の農村における共同体の役割を考えるうえで大切なもう一つの事実も明らかにしている．「きつね憑き」（憑依）と呼ばれる症状（symptom）[4] やキツネを祀る稲荷神社[5] も，そうした感性の一つである．ところが，日本では「人に憑く可能性を生まれながらにして持っている筋」（キツネモチの家）があると理解され，「病気，わざわい，不幸の説明に役立ち，村の規範や秩序を維持させてきた」という事実もあるのである[6]．ある意味では，ムラの貧困者や成り上がり者に対して「憑きもの持ち」の家とレッテルを貼って差別することで，祟る＝祟られるという関係をもたらさない心理的抑制によってムラの秩序が維持されたと解する

---

2) 内山　節：共同体の基礎理論，p.156，農山漁村文化協会，2010
3) 内山　節：日本人はなぜキツネにだまされなくなったのか，p.11，講談社現代新書，2007
4) 高橋紳吾：きつねつきの科学，p.14-27，講談社ブルーバックス，1993
5) 松村　潔：日本人はなぜ狐を信仰するのか，p.8-9，講談社現代新書，2006
6) 吉田禎吾：日本の憑きもの，p.175，190，中公新書，1999

こともできる．こうした人とキツネとの関係を媒介とした「狐憑きと憑きもの筋の関係」は，共同体が生み出していた「つながり」がもつ二つの側面，協力・支援と支配・統制が分かちがたく結びついているという共同体の自治の二面性をも明らかにしているのである．

戦後日本の農村は，農業の近代化とともに農村社会の封建性をどう克服するかが大きな課題となっていた．戦後の農村青年団活動には，農村の民主化とともに農業協同組合（農協）による独自の農村計画づくりを志向するものがあった．その一つの典型が，茨城県の玉川村青年会の活動であろう．藤岡貞彦は「玉川の青年は不屈であった．未だ封建性の分厚い帳がおりているふるい村で，農民祭をはやくも47年に開催し，『祝われるべきは，神ではなく我々人間である』と大書する剛毅な精神をもっていた．…とりわけ心をうたれるのは，『灯』創刊号（46年1月）に，…早，『明日の俺らが村』という一文が『夢みる男』によって一つのユートピアをめざして書かれていることである．…『明日の村』の夢は，農民祭のパノラマとなり，『玉川村農村計画』へと具体化していく．…その流れの開花としての玉川農協の経営計画づくりであったのだ」と書いた[7]．まさに，玉川村青年会の活動は「玉川農協の前史」として，基本法農政以前に玉川農協が「営農形態確立計画」を独自に生みだす原動力となったのである．

おそらく（現存する）日本でもっとも小さい農協である大分県の下郷農協も，地主や地元有力者による地域支配に反対した「農民が自分たちで運営する農業のための農協」としてのルーツをもつ[8]．早くから有機農産物の産直を通じて都市の消費者と結び，農産物の生産から牛乳をはじめとした加工と独自ブランドづくりを進めたほか，農協立診療所やデイケアセンターをつくるなど，農村計画の主体としての農協の可能性を示してきた．このように戦後日本の農村社会には，古い共同体の「つながり」とも，農業近代化政策のもとでの「つながり」の解体とも異なる，「もう一つのつながり」を模索する運動が生まれていたのである．

6.1.3 農村（ムラ）を支える伝統行事

「ムラ」と呼ばれる農村の単位は，江戸時代から引き継がれた自然村であった．「明治の大合併」（明治21年＝1888年）の直前には7万1314町村があり，「教育，徴税，土木，救済，戸籍の事務処理」などの行政上の目的から約300～500戸を標準規模とする市町村制の施行によって約5分の1にあたる1万5859市町村に統合された．さらに，第二次世界大戦後に「新制中学校の設置管理，市町村消防や自治体警察の創設の事務，社会

---

7) 池上　昭編：青年が村を変える，農山漁村文化協会，1986
8) 奥　登，矢吹紀人：新下郷農協物語，シーアンドシー出版，1996

福祉，保健衛生関係の新しい事務」が市町村の事務とされた（地方自治法の施行／1947年）ことから，「おおむね8000人以上の住民を有する」規模を標準とする町村合併促進法（1953年施行）および新市町村建設促進法（1956年施行）によって，市町村数は1万520市町村（1945年）から約3分の1にあたる3472市町村（1961年）に統合された（昭和の大合併）．その後，地方分権の推進を図るための関係法律の整備等に関する法律（地方分権推進一括法の施行／2000年）などによる「平成の大合併」が進められたことで，現在は1727市町村（2011年4月）となっている．もはや行政上の自治の単位は「ムラ」よりもはるかに大きくなっており，それぞれの自治体の中で過疎化・高齢化する農村をどのように位置づけていくのかが大きな課題となっている．

新潟県上越市は13市町村が合併（2005年）してできた自治体であり，そのうち9町村が「過疎地域」の指定を受けていた．こうした過疎地域には「限界集落」と呼ばれる集落が含まれており，これらの地域の集落機能などの実態の把握をするために65歳以上の住民が集落人口の50％を超える55集落のうち53集落を対象に調査が実施された．集落の世帯数が最盛期の半分以下まで減少してしまった地域が68％であり，人口が4分の1以下にまで減少した地域が25％に上っている．そのおもな原因は，農林業では生計が立てられずに働き口を求めて転出を余儀なくされたこと，交通手段が乏しく移動が困難だということ，雪害の影響などを受けやすいこと，後継者が育たないなどの現状が挙げられ，集落としての機能が明らかに低下していることがわかる．

しかし，このように集落の機能が低下する一方で，集落に伝わる祭りや伝統芸能が続けられていることに注目したい（表1）[9]．春祭りや秋祭り等の「祭り」が79.2％の集落で続けられている．

日本には約8万社の神社があるといわれている．この中でも，古代から存在する産土（うぶすな）型神社は，農村の共同体がその土地の守り神を奉ったものとされている[10]．この型の神社が明治初期には18万社余りあったとされる．農村に暮らす人々は，村の

表1　現在集落で行っているもの[9]

	該当集落数	構成比
集落の祭り（春祭り，秋祭りなど）	42	79.2％
さいの神	25	47.2％
盆踊り	5	9.4％
神楽，雅楽，春駒などの伝承芸能	2	3.8％
何も行っていない	6	11.3％

注）複数回答可能なため，合計が調査対象集落数と一致しない．

9）上越市：高齢化が進んでいる集落における集落機能の実態に関する現地調査結果報告書，2007

神々に作物の豊作を願い,ともに飲み食いをし,芸能を楽しみ,生きる活力を得ていたのである.いまでも,神社と祭りは村で暮らす人々の生活と深く結びついているのである.人口減少や高齢化によって集落機能が低下しているにもかかわらず,現在でも高い割合で地域の祭礼が存続していることが理解できる.

このような地域での祭礼の目的は,「神への願い」とともに「人と人とのつながりの維持」であるともいえる.粕本らは,祭りの機能を「地区コミュニティーと祭の空間との関係において,主体である住民が,祭を媒介とすることによって生活共同空間に直接働きかけ,主体相互の接触,交流が生み出される」とし,さらに「日常の共同空間が祭空間に変容するのは主体の空間に対する具体的な働きかけによるものであり,その時間周期的繰り返しによってコミュニティーが一層強化されると考えられる」と述べている[11].実際に,調査が行われた集落の住民らは「人と人のつながりや住民同士の相互扶助の精神」を地域で守りたいものの一つとして祭礼をあげている.祭礼を行うためには,人と人との直接的な接点が生じるため,祭礼を続けていくことで,人と人とのつながりを守ることができるということである.

6.1.4 農山村のコミュニティ計画のために

いわゆる「限界集落」を多く抱える中山間地域の活性化の目的は,必ずしも新たな産業を興して人口を増やすことばかりであるとは限らない.ここに100人が暮らす村があるとすれば,20年後,30年後にもほぼ100人が暮らし続けられる条件が整っているのであれば,「活性化」とみなしてよいのではないだろうか.そのためには,まず,平均年齢が10～20歳上がっても村で暮らし続けられる,高齢化に対応した村づくりが必要である.

もちろん,人口の自然減を補うためには,新たに転入してくる新しい村人の誘致や定住の条件づくりも欠かせない.こうした人たちの雇用を生みだす仕事も確保しなければならない.結局,この村に「産業がない」ことが問題となるのである.国や自治体による公共事業に依存した雇用の創出が望めない以上,やはり大きな工場や巨大な開発事業のない村には人口を維持する術がないのであろうか.しかし,この村にも「産業はある」と考えてみよう.村には豊かな山林があり,かつては山頂の間近にまでのぼりつめた田畑があり,水量豊富な川があるはずである.かつて村を支えた農林水産業が衰退し,これらの産業では食っていけなくなったからこそ,若者や働き手は村を離れたのであろう.

---

10) 武光 誠:日本人なら知っておきたい神道,河出書房新社,2003
11) 粕本桂孝,重村 力,新谷雅樹:祭りを媒介としたコミュニティのあり方について.日本建築学会大会学術講演概要集,1990

では，もう一度，第一次産業を蘇らせることで村を「活性化」することはできないのであろうか．

山がちな村の地形は，大規模に機械化された林業や農業の発展を拒んできた．ならば，小さな規模でもやっていける農林業が模索されなければならない．林業では「自伐林家」と呼ばれる家族経営が再評価されている．農業でも寒暖の差を利用し，手間をかけた有機農業が注目される可能性がある．これに「冬山夏里」の昔のような副業があれば，この村でもささやかながら100人が生活する術があるのではないのか．現代の副業は，福祉や観光などのサービス業であろう．「幸い」，村には多くの高齢者がおり，村で暮らし続けるためには少なからぬ人びとの支えが必要である．どのような村でも高齢者は「宝」である．高齢者がいる限り，ほぼ確実に一定額の年金が村にもたらされ，それを村外に漏らさなければ，村の働き手にいくばくかの謝礼を払うことができるのである．こうしてFood（食料）-Energy（エネルギー）-Care（福祉と教育）の自給を基礎とした農山村の再生というアイディアに，私たちは農村コミュニティ計画の未来をみてもよいのではないだろうか．

[朝岡幸彦]

6.2 集落の活性化計画

6.2.1 都市との交流，都市住民導入のビジョン

近年，都市住民による農業・農村への関心が高まっている．内閣府が2005年に実施した世論調査では，「都市と農山漁村の共生・対流」について，回答者の52.3%が「関心がある」という答えを出している[1]．このような動向は農村側からみれば，地域を活性化するチャンスであるといえる．都市と農村の間で，ヒト・モノ・カネ・チエ（知恵）の交流を行い，社会・経済・文化にわたる総合的な地域活性化につなげていくことが期待される．

a. 都市住民の農村への関わり方

1）U・Iターン居住，2地域居住　都市住民が農村地域に移住するパターンとして，U・Iターン居住と2地域居住がある．Uターンは，農村出身者が都市部に転出した後，郷里に戻ることである．Iターンは，都市部の出身者が農村部に移住することである．2地域居住は，都市部と農村部の両方に家をもち，自身の生活状況にあわせて両方を往復する形態である．たとえば，平日は都市部の家で過ごし，休日は農村部の家で過ごすなどである．

---

1) 内閣府：都市と農山漁村の共生・対流に関する世論調査，http://www8.cao.go.jp/survey/h17/h17-city/index.html（2011年11月閲覧），2005

都市住民の農村部への移住にはいくつかの課題があるといわれる．1つ目は，移住先での人付き合いへの適応である．たとえば，農村部には道路清掃，葬式の手伝い，消防団活動などさまざまな共同作業があり，これらに参加することが地域から求められる．またそういったかかわりあいの中には，都会にはない昔ながらの慣習が残っていることが多い．それらは農村部での生活には必要なものであるため，これらにうまく適応することが求められる．2つ目は，住居の確保である．農村部には空き家が多く存在している．しかし，家の所有者が「時々使う」「仏壇がある」などの理由で必ずしも貸し出しや売却に積極的ではないため，一般的に住居の確保は容易とはいえない．農業への新規参入者には上記に加えて，農地，農業機械，納屋，農業技術などの取得も必要となる．特に"よそ者"である都市住民が地元住民から農地を借りる場合は，地元との信頼関係の構築が重要となる．

2) **グリーンツーリズム**　　グリーンツーリズムとは農水省の定義によると，「農山漁村で，自然，文化，人々との交流を楽しむ滞在型の余暇活動」のことをいう．具体的には，都市住民が農山漁村を訪れ，農業体験，農産物の加工体験，農村文化体験，農家民宿や交流施設での滞在，安くて新鮮な農産物の購入，またこれらを通しての地元農家との交流などを行うことである．また近年では，従来の価値観では余暇活動に入らない活動を余暇の一環ととらえて農村を訪れる人々もいる．たとえば，地元農家にとっては「重労働」である遊休農地の再開墾作業などに，都市住民が都会での日ごろの頭脳労働とは異なったリフレッシュの一環として参加するケースがみられる．このように都市住民が農村での余暇にもとめるニーズは多様化している．

グリーンツーリズムによって期待される地域活性化への効果としては以下の点が挙げられる．1点目は，経済的効果である．地域の経済活動として，農業生産に観光業が加わることによって新しい収入源が生まれる．2点目は，地域資源を適切に活用することでその保全が図られる．3点目は，都市住民を受入れるためのソフト・ハード整備が，地元住民の生活環境整備にもつながる．また間接的な効果として，都市住民の農村に対する関心や価値認識を高める機会ともなり，農村環境保全の国民的理解の醸成につながる．さらには，都市住民が農村へ移住するきっかけにもなりうる．

3) **地域活動への参加**　　都市住民が，都市に居住しながら地縁・血縁のない農村の地域活動にかかわるケースがみられる．そういったケースはこれまで，大学・研究機関の専門家やコンサルタントが地域づくりなどのアドバイザーとしてかかわるケースが多かった．一方，近年では「普通の人」が市民活動として自発的に関わるケースが出てきている．そのようなケースは，以下の2つの形態に分けられる．1つは一時的にボランティアとしてかかわる形態である．過疎高齢化した農村では人手不足によって地域環境の維持管理作業や地域文化の継承などが困難になっている．たとえば，農業用水路の泥

さらい作業や盆踊り大会の会場設営作業などである．それをボランティアがサポートするのである．もう1つの形態は，地域活性化の中核的なメンバーとして，活動の運営面まで含めて継続的かつ長期的に関わる形態である．たとえば，村づくりNPOを立ち上げ，その事務局スタッフとして活動するケースなどがこれにあたる．

都市住民によるこのようなかかわりは，農村の人手不足を補填するだけでなく，地域の新たな価値の創出につながるなど，地域住民だけではできなかったことを実現する可能性をもっている．しかし，都市住民の価値観を地域に押し付けてしまい，地元が抑圧されているケースも現実に起こっている．そのようなことが起こらないように，都市側と農村側の双方の力を活かす関係づくりが重要となる（詳細は，第Ⅲ部15章「外来者参画のメリットと課題」を参照）．

4） **他出者による地域のサポート**　他出者とは出身地域から他地域に居住地を移した者のことである．他出者の中には，出身地近隣の都市部に居住地を移した後も，定期的に出身地域を訪れる人々が存在する．かれらは，出身地域に残してきた家族ならびに親戚の生活や，出身地域の地域活動のサポートなどをしている．たとえば，高齢の親に対して，日ごろの様子を見に行ったり，農作業を手伝ったり，病院への送り迎えをしたりといった形である．また，地域社会に対しては，過疎高齢化で人手が足りなくなって存続が難しくなっている祭りの運営に参加するなどがある．

他出者は地域住民との人間関係がすでに構築されており，また地域の様子や慣習もわきまえていることから，地縁・血縁のないよそ者の都市住民が地域をサポートする前述の③のようなケースよりも相対的に障壁は少ない．しかしだからといって，他出者が地域住民と同じ役割を担うことは難しい．近隣といってもやはり別の場所に居住しているからである．地域が過疎高齢化する中で他出者も地域の運営を担う一員として積極的に位置づけるならば，他出者との関わり方をふまえた新しい運営のありかたを探っていくことが地域側に求められる．

b．「都市との交流」ならびに「都市住民導入」のビジョン

「都市との交流」ならびに「都市住民の導入」を実行するにあたっては，都市と農村をつなぐコーディネーターの存在が重要となる．「都市と農村をつなぐ」とは，都市・農村間での人脈・物と金の流れ・情報網を創出することである．そのためにコーディネーターに求められることは，都市住民と農村住民のニーズを的確に把握し，農村部に存在している資源を質と量の両面から的確に把握し，その資源を保全しつつ活用して都市・農村のニーズに応える計画を考案することである．

たとえばU・Iターン居住の促進にあたっては，まずは都市側の「田舎暮らしをしたい」というニーズと，農村側の人口減少に歯止めをかけたいという両方のニーズについて，できるだけ具体的にその内容を把握する必要がある．そしてそれらのニーズをマッ

チングさせるために，農村部の空き家や遊休農地といった活用可能な資源が，どこに・どれくらい・どのような状態で存在しているかを把握し，移住希望者の具体的なニーズと照合させられるような準備が求められる．そして，農村移住ニーズをもった都市住民が集まりやすい場を探し出し，またはそうした場自体を創出し，有効な情報媒体を選択して効果的な情報発信を行うことが求められる．また実際に農村の資源を活用するには，コーディネーターは地元住民との人脈と信頼関係を構築し，地元の慣習への十分な認識をもってそれらに配慮しながら，地元側との調整を進めることが必要である．

こうした「都市と農村をつなぐ」実践を進めていくうえで，農村地元住民と都市住民がそれぞれの強みを生かしながら役割分担・協力してコーディネーターを担うことも有効であり，実際にそうしたケースもみられる．この場合，地元側コーディネーターは，地元住民との人脈や信頼関係，地元の慣習への十分な認識をもっている面で強みがある．一方，都市側コーディネーターは，都市住民のニーズを日ごろから身近に感じ，ゆえに的確に把握しやすく，またそういったニーズをもっている都市住民に近いところで人脈の形成や情報発信をすることが可能となるといった強みをもっている．

以上のようなコーディネーターの役割はこれまで自治体行政が中心となって担うことが多かった．一方近年では，NPOや社会的企業家たちがこれらの役割を担うケースが出てきた．こうした新しいコーディネーターを育成し，その裾野を広げていくことが，今後，都市農村交流を促進させるためには重要となる．

6.2.2 獣害対策
a. 獣害対策の現状

近年，野生動物（サル，シカ，イノシシ，ハクビシンなど）による農業被害が全国的に広がっており，これまで被害がなかった地域でも被害が出てきている．

この獣害問題に関して現在，農村計画でも対応に迫られている状況にある．なぜなら，農村地域における獣害対策は，野生動物を捕獲する取り組みだけでは限界があると指摘されており[2~4]，地域空間の整備や維持管理，地域社会の学習や合意形成，活力向上など，農村計画的視点が必要となるからである．また，農村計画に獣害対策の視点を取り入れないと，農村計画が獣害対策に貢献できないばかりか，逆に獣害を助長してしまう危険性すらあるからである．

---

2) 江口祐輔：イノシシから田畑を守る，農山漁村文化協会，2003
3) 井上雅央：山の畑をサルから守る，農山漁村文化協会，2002
4) 井上雅央・金森弘樹：山と田畑をシカから守る，農山漁村文化協会，2006

b. 「餌づけ」をやめるという視点で獣害対策を実践する

では，なぜ前述のような農村計画と獣害対策との連関が重要なのかを理解するために，まずは獣害対策の基本的な考え方を概観する．

獣害対策の第一人者である井上雅央（2008）によると，集落に来る動物が増えたのは，①動物にエサを準備すること，②動物を人に慣れさせること，つまり「餌づけ」と同じことを人間がやっているからであり，この「餌づけ」をやめることが対策の根幹であるという[5]．

集落には動物のエサになるものがたくさんある．それを人間が無意識に作り出し，自由に動物に食べさせている．たとえば，稲のヒコバエ（二番穂）．滋賀県の試験研究結果によると10アールの田んぼに約40 kgも米粒がついている．これは動物にいくら食べられても人間としては困らないから平気で食べさせている．他には畑に捨てているハクサイ・キャベツの外葉，採りきれなくて畑に落ちている完熟したミニトマトなども同様である．雑草もエサになる．あまり知られていないがサルやイノシシも雑草をエサにする．注意してみてみると，冬場の田畑の畦畔には雑草が青々と生えているところがある．これは，動物にとっては山にエサが少なくなって生きるか死ぬかの冬の季節には，生き延びるための貴重なエサとなる．この畦畔の青草は，秋に草刈りをしなければ冬枯れするものの，たとえば稲刈り後に草刈りをすると冬になって若い芽が生えてくることから人為的に作り出されたエサであるといえる．

このようなエサは人間にとっては食べられても困らないため，往々にしてヒトは動物が食べているのを見かけても追い払わず，その横を素通りする．そうすると，本来とても臆病な性格で，ビクビクしながら集落にきていた動物たちも「人間は怖くないぞ」と学習する．サルの学習能力が高いのはよく知られているが，イノシシもまた学習能力が高い．このようにして動物がヒトに慣れていく．また，そこに耕作放棄地の草ヤブなど，潜める場所があれば動物はさらに安心して集落にやってくることができる．

こうして動物にエサを準備し，人慣れさせ，つまり「餌づけ」をした結果，集落に動物がたくさん来るようになる．そして一年通していいエサを食べて，栄養状態がよくなって，子どもがよく育ち，頭数も増えていく．いま起きていることはこういうことである．だから，いくら動物を駆除しても，一方で「餌づけ」をして集落に来る動物を増やしていては，いつまでも獣害は減っていかない．つまり「餌づけ」をやめることが重要になるのである．

c. 獣害対策と農村計画

ここまでみてきた獣害対策の基本的な考え方をふまえ，以下では，獣害対策と農村計

---

[5] 井上雅央：これならできる獣害対策，農山漁村文化協会，2008

画との連関を具体的にみていく．

1) 地域における学習活動，地域ぐるみ対策　近年，獣害対策の研究が進み，技術的には被害防止は不可能でないといわれる．対策は，「餌づけ」をやめることが基本となるため，行政や誰か特定の人間が対策を進めればよいのではなく，住民主体でなおかつ地域全体で取り組む必要がある．地域全体というのは，農家，非農家，老若男女，皆である．皆で動物の餌を作らないことを意識した行動をとり，追払いを実施し，農家は作物をきっちり守ることで，動物が近づきたくなくなる地域を目指すのである．そのためには，地域全体で対策の知識と技術を学習していくことが重要となる．そして行政や専門機関等にはそういった住民の学習活動を支援していくことが求められる．その支援には，単なる情報提供にとどまらず，住民が意欲をもって学習や対策に取り組めるようなアプローチが求められる．まずはこういった学習活動を実施し，住民主体の対策を進めるところからはじめ，それでも被害がなくならなければ行政や狩猟者を中心とした捕獲や大規模柵の設置を行うといった手順で進めていくことが重要だという提案がある．それは，捕獲や大規模柵設置から対策を始めると，住民の中に「対策は誰かにやってもらうもの」という認識ができてしまい，住民主体の動きが抑制されてしまうからである[5]．

2) 地域空間の整備・維持管理　地域空間の整備・維持管理を実施する際も，「野生動物への"餌づけ"環境をつくっていないか」という視点で計画をチェックする必要がある．たとえば前述のように，「まじめな」畦畔除草が一方では動物を集落に誘引する原因をつくっている．また，道路や公園等の整備において施工される寒地型牧草の法面への吹きつけは，牧草という栄養価の高い動物の餌を，山に餌が少ない冬場を含めて一年中，提供していることになるのである．

また，獣害から守りやすい空間整備も有効である．例えば圃場整備の際，農道や用水路を，農地に動物が侵入しにくいように配置することや，圃場の周囲に鉄パイプが差し込める穴を開けておくことで必要な時に防除柵を設置しやすくするなどが提案されている[2]．

3) 耕作放棄地対策，集落内の土地利用の調整　耕作放棄地の草ヤブは野生動物の潜み場所となる．特に気をつけたいのは，耕作地と放棄地が混じりあってモザイク状に分布している状況である．この状況では，動物が耕作地のすぐ近くに潜むことができ，作物を狙いやすくなってしまう．このことから耕作放棄地の解消は重要な獣害対策の一つであるといえる．しかし，過疎高齢化の進む農村において，耕作放棄地を減らすことは容易ではない．そこで，放棄地の分量は変えずに，放棄地を森林側にまとめて配置し，モザイク状の配置を解消させるといった動物に作物を狙われにくくする土地利用も提案されている[2]．この場合，日本では農家の経営・所有の農地が多数の小耕区に分散しているため（分散錯圃），集落内での土地利用の調整が必要となる．

4) 地域の活性化，老齢化対策　獣害対策が単に被害をなくすというマイナス面の除去にとどまっていては，対策の継続性を確保することは難しいと考えられる．なぜなら，過疎高齢化や農業の不採算化の著しい地域では，対策の負担感が人々に重くのしかかることが考えられるからである．そうならないためには，獣害対策をきっかけにして，人々に新たな喜びをもたらし，地域の活性化につながるような取り組みが求められる．たとえば，過疎高齢化の進む中山間地域である島根県美郷町吾郷地区では，獣害対策をきっかけにして，耕作放棄地の再生，農産物直売所の開設，婦人会活動の活発化，へ展開している事例もある[6]．この美郷町での獣害対策は，自給的農家の営農技術向上やお年寄に優しい営農技術の導入と，獣害対策とをリンクさせているところに特徴がある．たとえば，畑を柵で囲いやすくするために，カボチャのツルが外にはみ出していたら立体栽培にし，背の高いカキは樹高を低く剪定するなど改善する．そうすればさらに良いことに，腰をかがめたり脚立を使ったりしなくても農作業ができるようになるからお年寄りにやさしい畑にもなる．こうして人々の「営農の喜び」を喚起することが，獣害対策ならびに地域活性化にもつながっていったのである．　　　　　　　　　　〔弘重　穣〕

---

[6]　中央農業総合研究センター：「営農管理的アプローチによる鳥獣害防止技術の開発」成果報告書，http://narc.naro.affrc.go.jp/kouchi/chougai/wildlife/hokoku_final.pdf（2011 年 11 月閲覧），2010

7. 経済計画

7.1 内発的活性化

7.1.1 日本の農村地域における内発的発展とは

「内発的発展（endogenous development）」という言葉は，1970年代以降の途上国開発の発展プロセスや将来像を，欧米諸国で生まれた近代化論とは異なるものとして論じる際に用いられてきた．経済成長を軸とした単一的発展である近代化論がもたらした地球的規模での公害，自然・環境破壊，資源・エネルギー問題，途上国での貧困・飢餓などの問題解決を図るために，内発的発展は途上国内での地域という小さな単位から宗教，歴史，文化，生態系の相違を尊重して，多様な価値観で多様な社会発展を図ろうとしたものである[1]．

日本では鶴見和子[2]，宮本憲一[3]，保母武彦らが各々の専門的見地から内発的発展を定義し，高度経済成長期を機に産業効率主義が優先されたことにより衰退化した農山村の発展プロセスと将来像を論じてきた．この中で保母は，わが国の農村地域の内発的発展に対する考えを次のようにまとめている．「地域内の資源，技術，産業，人材などを活用して，産業や文化の振興，景観形成などを自律的に進めることを基本とするが，地域内だけに閉じこもることは想定していない．…（中略）…特に中山間地域の発展は，自前の発展努力を基礎に，都市との連携に発展する必然性を持っており，これを内発的発展の立場からいかに首尾よく行うかが大切である」[4]．

このように"内発的"には，地域に賦存する多様な資源を住民自らが再評価して活用しながら，地域の将来そして発展のあり方を自律的に決めていくという意味が含まれているが，その一連の行為は決して閉鎖的ではなく，また自助努力に限ることでもない．つまり，時代の潮流を感じ取りながらも自らのアイデンティティを大切にし，域外との連携を図りながら総合的（社会・経済・文化）な発展を遂げていくことであるといえる．

---

1) 保母武彦：内発的発展論と日本の農村，p.122-123，岩波書店，1999
2) 鶴見和子：内発的発展論の展開，p.9-10，筑摩書房，2003
3) 宮本憲一：環境経済学，p.294，岩波書店，1998
4) 保母，前掲書，p.145

日本の農村地域で内発的発展の必要性が叫ばれて久しい．全国的にみると内発的発展を遂げた事例も散見できる．しかしながら，今なお多くの農村地域では"行政依存と自律性喪失"が問題となり，内発的発展による農村地域活性化を遂げているとは言い難い状況にある．

7.1.2 "行政依存と自律性喪失"にいたった農村地域の歴史的変遷

戦後，1950年代後半から始まった日本の高度経済成長期における重化学工業政策の推進は，世界的にも類をみない未曾有の発展を都市部にもたらした．一方で近代化による産業効率主義は，次第に農村部の疲弊をもたらすことになった．こうした状況下，1961年に農業基本法が制定され，当時，農地改革以来15年ぶりの農政改革が始まった．"工業と農業"さらには"都市と農村"の格差是正のために，全国の農村地域を対象に農業構造改善事業（1962年～），農村総合整備事業（1970年～）が始まった．これらの事業により圃場整備のほか集落排水やコミュニティ施設なども整備され，生産性と生活利便性の双方から環境改善が図られていった．1990年代に入ると，ガット・ウルグアイラウンド農業合意（1993年）の関連対策として，これらの事業費は増額され，さらに農村ツーリズムの促進にも積極的に国庫補助金が投入されるようになった．

一方，地方都市の産業振興と国民経済の均衡的発展に目を向けると，「リゾート総合保養地域整備法」（リゾート法）が1987年に制定された．地方債の発行，外部資本誘致のための税制の特例措置や土地利用の規制緩和などが行われ，当時のバブル経済を背景にリゾートホテルやレジャー施設などの建設による外発的発展（exogenous development）への期待が高まった．

このような国庫補助事業の実施や法制度面での規制緩和により，インフラ面での環境整備という点では，農村地域に一定の効果があったと評価できる．しかしながら，農山村地域の"行政依存と自律性喪失"という体質も，このような時代背景の中で醸成されてきたといえる．また，リゾート法に関していえば，外部資本による画一的で大規模な開発は，地域を発展させるどころか環境破壊や自治体の財政破綻を招き，地域衰退の誘引となるケースも多くみられた．

7.1.3 内発的地域づくりを支援する方法論

90年代半ばを過ぎると，中央集権的・画一的な政策展開の限界，そして公共事業や企業誘致に依存した地域の経済構造の限界が表出するようになった．ここ20年の農村における地域づくりの変遷をたどると，たとえば80年代後半から90年代は都市農村交流，そして昨今においては資源循環型社会，といったように，それぞれの時代背景——たとえば，前者は"リゾート法の失敗"や"都市住民の農村に対する価値観の変化"，後者は

"地球温暖化問題"や"Reduce, Reuse, Recycle"——を鑑みた国家政策のもとで,時代に応じた"主流"の地域づくりが国の補助事業などによる支援のもとで実践されてきた傾向にある.

しかし,ここで問題となるのが時代に応じた"主流"の地域づくりというものが,各々の農村地域が抱える固有で多様かつ複雑な問題に対して必ずしも有効ではないということである.最初に"事業ありき"ではなく,住民が日常生活および生産活動を通して感じる地域の将来への不満や要望を住民自身が地域の問題として認識し,その上で問題の解決策(アイディア)を"自らが考案して自分たちでできること","自治体や国の支援が必要なこと"に色分けしたうえで,地域づくりの方向性を住民自身が見定めていく必要がある.

このような地域の内発的発展には,それを支援する手法が求められる.その一例として筆者もその開発に携わった「農村地域の内発的発展を支援するワークショップ(WS)手法」[5]の概略を述べておく.本WS手法の特徴(図1)は,行政主導で策定された事業計画への住民の合意形成や意思決定の支援を目的としたものではなく,住民が地域づくりを自律的に担っていくための「学びの場」を提供する点にある.

WSに参加した住民は写真撮影やイラストを描きながら,おもに①地域の課題や危機に向き合い,②地域の特徴や課題を構造的に再認識し(図2),③地域活性化のアイディアの考案とその評価・選択をする,という行為を体験する.一連の作業を通じて参加者である住民は地域づくりの"楽しさ"と"大変さ"を体感し,自分たちの地域の内発的発展に向けての"スタートライン"に立った状態となる.実際のアイディアの実現に向けては,難易度や緊急度などから優先順位を十分に勘案したうえで,住民自らができる

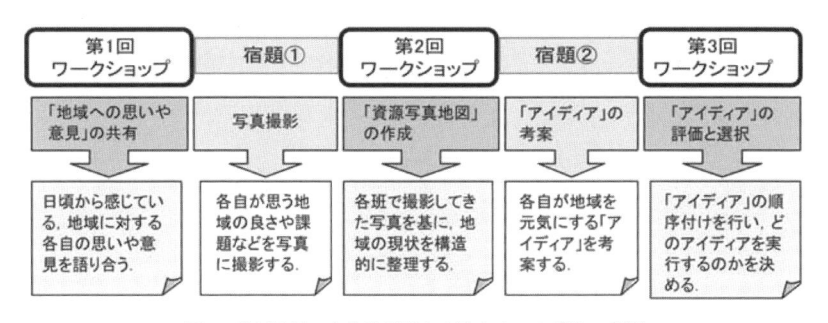

図1 農村地域の自律的発展を支援するWS手法の手順

---

5) 中島正裕・山浦晴男・福井隆:農村地域の自律的発展を支援するワークショップ手法の構築―和歌山県10市町村を事例として―.農業農村工学会論文集, 251, 535-544. 2007

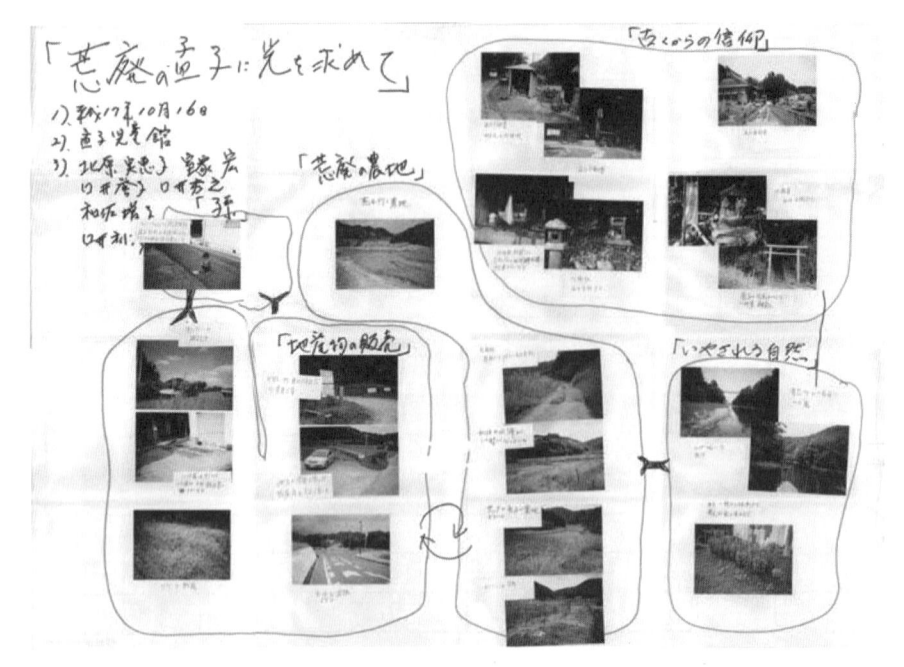

図2　住民が作成した資源写真地図

ことと行政や大学へ求める支援を明確化し，必要に応じて推進母体組織の設立も必要となる．

7.1.4　内発的農村ツーリズムにおける観光資源の特性

　行政依存あるいは外発的発展の限界は，国庫補助事業の導入を前提として施設整備や特産品開発を実施してきた農村ツーリズムを考え直す転機になった．内発的発展の要件の1つである"都市との連携"のために，農村ツーリズムは有効な手段である．しかし，その成功のために"来訪者は農村ツーリズムの何に満足しているのか"，という本質的な課題に地元住民および行政職員は正対する必要がある．ここでは農村ツーリズムの先駆的事例である群馬県みなかみ町「たくみの里」で実施したアンケート調査（来訪者意識）結果[6]を用いて，"集客性"と"収益性"の観点から農村ツーリズムにおける観光資源の特性を論じる．

---

[6]　中島正裕・劉鶴烈・千賀裕太郎：来訪者の意識・行動からみた農村地域の観光資源の特性―都市農村交流による農村地域活性化の計画づくりに関する研究　その1―．農村生活研究，50，(1)，31-40，2006

7.1 内発的活性化

		集客性	
		高い満足度	低い満足度
収益性	高い収益	「職人の家」	「豊楽館」「農産物直売所」
	低い収益	「集落景観」「野仏めぐり」	―

図3 集客性と収益性からみた観光資源の特性

「たくみの里」への来訪者の満足度は「職人の家[7]」(64.1%),「集落景観[8]」(52.6%),「野仏巡り[9]」(48.7%)が高く,これらは集客性の高い資源といえる.一方で「農産物直売所」や「豊楽館[10]」など地域の経済的活性化につながる収益性の高い資源への来訪者の満足度は相対的に低い傾向にあった.これらをふまえておもな観光資源の特性を整理すると(図3),「集客性の高い観光資源」と「収益性の高い観光資源」は必ずしも一致しないことがわかる.

次に,観光資源に対する来訪者の満足パターンを類型化してみると(表1),各類型ともに「職人の家」,「集落景観」,「野仏巡り」の中のいずれか一つ,または複数のものに

表1 数量化Ⅲ類による観光資源に対する来訪者の満足パターン

	アンケート項目	全体平均	類型A 買い物中心型	類型B 多目的型	類型C 工芸体験・集落散策型	類型D 工芸体験・集落散策型	類型E 集落景観・交流型
満足度	野仏巡り	48.7	45.5	56.8	61.6*	52.5	17.5**
	職人の家	64.1	15.9**	67.6	98.6**	90.0**	25.0**
	農産物直売所	34.6	70.5**	89.2**	23.3*	0.0**	0.0**
	豊楽館(特産物)	32.9	11.4**	75.7**	39.7	22.5	15.0*
	個人の飲食店	32.1	20.5	70.3**	28.8	15.0*	32.5
	集落景観	52.6	27.3**	83.8**	21.9**	97.5**	62.5
	地域住民との交流	28.6	4.5**	67.6**	11.0**	32.5	47.5**
	費用面	64.1	86.4**	73.0	43.8**	97.5**	35.0**

**: 1%有意,*: 5%有意.

---

7) 職人の指導により地域の伝統文化を活かした工芸体験などが行える施設(22軒).
8) 江戸と越後を結ぶ旧三国街道の宿場町としての面影(茅葺屋根,白壁)を残した景観.
9) 集落景観を楽しみながら散在する9つの野仏と2つの寺社を巡る(9km)コース.
10) 余暇活動の情報提供,農産物加工品および土産物の販売などを行う都市農村交流施設.

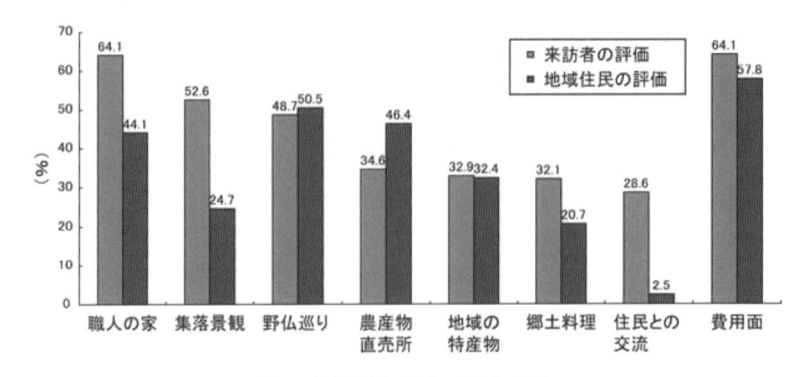

図4 観光資源に対する評価の比較

 高い満足度を示していた．すなわち，これらの観光資源はいずれの来訪者にとっても，満足感を満たす重要な資源であるといえる．また，類型 A と B の来訪者は，「農産物直売所」と「豊楽館」に対しても高い満足度を示していた．その一方で，類型 C～E の来訪者も満足の如何にかかわらず昼食や土産物の購入などでこれらの施設を利用する．すなわち，集客性の高い観光資源と収益性の高い観光資源は必ずしも一致しないが，その場合でも双方は農村ツーリズムを実践していくうえで相互依存の関係にあるといえる．
 貨幣価値に換算しにくい資源（景観，伝統文化・技術，人的交流など）こそが重要な観光資源となる農村ツーリズムにおいて，その特性と価値を適正に認識することは難しい．実際に「観光資源に対する来訪者の満足」と同様の評価項目で地域住民の評価（住民が誇れると感じる観光資源）を比較すると（図4），自分たちにとって直接的な収益が期待できない「職人の家」「集落景観」「住民との交流」への住民の評価は低く，その価値が十分に認識されていない．内発的農村ツーリズムの実践に向けては，こうした価値認識の是正とともに，農村ツーリズム固有の観光資源の特性に留意した事業・運営計画策定が求められる． ［中島正裕］

7.2 農業発展の論理と計画

7.2.1 現代日本の稲作の特殊性

 日本国内の 2009 年産稲作について，米価（農家手取り）と生産にかかる物財費を比較すると，日本全国の稲作農家の約 8 割を占める，0.5 ha 未満および 0.5～1.0 ha 層の経営規模の農家で[1]，米価が物財費を下回るという結果が出ている[2]．
 近年では，稲作所得基盤確保対策（2004～2006）や，民主党政権下での戸別所得補償制度などが導入されてきたが[3]，制度の変遷にかかわらず，補助金を加えた稲作所得で

支払利子・地代を含めた生産費をクリアできるのは 2 ha 以上層，物財費のみでも 0.5 ha 以上層である．実際の小規模農家では兼業所得や年金などを投入しながら耕作をしており，家計を兼業所得に依存し，高齢者らを主たる農業従事者とする営農行為は経済的合理性に基づいているのではない．

7.2.2　平地農村における農業振興の計画論的課題
a.　個別経営と集団営農

経営体には大きく大規模個別借地経営と集団営農の 2 つがある．集団営農は，集落（単一あるいは複数）を単位として，上述のような労働費はおろか物財費の回収まで危うい小規模農家層の存続をサポートしてきた．しかし 1980 年代から「個と集団」の確執が指摘され，両者をめぐる政策論争も続いている．水田農業における資源管理問題や面的な営農・農地管理の重要性を考えると，集団営農の方に大きなメリットがある．しかし，「高地代・低労賃」がゆえに担い手が育ち難い[4]．その克服のために，「2 階建て」「地域重層型」など，土地利用調整機能をもった地主組織（1 階部分）をベースとしてその上に近代的な経営構造をもった担い手組織（2 階部分）をおいた地域営農集団[5]の意義が提起され，90 年代以降は国によってその法人化が推奨されてきた（集落営農法人）．しかしその成立には多様な条件をクリアする必要があり，多くの地域で成功的に大きく展開してきたわけではない．

b.　農地管理を広域で補完する地域営農主体の必要性

集団営農が進んでいない地域では，たとえ複数の個別大規模経営主体が存在したとしても，小規模層では，さらなる米価下落による物財費割れの深化や，タフな営農の守り手であった戦中・戦前生まれ世代の退場により，離農の選択が予想される．こうした局面では大規模層の費用合計（物財費＋労働費）が小規模層の物財費を下回るか否かという農地流動化条件とは別に，強い借り手市場が成立しうる．こうした中で借り手は条件良好な農地のみ集積するであろうし，離農者の急増は農地貸借市場を供給超過とし，耕

---

1)　2000 年農業センサスでは，0.5 ha 未満が 48％，0.5～1.0 ha 層が 30％を占める．
2)　2009 年産米生産費調査の公表データによる（「農業経営統計調査」）．
3)　コメの生産・販売に関する奨励金は，近年では 2004～2006 年までの稲作所得基盤確保対策，担い手経営安定対策，集荷円滑化対策がある．現行の戸別所得補償制度では米所得補償（定額）と米価変動補てん交付金の 2 種類の補助金が交付されている．
4)　粗収益から物財費を控除した残余をオペレータの労働費と地主（兼業農家）への地代支払いに分配するにあたって前者に有利にならない，一種の「地主組合」的性格が旧来の集団営農を特徴づけてきた．
5)　高橋正郎や和田照男らが 80 年代から提唱してきた．「地域営農集団」の用語はそれを担い手路線の旗頭に掲げた系統農協によって作られた．和田はそこで期待される機能として，「団地的土地利用」「組織的土地利用」「土地利用権調整」などを指摘した．集落という「外皮」をまといサポートされる集落営農維持のための近代的な担い手ともいえる．

作放棄が増大する可能性も高まる．こうした中で耕作放棄に瀕する一定の条件（基盤整備済み）を備えた農地を守る地域営農主体の設立が必要である[6]．これは地域実態にもよるが，1～数集落レベルの農業法人や，旧村レベルあるいはもう少し広いレベルでの自治体・JA出資型法人などが考えられる．

c. 地域マネジメント主体の重要性

集落農業法人を起ち上げ，運営するには，旧村あるいは戦後合併市町村レベルで，このような戦略を練り，仕掛け，あるいは自らが実施主体となる地域経営体が必要である．筆者と長年の関係にある上越市清里区の「櫛池農業振興会」のような農家自らが多様なステークホールダーと連携して形成されたものや，自治体等出資型法人，市町村農業公社などがそれになりうる可能性をもつ[7]．そこでは，「一匹狼」的な個別経営を，地域から遊離した存在ではなく，地域農業の維持発展に一定の役割を担い，地域のサポートも受けて共存し持続できるようにするための「個と集団」の調整機能も重要となる．そこでの有為な人材確保のための所得問題に対処するには公民連携も重要性を帯びる．

7.2.3　中山間地域における農業再建―人口空洞化と営農・資源管理システムの再建―

a. 人口規模縮小と担い手像の変化―「堡塁」の創出の必要性―

わが国の中山間地域では過疎化が進行してきた．複数世代同居が基本的には維持されてきた平場兼業地域との差である．人口規模縮小とともに中山間地域では担い手像が変化してきた（図1）．従来は各農家が個別に耕作を維持してきたが，その限界から集落営農が各府県農政による推進等もあって展開しはじめる．しかし，「高地代・低労賃」型集落営農では担い手が育成されず，オペレータ確保が困難となり危殆に瀕するケースも多い．

1980年代末から中国地方を皮切りに市町村農業公社の設立によって直接耕作を行う自治体が増加した．農林水産省も，1992年の「新たな食料・農業―農村政策の方向（新政策）」で，「多様な担い手」のひとつとして追認し，翌年の農業経営基盤強化促進法により農協とともに市町村農業公社も農地保有合理化法人としての中間保有による実質的経営が可能となった．担い手不在化地域において単一の地域主体が大量の農地を担うことは画期的であったが，効果・効率性追求の誘因欠如をはじめ「経営不在」という弱点は

---

[6]　純民間主体が請け負わないような農地の担い手であることは，公共性を帯びることを意味する．後述の社会的企業の視座や公民連携の必要性が浮き彫りとなる．

[7]　櫛池農業振興会や有限会社グリーンファーム清里の分析については，柏雅之（2011）「条件不利地域直接支払政策と農業再建の論理」（『農業法研究』vol.46，日本農業法学会），柏雅之『条件不利地域再生の論理と政策』（農林統計協会，2002）を参照．

7.2 農業発展の論理と計画

縦軸: 少数耕作者への依存度（担うべき面積の増大）　面積大
横軸: 人口減（高齢単一世代化が進行，既存の地域維持・支援主体が後退）　減少大

自治体依存型農業公社
90年代に登場
緊急避難的

最後の受皿
例：公的主体による粗放的管理

地域経営法人
旧村レベル，直接支払い金の集中，独立採算
コミュニティーのサポート，一種の社会的企業
（2階建て営農集団）

集落営農（高地代・低労賃型）

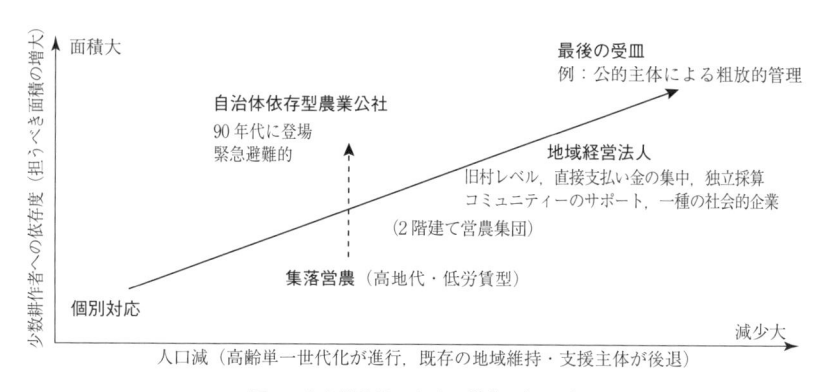

個別対応

図1 中山間地域における耕作の担い手

多額の赤字を発生させ，自治体の赤字補填に依存するケースが多くを占め（「自治体依存型農業公社」），1990年代後半以降，自治体財政が逼迫する中で困難に直面した．

2000年には中山間地域等直接支払制度が発足するが[8]，零細規模のわが国中山間地域においては所得効果をもたらさず，そこで，集落協定に基づき，支払額の少なくとも半分は集落の共同取組活動に用いる指導がなされてきた．これは多様な現場の創意工夫を促し一定の効果を上げた．

しかし，人口空洞化の進行はその成果を継続させない．今後，重要なことは，直接支払金の戦略的運用をベースとして営農崩壊と耕作放棄急増にストップをかけうる地域経営法人の形成である．たとえば，富山県南砺市の旧平村や旧上平村では，高齢化のため今後5年間の営農継続は個人では困難との判断のもとで，各旧村レベルで新たに農業公社を設立し，そこに農家の直接支払金を集中させている．旧上平村では集中率100％であった．岐阜県東白川村でも同様の地域システムを形成した．かつての自治体依存型農業公社と異なるのは，自治体などからの出向も赤字補填もなく，採算性と公共性を両立させようとしている点である[9]．直接支払金のこうした地域営農主体への集中はコミュニティの合意が不可欠で，コミュニティの支援と協力（支払金の集中）をベースに採算性と公共性を両立させ，コミュニティが必要とする耕作維持サービスを供給している．まだイノベーション不足など課題は多いが，わが国中山間地域型の社会的企業と評価することができる．人口空洞化の進む中山間地域においては，旧村などやや広域を舞台に営農・資源管理を担う「堡塁」の創出こそが求められ，こうした主体形成をベースにさ

---
8) 本書の第III部2章の柏雅之「直接支払い政策の論理と展開」を参照．
9) 利賀村，南砺市，東白川村をはじめとする事例は，文献[7]に詳しい．

まざまな計画課題が設けられていく必要がある．
b. 地域重層的な担い手システム構築の重要性
　堡塁的主体の創出は重要だが，この主体のみで農地を守ることは難しい．スケール・デメリットとの闘いが必要である．地域内のいくつかの拠点集落にコアとなる担い手（拠点コア主体）を創出し守備エリアの分担をする必要がある．堡塁的主体はその組織化を行い，必要な支援を行うことが望まれる．そして自らは，拠点コア主体が成立困難なエリアを担う．

　図2は前述の櫛池農業振興会のケースを示す．櫛池地区は11集落，200 ha の急傾斜水田（整形区画化済）を擁する山間地区である．農業公社を出身母体とする堡塁としての「有限会社グリーンファーム清里」（GFK）を筆頭構成メンバーとする地域マネジメント主体である同振興会は，現在（2010年）までに3つの拠点集落に，営農法人やコア的個別経営体を多様な方法で創出した．その筆頭格の農業生産法人K生産組合は近隣の零細規模集落を合わせたエリアで展開する．36戸，24 ha の稲作を担う同法人の稲作生産性は，10 a 当たり労働時間34時間，同生産費は133千円，玄米60 kg 当たり生産費は16,588円である[10]．急傾斜棚田耕作の厳しさゆえに，生産性は必ずしも高くないが，直接支払収入や多角化部門を含めた法人の採算は，経営者にきちんとした報酬を支払いつつも黒字である．櫛池地区の200 ha の棚田農業は，3つの拠点コア主体と，堡塁であるGFKの分担と連携によって守られる仕組みを創りだしたのである．

c. 日本農山村型の社会的企業を―多様なサービスのよりよい供給主体を―
　コミュニティに対する社会的ミッションをビジネスの形で追求し，経営持続性，ソー

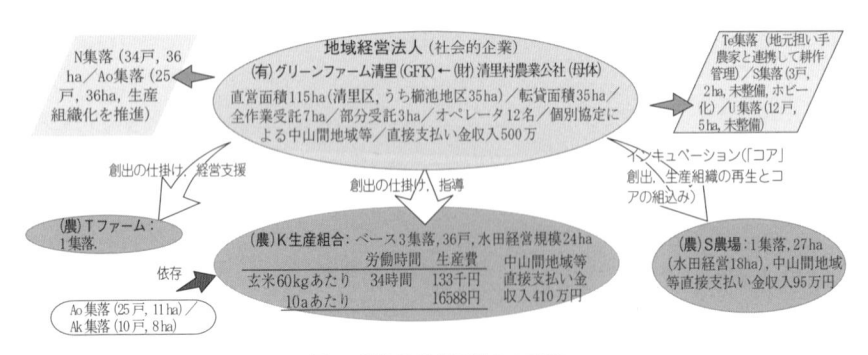

図2　櫛池村農業振興会の事例

10）稲作生産費の算出に当たっては，筆者が（農）K生産組合の全面的協力の下に，コストにおける農業部門と加工部門の分離，稲作部分と非稲作部分の分離，経営面積部分と受託部分の分離を行って算出したものであり，数値は稲作経営部門のみを析出したものである．

シャル・イノベーション，ときにはコミュニティによる所有・支配などを特徴とした社会的企業が西欧で大きく勃興し重要な役割を果たしている．筆者は2005年以降，西欧との比較のなかで日本農山村型の社会的企業の可能性や意義について整理してきた[11]．

1980年代後半から2000年代にかけて農山村部は，JAや自治体の広域合併（＝撤退）により周辺部化され，社会的にベーシックな民間財（JA）や準公共財（自治体）の供給主体を喪失してきた．農家，非農家ともに困窮する中で，旧村レベル等で住民全員出資の地域経営法人の設立が萌芽的にみられるようになった[12]．営農支援から購買，福祉等々にわたる多様なニーズを満たす地域主体である．十分ではないが自治体との連携のケースも少なくない．撤退した供給主体の代替という消極的発想ではなく，かつての供給主体（JAブランチや自治体）よりもベターな供給主体の再構築という視座から促進していくべきと考える．二次的自然の保全をはじめとする準公共財の供給はその公共性がゆえに公的セクターからの支援が必要である．今後，こうした公民連携を担保する制度の創出が必要である．

最後に前述の地域営農主体としての「堡塁」や「拠点コア主体」を社会的企業の視座からコスト論的に整理しておく（表1）．①から③の段階にいたる地域営農システムのあり方を，ステークホルダーが協議し検討する必要がある．　　　　　　　　　　　［柏　雅之］

表1　耕作を引き受ける社会的企業と支援システムの段階

経営主体と支援システム	耕作量の増大	特徴と支援システム
⓪営利追求型経営	利潤最大化となる耕作量の増大を停止．それ以上の拡大はない．	高齢化で耕作放棄に瀕し膨れ上がる耕作委託要求を受け止め，吸収することはできない．
①社会的企業	高齢農家のニーズ対応というミッションのため，利潤減少領域まで耕作量を増大可能．損益分岐ラインで増大停止．それ以上はマイナス利潤が発生し困難(限界)．	コストのフルカバーを前提に，耕作量はより増大可能であり，高齢農家のニーズに一定程度対応できる．
②コミュニティによる社会的企業の支援	コミュニティの合意による社会的企業への支援により，マイナス利潤に突入する耕作量水準をより大きくさせる．ミッション遂行は一定程度の拡大が可能（限界あり）．	中山間地直接支払い金を社会的企業に集中配分し，マイナス利潤領域に達する耕作量水準を拡大．委託農家の比率増大にしたがい集中配分のメリットは減少，最終的にゼロに（限界）．
③公民連携による社会的企業の支援	それ以上のミッション拡大（耕作量増大による高齢農家支援）が必要と公的セクターが判断した場合，公民（自治体等と社会的企業）連携によって可能とさせる．	補助金などによる行政とのコスト分担によって，社会的企業の耕作可能量は増大．

---

11) たとえば柏雅之代表『地域の生存と社会的企業』（公人の友社，2007）などを参照．
12) 同上．

7.3 エネルギー生産利用計画

7.3.1 自然エネルギーをめぐる社会の動き
a. 脱温暖化と脱原発
　石油などの非再生可能エネルギー資源の枯渇が現実味を帯び，地球温暖化が顕在化するようになって，地球環境に負荷をかけないエネルギー資源の利用が求められるようになった．なかでも，太陽光・熱，バイオマス，風力，水力，波力，潮力，雪氷熱，海洋温度差，地熱のように自然から繰り返して取り出すことができる自然エネルギー（本文では，基本的に再生可能エネルギーと同義として用いる）の利用拡大が世界的に重視され，そのためのさまざまな仕組みや制度が検討され導入されてきた．

　たとえば，CO_2排出量取引は自然エネルギー利用などを推進して温室効果ガス排出を削減する仕組みとして，2002年にイギリスで始められた．この仕組みは，拡大を続け2010年時点の全世界の取引量が13兆円になるところまで成長した．また，わが国では再生可能エネルギーの発電設備導入を促進するために，太陽光，風力，水力，地熱，バイオマスなどの再生可能エネルギーで発電した電力の全量を，電気事業者に一定期間，一定価格で買い取る義務を課すという「電気事業者による再生可能エネルギー電気の調達に関する特別措置法」が2011年の夏に成立した．

　しかし，2011年の3.11東日本大震災にともなう福島第一原発事故の後，大規模集中型エネルギーシステムが万が一のときに，桁違いに大きい影響を及ぼすことを多くの人が知った．このため，もともとは石油代替やCO_2排出削減のためと考えられていた自然エネルギーの利用推進は，原発からの脱却という考え方とも結びつくようになった．いま，自然エネルギーは脱温暖化および脱原発の立場から，かつてない注目をあびているといえる．

b. FITとRPS
　2011年の夏に成立した「電気事業者による再生可能エネルギー電気の調達に関する特別措置法」（再生可能エネルギー促進法，2012年施行）は，電力会社に再生可能電力の全量を買取義務を課するため「全量買取制度」と呼ばれたり，買取価格を決めるため「固定価格買取制度」（Feed in Tariff：FIT）と呼ばれたりする．買取価格は，電力原価と将来的な経済性改善の可能性，再生可能エネルギーの導入量見込み等を考慮して設定され，通常は現行電力単価より高くなる．買取価格の上昇分は，電力料に上乗せられ需要家の負担となる．

　FITのほかに，自然エネルギー発電の促進策には，わが国が今まで採用していたRPS (Renewables Portfolio Standard) という制度がある．RPSは，電力会社に対して一定割

合の再生可能電力の調達（供給）を義務づける制度で，割当量に対して再生可能エネルギー間で競争があるため，資源の種類や技術の経済性が反映でき，より優良な再生可能エネルギーが普及するといわれている．一方，FIT は発電した電力を決められた価格で全量販売できるため，発電事業者の設備拡大や発電事業への新規参入を刺激する価格設定を行うことで，導入目標が達成しやすいといわれている．ヨーロッパでは，FIT を採用している国が多く，これらの国で自然エネルギーの普及が顕著であったため，FIT 導入によりわが国でも自然エネルギーの利用促進が期待されている．

c. 自然エネルギー導入の道筋

2011 年には，3.11 の福島第一原発事故後，脱原発を強く意識した自然エネルギー導入シナリオが各方面から緊急提言された．一方，福島第一原発事故前まで，政府は原発の増加を前提として，将来のエネルギー需給を検討していた．図 1 は，2020 年以降のそれらの見通しのいくつかをとりまとめたものである．

図 1 の見通しに従うと，政府案を含めていずれも自然エネルギー生産設備の飛躍的な導入が必要となる．直近の 2020 年までをみても，2010 年までに導入された自然エネルギー生産のための全設備容量と同じか，数倍の設備を毎年導入しなければならないとい

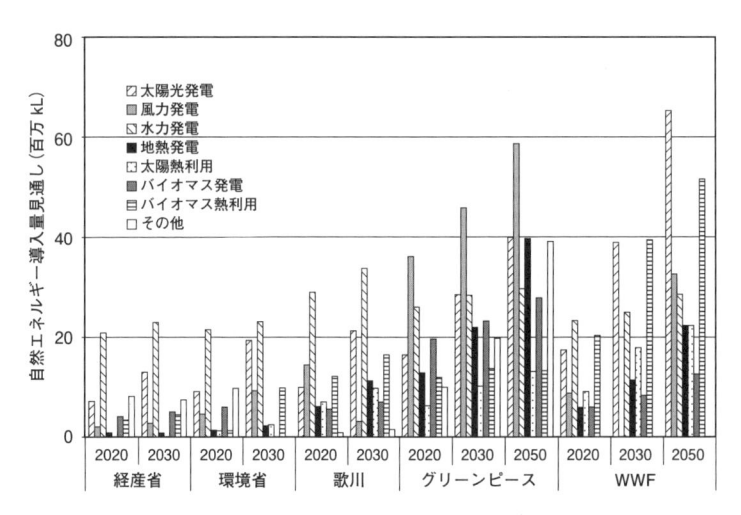

注）原油換算量がない場合の電力は 0.257 kL/千 kWh で，エネルギー量は 38.2 GJ/kL で原油に換算した値．
・経産省は「長期エネルギー需給見通し（再計算）」(2009) の最大導入ケース．廃棄物発電を含む．太陽熱利用は，廃棄物熱利用などとともに「その他」に計上．
・WWF の見通しは，燃料代替電力を除いた値．
・その他は海洋エネルギーによる発電，地熱の熱利用など．

図 1　各種の自然エネルギー導入見通しの比較（原油換算百万 kL）

うことになる．薄く分散することを特徴とする自然エネルギーの急激な開発には，おそらく膨大な空間が必要になるはずである．

たとえば，環境省見通しの太陽光発電の場合，約 $60\,\mathrm{km}^2$ の面積に毎年パネルを設置しなければならない．$60\,\mathrm{km}^2$ には，少なくない面積の農地が含まれるに違いない．さらに，$60\,\mathrm{km}^2$ のパネルは1ヵ所に設置されるのではなく，日本中に分散して設置されるはずである．自然エネルギーの拡大には，$60\,\mathrm{km}^2$ の空間をどのように確保し利用できるようにするか，分散設置される多数の太陽光発電施設から電力を集約する合理的なシステムはどのように実現できるのかを明らかにすることなどが，喫緊の課題といえる．農地を含む土地を電力生産に利用する仕組みや法制度を整え，分散生産される電力を集約する合理的な電力システムを設計・整備しない限り，図1のような自然エネルギーの大量導入を見込むシナリオは実現しない．

一方，ヨーロッパでは，1997年以降，2001年の「再生可能電力指令」，2003年の「バイオ燃料指令」，2009年の「気候変動・エネルギー政策パッケージ」の決定などを通して，再生可能エネルギー利用の促進政策が推進されている．ドイツでは，地域エネルギー公社などが自治体の自然エネルギー政策と連携して，優先的に自然エネルギーを調達供給するような仕組みも各地で機能している．また，欧州連合（EU）は2050年までに温室効果ガス（GHG）排出量を1990年のレベルから80％削減するという明確な目標を設定し，2009年には法的拘束力のある「再生可能エネルギー促進指令」を決定した．この指令は，国別の目標値を設定し，最終エネルギー消費に占める再生可能エネルギーの比率を，EU全体で2020年までに20％に高めるように設計されている．2011年に欧州委員会がまとめた報告書によると，各国の取り組みは全体として順調に推移し，2020年におけるEUの再生可能エネルギー消費量は2.45億トン（原油換算）となり，2020年の最終エネルギー消費に占める比率は20.7％になると見込まれている．2050年のGHG排出80％削減に関しても，EU内の基幹系統の再編や北の風力と南の太陽光のエネルギーミックスの必要性などが自然エネルギー導入の課題として具体的に検討され，これらの課題解決を前提に，すでに商業化されている技術や開発最終段階の技術の実用化により，どの程度達成できることなどが盛んに分析・検討されている．

根本的な社会システムの変換には，可能量を見積ったり，需給シナリオを構想したりするだけではなく，技術工学的課題，政策・支援策や法制度，管理・運営体制，地域社会のあり方などに関わるさまざまな計画学的な課題を抽出し，どのように解決できるのかを具体的に検討することが求められる．特に，化石燃料や原子力に依存する現行の大規模集中型エネルギーシステムから自然エネルギーを基幹とする分散型エネルギーシステムへ移行するためには，周到な準備と試行に基づいて合理的な新たなシステムを開発・整備し，現行システムからスムーズに移行することが不可欠となる．そのような準備と

試行なしに，自然エネルギーの量的拡大が先行すると，分散型電力システムの要といえる相互融通，変動調整，異なる電力品質の許容などに関する合理的な仕組みが整わず，結局は部分改良によって大規模集中型システムが温存され，効果的な自然エネルギー利用を阻害することになりかねない．そうなると，自然エネルギーに頼る社会の到来は大幅に遅れることになる．そのような準備と試行の場として，自然エネルギーの供給が需要を上回ることのできる農山村は最適といえる．

7.3.2 エネルギー資源の供給と農山村
a. 資源供給地としての農山村

100年ほど前まで，日本社会を支える基幹的な資源は木材などの山資源で，かつての農山村はそれら資源の生産・供給地として機能していた．エネルギー資源も同様で，農山村は図2に示すような当時の基幹エネルギー資源である薪炭需要をまかなっていた．ところが，ガソリン，灯油，電気などのエネルギーの調達を例にあげるまでもなく，現在の農山村は生産・生活に必要な資源の多くを地域外から調達する資源消費地になっている．農山村の衰退は，資源供給地でなくなったことに本質的な原因があるといってもよい．

一方，今日の社会は自然エネルギーに依存する将来像を具体的に考えるようになった．そのような社会の実現は，その社会が自然エネルギー生産にどのくらい適した環境にあるか，自然エネルギー生産にどのくらい積極的であるかによって決まる．わが国は，豊かな森林が成立し，季節的に豊富な降水がある場所に位置している．おそらく地球上で最も安定・持続的に自然エネルギー資源を開発することができる地域である．その中で

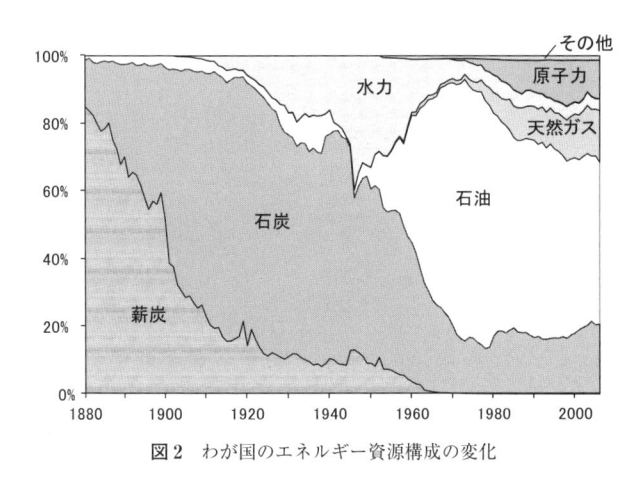

図2 わが国のエネルギー資源構成の変化

も，農山村地域は農地や林地が広がっている，歴史を積み重ねて整備されてきた配水システムがくまなくはりめぐらされているなどの理由で，とくに自然エネルギー開発に適した環境下にある．少なくとも，わが国の農山村は，自然エネルギー資源の恩恵を十二分に活用することで，つまりエネルギーを地域から取り出すことで，石油などの非再生可能エネルギーや原子力の利用からかなり手を引くことができる．

さらに，地域から取り出されたエネルギーは，地域外の資源に頼るようになった現在の農山村において域外に支払われている1戸当たり数十万〜百万円/年のエネルギー調達費（電力代，燃料費など）を地域内に還流させることができる．なぜなら，電力や燃料の源泉が地域にあるからである．地域に潜在する自然エネルギー資源や地域のエネルギー消費の実態を理解し，自然エネルギーを開発することは，農山村をかつてのように資源生産・供給地として機能できるようにする第一歩といえよう．農山村地域におけるエネルギー生産利用計画には，地域に潜在するそのような自然エネルギー資源に気づき，価値を見出し，有効な利活用や適正な資源開発・管理を具体化すると同時に，地域資源活用による農山村活性化への貢献という重要な役割も求められている．

b. エネルギーシステムのかたち

自然エネルギーは安定供給に問題があり，常に安定して需要を満たすことが難しい．一方，需要側の都合にあわせると，自然エネルギー資源を最大限利用することができない．自然エネルギーの効率的利用には，エネルギー需給オプションの多様化やエネルギー種の選択的利用，需要側制御（DSM）など，さまざまな工夫が不可欠である．農山村地域におけるエネルギーの自給や分散型エネルギーシステムの導入も，可能性のある一つの工夫といえる．

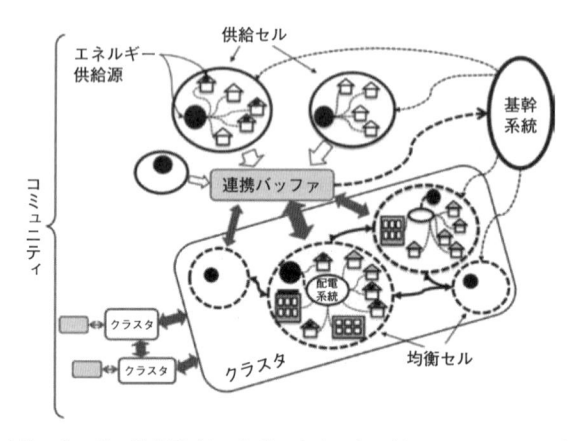

図3 自然エネルギー需給区（セル）群によるエネルギーコミュニティのイメージ

一般的に，需要の平準化には個々の需要（戸別需要など）を束ねることが有効である．このため，需要を一定の束にしたエネルギー需要群を分散型エネルギーシステムの基本単位とすることができる．自然エネルギー資源が多く，エネルギー需要が小さい農山村地域では，供給側をすべて自然エネルギーでまかなうような需要群も構想可能である．このような需要群を供給とセットにしてエネルギー需給区「セル」と呼び，たとえば数十戸からなる農山村集落がイメージされる．「セル」は，自然エネルギー資源が豊富で需要が少ない山間集落のように，常に供給が需要を上回るタイプ（供給セル）と需給が均衡するタイプ（均衡セル）に区分できるに違いない（図3）．

均衡セルは，連携してエネルギーの相互融通を行う「均衡セル群」（クラスター）を構成して，過不足を補う．さらに，図3のように供給セル群と均衡セル群が連携して，需給変動を調整・平準化するエネルギーコミュニティを形成する．このような分散型エネルギーシステムができると，コミュニティとしてエネルギーを自給したうえで，必要に応じてコミュニティの余剰を外部に供出するエネルギーシステム，「端から幹（ボトムアップ）」のエネルギーシステムをデザインすることが可能となる．

c. 自然エネルギー自給区の波及性

自然エネルギーで自給する「セル」および「セル群」は，どの程度の広がりをもつことになるだろう．詳細は，自然エネルギーの開発可能量とエネルギー需給バランスの調査・分析に基づいて検討しなければわからないが，おそらく山間農業地域の少なくない集落が該当するに違いない．中間地域の集落も一定数は該当するであろう．

ところで，山間農業地域と中間農業地域の総面積は約 23 万 km^2 で，日本国土の約 60％を占めている．図4は，その中山間地域の戸数別集落数（2005年センサス）を示している．この図から，中山間地域には，数十戸の集落が多いことがわかる．これらの集落のエネルギー需要は，数 10 kW の設備容量で電力がまかなえ，10 ha 程度の林地利用で

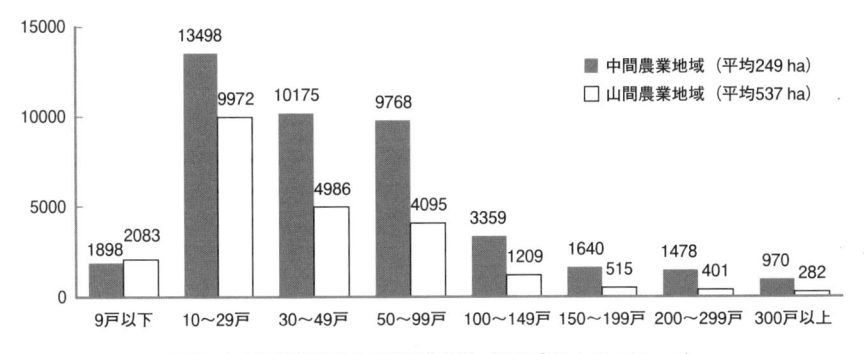

図4　中山間農業地域の戸数別集落数（2005年センサスデータ）

熱もまかなえる大きさである。10〜100戸の集落数は，5万を超える。このうちの何割が，需要に見合う自然エネルギー生産を行え，さらに需要より多いエネルギーを生産できるだろうか。数の上では，農山村における自然エネルギーの生産供給という取り組みは，案外波及効果が大きい取り組みになると思われる。

7.3.3 自然エネルギーの開発
a. 再生可能エネルギー，新エネルギー
　自然エネルギーの多くは，繰り返し利用することができるため，再生可能なエネルギーと呼ばれる。ただし，制度上の再生可能エネルギーは，開発推進などのエネルギー政策に関わるため，「エネルギー源として永続的に利用することができると認められるもの」で，「利用実効性があると認められるもの」（エネルギー供給構造高度化法，第4条3号，第5条1項2号）というように厳格に定義されている。そのような再生可能エネルギーのうち，実用化の可能性は高いが，経済性を含めて技術や普及に改善余地があり，導入支援が必要とされるものは，さらに「新エネルギー」（新エネルギー利用等の促進に関する特別措置法，第2条）に区分されている。

b. 開発の基本姿勢
　冬季，多量の降雪が特徴となる日本海側では日射量が少なく，晴天続きとなる太平洋側では日射量が多くなる。また，自然エネルギーには，風向や風速がつねに変動する風力もあれば，長時間かけて蓄積した森林バイオマスもある。このように，自然エネルギーは分布や特性などの多くの点で，地域や種類による違いが著しく大きい。地域性，多様性が大きいため，自然エネルギーは調査・計画の方法や検討内容，さらに適用法制度，諸手続き，規制などが，種類や利用法により全く異なる。加えて，自然エネルギーは新エネルギーに該当するものが多く，改善途上にある生産利用技術が少なくない。
　このような背景から，自然エネルギーに関わる計画においては定式的な開発プロセスがなじまない。自然エネルギーの生産利用では，導入事例や開発動向の把握，維持管理性や地域受容性などを考慮した多面的な技術的・社会経済的検討が必要で，生産にも需要にも十分に適合させる複眼的な計画アプローチが求められる。また，自然エネルギーの生産利用は，エネルギー転換プロセスだけでなく，栽培，農地・水管理，収集・運搬などが切り離せない原料・資源の供給を前提として成立するものも少なくないので，エネルギー収支や環境影響に関するライフサイクル的評価（LCA）は不可欠である。このため，公民を問わず，事業主体には，表面上の事業妥当性の検討だけでなく，化石燃料消費や温室効果ガスの削減などの直接的効果や対外的アピールや住民啓発などの間接効果を含めて，エネルギー利活用の意義・目的の明確化，必要性の確認が強く求められる。

c. エネルギーの種類と留意点

①バイオマス　バイオマスは，表1のような熱源，輸送用燃料，電力などのエネルギーだけでなく，食料，飼料，建材，農業資材，工業用原料などさまざまに利用される．また，木材，作物，家畜ふん尿，食品残さ，汚泥など，種類が多様であるうえ，点的発生（生産）/面的発生，生産・発生の季節的変動の有無/大小，含水の多/少など，それぞれが特有の性状や特性をもつ．このため，バイオマスの利用計画では種類別，発生場所・時期別，用途別の検討が不可欠となる．さらに，燃焼，発酵などによりエネルギー生産が行われる場合でも，炭やメタン発酵消化液などのマテリアルを副産することが多く，資源の有効利用の観点から連鎖的利用，循環的利用を前提とした計画が必要となる．また，計画では，収集・運搬・蓄積，変換技術，維持管理，利用までを総合的に検討して，適切な収集・利用範囲や規模を設定することが，持続性の観点からとくに重視されなければならない．

②太陽光　太陽の光エネルギーは，太陽電池により直接電気エネルギーに変換して利用することができる．発電量は受光面積に比例し，需要量と設置場所の面積に応じ比較的自由に規模を計画することができる．しかし，発電は晴天の日中に限定されるなど，電力供給が不安定となるため，一般的に系統連系[1]により安定した供給が行える発電シ

表1　おもなバイオマスのエネルギー転換技術と利用法

原料変換技術	畜産排せつ物	稲わら，麦わら等	生ごみ	食品残さ	廃食油等	汚泥	木質バイオマス	変換物質の利用
メタン発酵	○		○	○		○		発電，燃料など，（副）液肥
バイオディーゼル燃料製造					○			燃料，（副）石けんなど
エタノール製造		○						燃料
ガス化		○					○	発電，代替都市ガスなど
チップ化							○	燃料，発電，ガス化の原料など
ペレット製造							○	燃料
直接燃焼							○	燃料，発電
炭化							○	燃料，土壌改良，水処理など

注）実用化変換技術，廃棄物系および未利用のバイオマス原料を選定．

ステムが採用される．年間発電量（kWh/年）は，「年平均全天日射量」（NEDO, 2007）などを用いて見積もることができる．なお，太陽電池は，表面ガラスや電極の劣化により，寿命が20年程度と考えられているので，更新に関する慎重な検討も必要となる．

③太陽熱　太陽の熱エネルギーで，主に給湯用の温水をつくったり，暖房を行ったりすることができる．家庭用として広く普及している太陽熱温水器などの自然循環型（パッシブ型）と蓄熱槽と集熱器を分離し，ポンプを使って集熱回路の中の熱媒（不凍液など）を循環させることで蓄熱槽に温水を蓄える強制循環型（アクティブ型）がある．強制循環型は，蓄えた熱による給湯，暖房利用だけでなく，吸収冷凍機を組み合わせて冷房も行える．

④小水力　条件に適した流量と落差が確保できる地点での発電として計画される．開発可能な場所は，一般河川，各種ダム，上下水道施設などのほか，農業水利施設の頭首工，落差工，急流工，開水路，パイプラインなど，多様である．計画には，落差と利用水量，導放水路の施設配置などが重要であるが，流量変動や取水特性，需給バランスなどを考慮し，通年で効率的な発電とする計画が求められる．5,000時間以上の年間稼働が可能で，安定した電力生産ができるため，比較的事業計画は立てやすい．しかし，開発にあたっては，計画作成から使用開始までに，施設管理者（土地改良区や財産区，国・県関係部局）との協議，電気事業法に基づく届出，河川法に基づく水利使用等の許可，電力会社との協議（売電，系統連系を行う場合），漁業権者や他の利水者との調整，環境配慮の同意など，多様な関係者との協議，各種法令に基づく許可・届出などの手続きが必要となる．

⑤風力　風車による発電として計画される．風は方向や速度の変動が大きく，発電量が不安定になりやすいため，一般的に系統連系を行い，需要を上回る発電は売電，需要を満たせないときは買電を行うことを前提とした生産利用が選択される．ただし，系統連系の場合でも蓄電などによる変動調整のための大容量蓄電池の設置が必要となる．通常，立地調査（近傍風況データ収集，自然・社会条件調査），風況調査に基づき，地点選定，容量・台数・配置などが計画され，機種選定，環境影響評価，発電事業のための諸手続きを経て，設計・建設される．気象に関する自然条件調査（風の乱流，着雪・着氷，落雷，台風など）は，出力や発電量の設定とともに事業計画・施設仕様を決めるうえで，ことに重要とされる．

⑥その他のエネルギー資源　農村地域には，地熱・地中熱，排水・下水の熱，河川・海水の熱，雪氷の冷熱など熱源として利用できる未利用エネルギー資源が各所に潜在している．地熱は，地下で熱せられた高温高圧の熱水や蒸気から得られるエネルギー

---

1) 電力会社の送配電網を系統という．この系統に，発電設備を接続することを系統連系という．

7.3 エネルギー生産利用計画

で，火山の多いわが国の賦存量は比較的豊富である．しかし，地域的な偏在が大きい，適正な開発量の見積もりが難しいなど，制約が多いエネルギー資源である．利用法は，地下から得られる熱水や蒸気でタービンを回す地熱発電が一般的であるが，温泉，暖房や融雪への直接利用も考えられる．

その他の熱源は，熱変換器やヒートポンプを使い，外気との温度差を利用して冷暖房に利用するため，「温度差エネルギー」と呼ばれる．代表的なものは，冬季に積もった雪や凍結した氷を，冷熱を必要とする季節まで保管し，冷気や冷水で冷房・冷蔵など行う雪氷熱利用で，自然対流で温度を低下させる「雪室・氷室タイプ」と空気や液体を強制的に循環させて雪氷から冷熱を取り出す「冷房・冷蔵システムタイプ」がある．

7.3.4 自然エネルギー資源の権利と管理

地域環境に付随する資源，地域の環境管理と結びつかざるをえない資源は，だれが保有するのが，あるいはだれが利用するのが最も合理的なのだろう．特に，自然エネルギー資源は，たとえば電力という商品の生産に使えるので，どのように利用し管理するのかを問うことはきわめて重要である．根本的な論点としては，第一に自然エネルギー資源の所有者，利用者はだれかなど，資源の保有や利用の権利に関する考察が必要になる．第二に，資源の管理はだれがどのように行うべきか，どのような体制が最適かなどを明らかにすることが求められる．

現実には，ダムをつくり水力発電を行って電力という商品を生産販売することで，地域外の電力会社などが『富』を手に入れることを社会は認めている．これは，所有の問題を棚上げして，国が水という資源をどのように扱うのかを決める権利，資源の賦存状況を変更する権利（水循環をショートカットしたり，流域を越えて水資源を移動させたりする権利）をもち，国から許可を得ることでだれでもが水を占有して利用する権利（水利権）をもてるという社会的枠組みに基づいている．

この枠組みは，国という公的機関が資源の取り扱いを決めるので，一見，合理的なようにみえないことはない．しかし，改まって考えてみると，農山村地域は洪水や山崩れを克服するとともに，限られた水を配分し，山林や耕地を管理して地域の自然環境と共存することで形成されてきたともいえる．自然資源を生産する場自体が，農山村地域の成立や生存の基盤であるといってもよいかもしれない．成立や生存の基盤を，公的とはいえ当該者の権利を無視して取り扱ってよいものだろうか．外部者による成立・生存基盤の私的利用を認める権利（あるいは，認めない権利）を，地域がもたなくてよいのだろうか．地域住民が，自分の基盤である環境の維持管理の当事者であること考慮すると，少なくとも地域に保有，利用，扱い決定などの権利のうちの何かを帰属させ，同時に地域の構成員には，環境維持のための公的な規制に従う義務を負わせる方が社会的には合

理的であるように思える.

　このような認識に基づいて，仮に地域が地域外の人・組織による自然エネルギーの利用を排除する権利をもてるのであれば,「地域の自然エネルギーを利用して『富』を得るのは地域であるべきだ」ということを明確に主張できるようになる．このように，自然エネルギー利用が本格化する社会の実現過程では，現行の所有や許認可権の枠組みを本質的に問い直す保有，利用，扱いを決める権利等に関する制度設計がきわめて重要な計画学的な課題になると考えられる．

　地域が主体的に「地域の自然エネルギーを利用して『富』を得る」という枠組みが整うと，地域はその試みを立案・計画し，具体化する能力をもたなければならない．そのためには，地域は一定水準の自然エネルギー利用に関わる情報・知識(「知」)を蓄積する必要がある．したがって，農村地域において自然エネルギー利用を具体化するためには，これらの「知」を獲得するための体制やプロセスも，検討を要する重要な計画学的な課題といえる． 　　　　　　　　　　　　　　　　　　　　　　　　　　　　　　　　　　　　[小林　久]

参考文献

European Commission : Renewable Energy : Progressing towards the 2020 target, 2011
European Climate Foundation : ROADMAP 2050 : A Practical guide to a Prosperous, Low-Carbon Europe, 2010
グリーンピース・ジャパン：自然エネルギー革命シナリオ—2012年，すべての原発停止で日本がよみがえる，2011
茨城大学：平成22年度環境省地球温暖化対策技術開発事業・開放巣路用低落差規格化上掛け水車発電システムの開発・成果報告書，2011
環境省：平成22年度再生可能エネルギー導入ポテンシャル調査報告書，2011
環境省・低炭素社会構築に向けた再生可能エネルギー普及方策検討会：低炭素社会構築に向けた 再生可能エネルギー普及方策について，2009
小林久：小水力発電の可能性 - 温暖化・エネルギー・地域再生．世界（2010年1月号），104-114，2010
小林久：農山村の再生と小水力からみる小規模分散型エネルギーの未来像．季刊地域，7，54-59，2011
小林久：自然エネルギーを供給する農山村の可能性と課題．農村計画学会誌，30 (4), 1-5, 2012
小林久・武田理栄：地域資源開発の起動と地域主体形成．地域分散エネルギーと「地域主体」の形成（小林久・堀尾正靭編著），公人の友社，pp. 138-150, 2011
野田浩二：緑の水利権，武蔵野大学出版会，p. 293, 2011
歌川学：原発縮小下の省エネ・自然エネルギー普及シナリオ．日本の科学者，47 (1), 12-18, 2012
WWFジャパン：脱炭素社会に向けたシナリオ（システム技術研究所），2011

7.4　サステイナブル・ツーリズムの計画

7.4.1　なぜ観光[1]が必要なのか

　農山村にとって，基盤である農林水産業の産業としての成立が難しく，過疎高齢化に

よって地域社会の衰退が進んでいる現在，豊富な自然資源，歴史文化資源を，観光資源として活用し，観光産業を興していくことは，地域活性化のため実現可能な選択肢の1つである．日本全体にとっても，製造業拠点の海外移転，「空洞化」が進むなか，日本に魅力を感じる観光客を海外から迎え，観光産業を主要産業の1つとして位置づけていくことが必要となる．2010年，来日外国人旅行者の数（入国者）は約860万人で，世界ランキングで30位，アジアで8位にとどまっている[2]．東日本大震災に伴う原発事故の影響は現在大きなマイナス要因だが，まだ多くの受け入れ余地があると考えられる．

一方，日本人自身についても，江戸時代の「お伊勢参り」の一般化にみられるように[3]，世界的にみても観光を非常に楽しんできた国民といえる．日本人の観光への執着は，日本の文化と捉えることができる．社会学者ジョン・アーリ[4]によれば，観光は人間の根源的な欲求としての「移動」に根ざした人間には欠くことのできない行動であるから，この観光行動を，個人や集団が十分実施できる体制を維持することは，社会，特に農山村など観光資源を多く抱える地域の大きな使命である．

7.4.2 観光の特性

観光産業は複合的サービス産業[5]である．「サービス」の最も大きな特徴は，「生産＝消費」，つまり生産と同時に同所で消費されなければならないことである．サービスは貯蔵できないし，生産が農山村で行われるなら，都市に住む消費者は農山村まで出向く必要がある．この点が，観光産業に与える影響は大きい[6]．観光産業が，農林業や加工業とはまったく質の異なる，本質的な制約をもっていることを認識する必要がある．

もう1つ，観光産業のもつ大きな制約は，観光客を惹きつける観光資源の存在に大きく依存することである．自然資源であれ，歴史文化資源であれ，あるいは都市という1つの人工的資源であれ，基本的に観光資源という地域資源のないところに観光産業は成

---

1) 観光とは，「日常的空間からの移動を伴う，対価の支払いを含む，非日常的体験機会の提供とその消費」と定義でき，「移動」と「非日常的体験」がキーワードとなる．
2) 観光庁による．2012年2月閲覧．http://www.mlit.go.jp/kankocho/siryou/toukei/ranking.html
3) 伊勢神宮への参詣は，江戸時代中期には，人口の大多数を占める農民の間でも一般化していた．各地の「伊勢講」を基盤とした参詣ツアーは，大きな経済効果をもたらしたと推測される．女性も含めた庶民の多くが，一大観光旅行を一生に一度は経験するような社会は，当時のヨーロッパ，アラブにも存在しなかった．
4) ジョン・アーリ『社会を越える社会学—移動・環境・シチズンシップ』法政大学出版局，2006．
5) 経済学における「サービス」とは，労働によって生産される商品の一形態で，財とは異なり物体ではなく，目に見えない用役として，貨幣との交換により消費者にある効用をもたらす．
6) 例えば，スキー場近くに立地する民宿は，ピーク時（オンシーズンの週末）の需要に備えて，無雪期に客がいないのに宿泊サービスを生産できないし，できたとしても，そのサービスを冬のピーク時のために貯えておけない．また，冬の土日のスキー客のため宿泊施設を増設しても，土日は宿が満員になるが，週日の客が増えるわけではなく，増設分は過剰設備となってしまう．

立できない.もちろん,資源の価値づけは,時代とともに変化していくが,地域発展への依存の程度は他産業と比べて相対的に高いといえる[7].

7.4.3 日本における観光開発の流れ
a. 歴史的経緯

第2次世界大戦後,日本では,2回の観光開発ブームが起きている.1つは,高度成長経済の末期,1970年代前半のいわゆる「土地開発ブーム」である.『日本列島改造論』(田中角栄著)に象徴される全国的な大規模地域開発熱のなか,中山間地域を中心に,各地で別荘地やゴルフ場などの新規開発を狙った投機的な土地取得が起きた.もう1つは1980年代半ばから1990年代初頭にかけてのいわゆる「リゾートブーム」で,リゾート法(1987年)の制定もあり,他業種からも大企業が新規参入し,大規模な海浜・山岳リゾートが全国各地で開発された.これらのブームの過程で,土地の買い占めや地域の自然環境や社会に配慮しない乱開発が社会問題となった[8].開発の賛否をめぐる紛争は,地域住民を反対派と促進派に分裂させ,深刻な亀裂を地域に残した.

こうした観光は経済活動として行われ,担うのは広い意味での企業である.企業は不振で収益が得られなければ,資本として撤退ができる.これに対し,地元の村は撤退できない.村民は打ち捨てられた観光地の廃墟とともにその場所で生き続けなければならない.「企業は去ることができるが,村は去ることができない」ことを我々は肝に銘じなければならない.

b. マスツーリズムからの転換

第2次世界大戦後から1980年代ぐらいまでの日本の観光は,典型的なマスツーリズム[9]だった.高度成長経済によって形成された大衆消費社会によく適合し,国民の誰もが観光を楽しめる状況を作り出す一方で,提供される観光の質や,前述のような観光開発の負の影響が問題となった.

マスツーリズムの弊害に対して,初めて異なった方向を示したのが,土地開発ブーム

---

[7] 東京ディズニーランドやハワイのワイコロア・リゾートは,こうした資源の制約を,巨大な投資により乗り越えようとした事例である.前者が東京湾の埋め立て地,後者は泳げない海岸沿いの溶岩台地に,自然,歴史文化,都市の各観光資源を人工的に造成することで,一大リゾートにすることに成功したが,本来の観光資源を有益に利用したとはいいづらい.

[8] 日本の自然保護運動は,水源地のダム開発など大規模な公共事業に対する反対運動として展開されることが多かったが,観光開発も大きな標的であり,1960年代から高度経済成長期を通じて,山岳観光地への観光道路・ロープウェイなどのアクセス手段の開設が,貴重な自然を破壊する「元凶」として反対運動の対象となってきた.1980年代のリゾート開発期には,スキー場,ゴルフ場などの大面積開発が多数計画・実施されたことから,各地で地域住民を中心とする草の根の反対運動が頻発することとなった.また,観光地における無秩序な開発は,既存の市街地や田園地帯の良好な景観を劣化させた.有名温泉地,スキー場の地元集落などでも,乱雑な宿泊施設等の建設は,醜悪な景観も作り出していった.

終焉後（第 1 次「石油ショック」後）に本格化した「都市と農村の交流事業」である．行政が主導して非商業ベースで農村住民と都市住民の交流を行い，リゾートブームの中いったんは衰退したが，バブル崩壊後のアンチ・リゾートとしての政策的なグリーンツーリズム導入時に，成功例として注目された事例の多くは「都市と農村の交流事業」に起源を持っていた．

また，1970 年代以降のいわゆる自然志向の高まりによって，農山村に賦存するありのままの自然や農村景観が見直され，そうした環境で滞在することに価値を見いだす人々が着実に増加したことも，観光における変化を後押ししたといえる．こうした流れの中で，現在のサステイナブル・ツーリズムの推進が提唱されるようになったのである．

7.4.4 サステイナブル・ツーリズムとは何か

国連環境計画（UNEP）と国連世界観光機関（UNWTO）による Global Sustainable Tourism Criteria（世界サステイナブル・ツーリズム基準）[10] では以下のような条件を満たした「観光」と定義される．

①効率的な持続的経営の実現．
②地域社会への社会的，経済的効果が最大で，マイナスの影響が最小．
③文化的遺産への利益が最大で，マイナスの影響が最小．
④環境への利益が最大で，マイナスの影響が最小．

このうち，②と③を「地域社会の持続可能性」としてまとめれば，サステイナブル・ツーリズムとは，自然環境の持続可能性（④），地域社会の持続可能性（②，③），経営の持続可能性（①）の 3 つの持続可能性を同時に満たすような観光であるといえる．いわゆるグリーンツーリズム，エコツーリズムは，ともにこの定義の中に含まれるが[11]，グリーンツーリズム，エコツーリズムと称されていても，上記条件を備えたサステイナ

---

9) マスツーリズムは，簡単にいえば，観光という複合的サービスの大量生産・大量消費の仕組みとその仕組みによって作られた観光の現象のことである．典型としては団体ツアーが挙げられる．想定する顧客の平均に合わせたプランと徹底的なコスト削減により利潤の確保が追求される．一方，ツアー客も安価で効率的な観光ができる．問題は，個人の好みや条件がほとんど無視され，ステレオタイプな経験によるのっぺりした感動しか得られない場合が多いこと等である．

10) UNEP/UNWTO: Global Sustainable Tourism Criteria による．2010 年 10 月閲覧取得．http://www.sustainabletourismcriteria.org/

11) エコツーリズムは「観光旅行者が，自然観光資源について知識を有する者から案内又は助言を受け，当該自然観光資源の保護に配慮しつつ当該自然観光資源と触れ合い，これに関する知識及び理解を深めるための活動をいう」（エコツーリズム推進法，環境省），グリーンツーリズムは「農山漁村地域において自然，文化，人々との交流を楽しむ滞在型の余暇活動をいう」（農林水産省）である．この 2 つの説明をひっくり返しても，おそらく違和感は感じない．少なくとも日本においては，この 2 つの集合はかなり大きな重なりをもっているのである．

ブル・ツーリズムとはいえないもの,逆に,一般の観光,つまりマスツーリズムの中にも,サステイナブル・ツーリズムの範疇の中に入れることができるものがありうることに注意する必要がある.

7.4.5 グリーンツーリズムの実態からみえてきたこと

日本でグリーンツーリズムが提唱されてから20年間が経過した[12].ここではグリーンツーリズムに絞って,その実態をごく簡単にみておこう.

まず,経営面では,グリーンツーリズムは生易しい商売ではない.客1人あたりにかかる手間暇はマスツーリズムと比べてはるかに大きいのに,料金は安く,一度に扱える客の数は少ないため,一部の例外を除いて,経済的利益はごく限られる.また,多くの類似事例の競争の中で,集客に困難を来す場合が多く,経営の低迷からの脱却が決定的な課題となるのだが,いったん知名度を得ると,押し寄せる客への対応から,マスツーリズム的な経営手法をとらざるをえなくなり,本来のグリーンツーリズムから逸脱してしまう危険性,「グリーンツーリズムのジレンマ」がつねに存在する.一方,精神的な面では,観光客を受け入れるグリーンツーリズムの活動を通じて得られる満足感,達成感,自信・誇りの認識などのメリットは大きい[13].

グリーンツーリズムの持続的成立の要件としては,少なくとも2つのことがいえよう.1つは,個々の農家に本来の農家としての経営の安定性があってこその,グリーンツーリズムの安定ということである.観光産業はあくまでも副業であり,主客転倒時には,世帯の経営を逆に不安定にさせうる.2つ目は,日本のグリーンツーリズムは,集落などの地域で担われることが多く,その集落・地域がもっている企画,合意形成,事業実行等に関する能力の有無,強弱が,大きく成否に関わってくるということである.これは「地域力」といってもよかろう.その集落,地域が,これまでの歴史の中で培ってきた力の蓄積[14]によって地域力は形成される.この2点から,グリーンツーリズムが成り立つ条件は,個別経営レベルでも集落経営レベルでも,一朝一夕には作れない,本来の経営的実力といえる.

7.4.6 計画に向けて

農村計画の担当者は,主として地域住民による計画づくりを支援する立場になる.計

---

12) 1992年の農林水産省「グリーンツーリズム研究会」が初出といわれている.
13) 特に,農村の女性にとっては,起業の機会として,自己実現の場として,農産物加工・直販なども含めた広義のグリーンツーリズムの果たす役割は非常に大きい.
14) たとえば,祭礼や伝統的芸能の集落ぐるみの実施,自治公民館を通じた社会教育活動,農林業に関わるさまざまな補助事業の企画・実施などの経験の蓄積がこれにあたる.

画を作るに当たり留意すべきことを何点か挙げる．

a. 「資源」の認識

先に述べたように，観光には地域の資源が必須だが，サステイナブル・ツーリズムの多くの事例では，ごく普通の農村景観や自然，ありふれた歴史文化財が，「資源」として活用される．重要なのは，それらの「資源」を，実際に観光に関わる地域の人々が「資源」として認識し，愛着をもつことだろう．地域の人々は，その地域の自然資源や歴史文化資源には無頓着であることが多く，ワークショップ，集落点検などで自分の地域を見直してもらうことが非常に重要である．この認識によって初めて，資源を破壊・劣化させることなく上手に利用する基盤ができる．

b. 中間支援組織の存在

グリーンツーリズム，エコツーリズムの場合，観光地として未発展な地域に立地することが多い．そのため，家族旅行や教育旅行の消費者と地域の観光業者（生産者）を仲介する旅行業などに対するマーケティングが課題となる．特にグリーンツーリズムの場合，提供する有形の観光資源は，一般的な農村景観であり，消費者の側では観光地の優劣がほとんど判断できず，地域の側からのさらなる働きかけが必要となる．さらに，ようやく観光客がその地域を訪れようとしても，個人客には個別の農家民宿等の情報の入手が非常に難しく，地域の側で個別の民宿を特定・斡旋することが必要になる．また，教育旅行などの団体需要には，十分な宿泊施設の確保が課題となる．このような条件を満たすため，地域内の事業体，さらに地域内外をつなげる役割を担う主体，中間支援組織（中間組織）を，意識して作る必要がある．実際の形態としては，観光協会，専門のNPOや任意団体，他の業務を主に担う兼務団体等さまざまな団体が担うケースがある．

c. 「有志性」と「共同性」のバランス

7.4.5項でも述べたように，グリーンツーリズムの計画では，村ぐるみ，地域ぐるみによる取り組みの必要性がしばしば強調される．ツーリズム計画の推進を地域づくりにつなげようとする場合，村落共同体としての出自に根ざした「共同性」は重要な因子となる．しかし，そのことが，自由な発想や経営努力を阻害しては元も子もない．有志グループによる活動を正当に評価することが必要である．一方，エコツーリズムの場合は，外部のグループや個人（有志者・有志団体）が，地域との十分な相談なしに事業を進め問題となる場合がある．この場合は逆に「共同性」にどこまで配慮してもらうかが問われる．両者のバランスは事例ごとに考慮する必要がある．

d. 無理のない活動

7.4.4項で述べたように，サステイナブル・ツーリズムには，地域社会の持続性，要するに，地域の住民が毎日幸せに暮らしていける状態を作っていくことが，条件として求められていると述べた．その活動に関わる担当者が，対応に振り回され心身ともに疲

弊してしまうような活動は，望ましいサステイナブル・ツーリズムとはいえない．そもそも，観光は，その土地を訪れた旅人が，その自然とそこに住む人々が培ってきた歴史文化を味わい，心身を癒す行為，つまり，訪れた人々に住人が幸せを分かち与える活動である．関わる人が幸せでなくて，どうして人に幸せを分けることができるだろうか．サステイナブル・ツーリズムの基盤は，日々の暮らしそのものと，その暮らしの中で形作られてきた景観であることに留意する必要がある．あくまでも，優先するのは日々の暮らしで，その中で無理のない活動としてあるべきことを再度確認したい．[土屋俊幸]

参考文献
青木辰司：転換するグリーン・ツーリズム—広域連携と自立をめざして，学芸出版社，2010
桑原孝史：グリーン・ツーリズムの担い手と事業的性格—東日本スキー観光地の民宿を事例に．日本の農業 あすへの歩み，**244**，(財)農政調査委員会，2010
佐藤真弓：都市農村交流と学校教育，農林統計出版，2010
敷田麻実・森重昌之編著：地域資源を守っていかすエコツーリズム—人と自然の共生システム，講談社，2011
森林総合研究所編：山・里の恵みと山村振興，日本林業調査会，2011
松村和則編著：山村の開発と環境保全—レジャー・スポーツ化する中山間地域の課題，南窓社，1997
安島博幸編著：観光まちづくりのエンジニアリング—観光振興と環境保全の両立，学芸出版社，2009
安村克己ほか編著：よくわかる観光社会学，ミネルヴァ書房，2011
山崎光博：ドイツのグリーンツーリズム，農林統計協会，2005
山村順次：観光地理学—観光地域の形成と課題，同文館出版，2010

8. 外国の農村計画

8.1 ドイツの農村総合整備

8.1.1 土地利用秩序の概念と土地利用計画制度

ドイツを訪れる誰もが驚くことは，世界有数の工業国でありながら，都市でも農村でも，歴史に裏打ちされた「原風景」とでもいえるような，美しく懐かしい風景が展開していることである．その背後には，「土地利用秩序」を重んじるドイツ社会の伝統的な気風と，土地利用計画制度がある．

そもそも土地は，自然や人間にとって不可欠の基盤である．幽霊は別として，人間は足を土地に着けなければ，現実に生存できない．土地の状態は，地域における暮らしの質や働きがいをつねに根底で左右している，最も基本的な要素である．だから土地の状態，すなわち景観は，その土地の所有者が個人としての自由を享受できる対象であってはならず，地域固有の歴史，文化，生態系，良質な暮らしや，健全な経済活動が，過去から現在，そして未来に向けて存続するように，その土地利用秩序は厳格に守られなければならない，という地域住民の意志の結晶なのである．こうした価値観はRaumordnung（空間秩序形成）という言葉によく表現されており，Raumordnungは国土計画，広域計画，都市計画，農村計画などの地域の地域計画体系を全体として示す基本概念として使われている．

ドイツでは連邦建設法典（1960年）によって，その国土の上での建築行為は原則として禁止されている．同法の規定による建設管理計画（市町村域における土地利用計画（Fプラン）と建設詳細計画（Bプラン）とからなる）に従う場合にだけ，建築行為が許される．つまり，いかなる土地の利用も，土地所有者個人が自由にFプランに指定された利用種目を転換することはできないし，家屋の建築・修復などにあたっても，土地が属する区域単位に指定されている建築規模，建築デザインや建築資材の材質，色彩にいたるまで，Bプランが示す細かな指定に従わなければならない．違反すれば，改築命令が発せられ，この命令に従わなければ，行政が撤去など強制執行する．これらの計画は，市町村議会で「条例」として決議されて発効するものである[1]．

だから，都市住民が農村地域に家を建てて住みたいと思うときには，各地の農村を巡って，どの集落の建築デザインが自分にとって好ましいかを確認したうえではじめて，

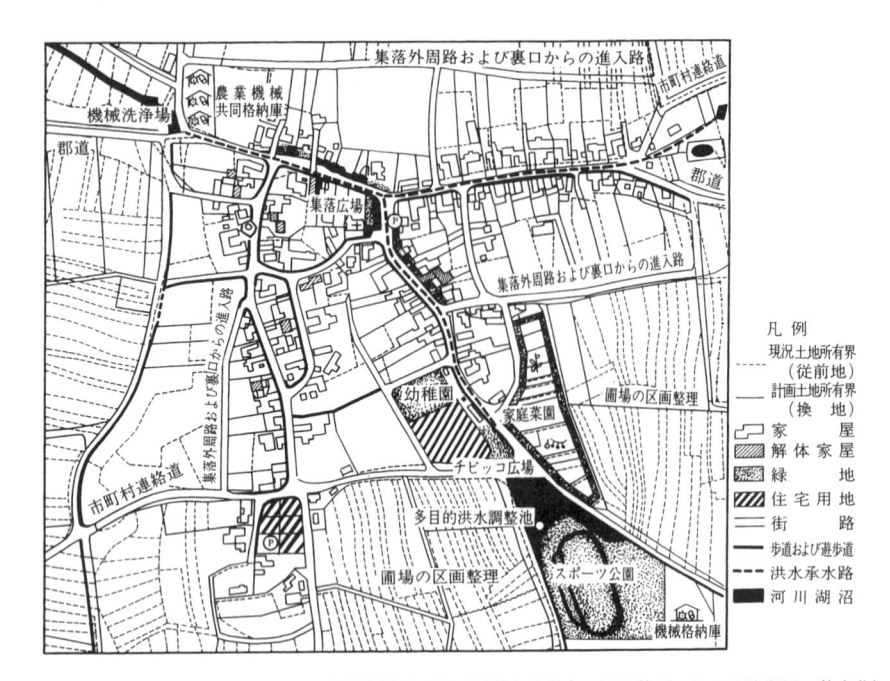

図1 オーバーメーゲルスハイム地区農村整備計画図（圃場と集落内の区画整理による土地利用の秩序化）
（資料：バイエルン州アンスバッハ農地整備庁提供）[1]

土地の取得にかかるのである．このようにして地域の景観は，個々の土地区画の所有者の変化に左右されずに，地域の個性として長く残されてゆくのである．

8.1.2 農地整備事業による総合的な農村計画

ドイツの農村計画は，先述した「空間秩序形成」の概念に則り，地域の総合的な整備事業の計画として策定され，実施されるところに特徴がある．

農地整備法（Flurbereinigungsgesetz，1953年）に基づく農地整備事業（Flurbereinigung）は，西欧で8世紀から18〜19世紀まで約1000年にわたって展開された「三圃式農法」が毎年集落において共同で実施された際に，集落の農家全員の参加で農地利用計

---

1) 千賀裕太郎：ドイツの農村整備．改訂農村計画学（農業土木学会編），農業土木学会，p.252-259，2003
2) 千賀裕太郎：美しい村をつくり守る確かな制度．地域資源の保全と創造—景観をつくるとはどういうことか—（今村奈良臣，向井清史，千賀裕太郎，佐藤常雄），農山漁村文化協会，p.143-223，1995

画を策定した長い歴史に淵源の一つがある，と筆者は考えている[2]．

　農地整備事業は，必要に応じて数十年ごとに，おおむね集落を単位に実施されるもので，農林業の生産性を向上させるために，分散した各家所有の農地の集団化，農地の区画形状の改良・拡大，農道網の再整備，排水改良などを計画実施するのにあわせて，学校，公園，住宅地，道路，自然保護地等の土地需要に対応して，農村地域の新たな土地利用秩序の形成を行うものである．時代とともに，地域経済が変化し，農業や暮らしのあり方も変わるが，こうした時代の変化は，放置すれば土地の無秩序化をもたらす．そうした時代の変化をふまえながらも，生態系や伝統文化といった地域の個性を守り，健全な農業環境を再形成し，温暖化やエネルギー枯渇などの地球危機の解決にも寄与しながら，豊かな農村コミュニティを維持することが可能なように，農地整備事業を中心とした「農村計画」が積極的に実施されているのである．

　農地整備事業の法的な実施主体は州（農林部局）であるが，事業実施区域内の土地（非農用地を含む）所有者による「農地整備事業参加人組合」が，実質的な計画・事業実施主体となって，この事業を推進する．この事業には，連邦と州からあわせて事業費の80％程度の補助金が支出される[3]．

　なお農地整備事業の制度は，ドイツでは空港建設，高速道路建設，新幹線鉄道建設などのための，大規模な公共用地の創設手法として，大いにその土地利用秩序形成機能を発揮している．すなわちこうした公共事業を建設しようとするとき，広大な土地調達に伴う地域への打撃を最小限にし，しかも地域にとってより好ましい形の土地利用秩序を生みだすために，公共事業官庁は農地整備官庁に農地整備事業の実施を依頼する．この場合の事業経費は，すべて公共事業官庁がまかなう．公共用地調達のために農地整備事業を実施するが，この事業の特徴である「換地」という土地交換手法を用いて，農地を増やしたい人，農地を売りたい人，農地を維持したい人など，関係者の意向をすべてまとめて実現して，新たな土地所有・利用秩序を短期間に形成するのである．

〔千賀裕太郎〕

---

3) この他にドイツでは，居住区域を対象とした集落再整備事業（Dorferneurung）も積極的に行われ，集落内道路の改良，広場の設置，並木の造成，バス停留場の新設，家屋修景などが補助金の支出を伴って実施され，農村における小中心地の再活性化に寄与している．

8.2 イギリスの環境・農業政策

8.2.1 農村空間の土地利用計画
a. イギリスの農地利用と景観

イギリスの国土全体の土地利用は表1に示したが,農用地面積が非常に広く,その多くを採草放牧地が占めている.耕地は南西部に多く穀倉地帯を形成し,北部では酪農の比率が高まり,スコットランドでは放牧地の比率が高い.採草地・放牧地の境界線は,南部では生け垣によって区切られ,北部では石垣が主体となっている.これらの農地,境界,農家の家屋,農地に点在する小屋などが,イギリスの田園景観をかたちづくっており,よい景観を提供し,農村生態系を構成している.

主要農産物は,小麦(1,438万トン,日本の20倍強),大麦(677万トン,30倍強),テンサイ(833万トン,2倍強),ジャガイモ(642万トン,2倍強),リンゴ(1/4強),牛乳(2倍弱),鶏肉(ほぼ同じ),牛肉(1.5倍),豚肉(1/2強)などである(数値は2009年のもの).イギリスの総人口は日本の約半分であることからも,生産量そして自給率が高いことがわかる.

b. 農村の土地利用計画

イギリスでは,都市・農村を問わず,土地利用計画に関しては都市農村計画法(Town and country planning act, 1968年)が全国土をカバーしている.

土地利用計画は,ストラクチャプラン(structure plan)とローカルプラン(local plan)の2階層に分かれ,土地利用の骨子を前者で,詳細を後者で定めている.ストラクチャプランは,計画の位置的関係を示す戦略図と政策の正当性をより詳しく述べた説明書からなり,地域発展に関する主要問題について計画決定をしておくことを目的としている.

表1 イギリスと日本の土地利用(2009年,資料:FAO)

	イギリス		日本	
	面積 (万 ha)	比率 (%)	面積 (万 ha)	比率 (%)
農用地	1,733	71.1	461	12.2
耕地	605	24.8	429	11.3
永年作物地	4	0.2	32	0.8
永年採草・放牧地	1,123	46.1	—	—
国土全体	2,436	100.0	3,780	100.0

農村計画の観点からストラクチャプランをみると，農地保全および植林に関する政策，景観保全地域の指定を含む環境保全の計画，レクリエーションとツーリズムについての政策が記載されている.

ローカルプランはストラクチャプランに基づいて定める具体的で詳細な土地利用計画である．都市部においては，建物の意匠なども詳細に定められるが，農村地域では，保全地域を定めるなど以外は農業地域であることを指定することが主であり，それ以上の細かな区分は行われない．

8.2.2 農村景観保全と持続性
a. 農業環境政策による景観・環境保全

イギリスでは ES（Environmental Stewardship）制度という農業環境政策が2005年より実施されているが，これは ESA および CSS が統合・改組された政策である．

ESA（Environmentally Sensitive Areas，環境保全優先地域）は農漁業食料省（当時）による1987年創設の事業で，環境保全の必要な地域を指定したうえで，地域内で保全的農法に同意する農家には，生産性低下分に見合う補助金を支給する制度である．保全的農法への参加は任意であり，およそ7割の農家が参加している．CSS（Countryside Stewardship Scheme）は環境省田園地域委員会による農村環境保全のパイロット事業（1991年開始）であるが，地域指定を行っておらずすべての希望する農家などが参加できる．これら両事業が中央省庁の改組に合わせて統合され，2005年より環境・食料・農村省（DEFRA）による ES 事業となった．なお，旧制度で認められた事業はそのまま継続している．

ES 事業は，広範囲・大人数の農家および土地管理者による効果的な環境管理を促進するものである．これらの取組については，農家の意欲や資質を考慮して，そして対象地域の環境価値に応じて，ELS（入門レベル），HLS（上級レベル），OELS（有機入門レベ

表2 ELS（入門レベル）の環境保全オプションの一部

区 分	環境保全オプション例
境界線	生け垣の管理，溝の管理，石垣の保護
樹木および林地	樹木の管理，林地のフェンスの管理
歴史上重要な土地	耕作の停止
緩衝帯	緩衝帯の確保，緩衝用の池の設置
耕地内	野鳥種子の混合，花粉花・蜜花の混合
土壌保全	侵食防止作物
管理計画	土壌管理計画，栄養管理計画，肥料管理計画，防除管理計画

ル）が用意されている．ELSはすべての農家と土地所有者を対象としている．契約希望者は表2に示す多数の選択肢の中から活動内容を選ぶことができる．それぞれの選択肢にはポイントが示されており，合計が目標ポイントに達すれば，1haあたり30ポンドが支給される．

HLSは，高い環境価値をもつ地域を対象としており，環境保全オプションはより高度なもので，支給額も多い．

b. グリーンツーリズム[1]

良好な環境・景観の保全された農村では，都市からの観光客を呼び込むことが期待できる．小規模でゆっくりとした体験型のツーリズムは，グリーンツーリズムと称されるが，イギリスでは1980年代の中頃からその概念が検討されるようになってきた．そして農漁業食料省，政府観光局，環境省農村開発委員会はツーリズムに関する補助金を提供し，母屋や納屋の改造による宿泊室，レストラン，食品加工施設の設置や整備が進み，グリーンツーリズムは大きな成長を遂げてきた．

さらに1992年の地球サミット以降，「持続可能性」があらゆる局面で重要となったこともあり，「持続可能なツーリズム」という概念も確立した．その基本原則として，①ツーリズムによる環境インパクトの低減，②地域環境の質の維持，③受入れコミュニティの生活の質の向上，④訪問客の楽しみの向上が提言されている．これは，グリーンツーリズムの農村地域での定着のためのマネジメント概念の提示でもあり，より良質で持続的なツーリズムへの指針となっている．

8.2.3 EUの条件不利地域政策

a. EUの農業政策

EUの農業政策の第1は，価格支持を中心として農業生産力と食料自給率向上を目的とするCAP（Common Agricultural Policy，共通農業政策）であり，予算の半分弱を占めている．もう一つの柱は，構造政策（Structural Policy）という財政支援策であり，EU域内の過疎地域や構造的問題を抱える地域に対し財政支援を行い，地域間格差を是正し，結束を強化し，EU加盟国全体の均衡ある発展を図ることにある．具体的には，構造基金と結束基金により，条件不利地域や困難を抱えた地域への補助金の交付が中心となっている．この構造政策の予算は全予算の3分の1強を占めている．

b. 条件不利地域への具体的施策

CAPにおける価格支持とは，作物別に支持価格を決め，市場価格がそれを下回った際に，差額分を政府が農家に支払う制度であり，小麦，大麦，トウモロコシ，大豆，牛肉，

---

[1] 青木辰司，小山善彦，バーナード・レイン：持続可能なグリーンツーリズム，丸善，2006

8.2 イギリスの環境・農業政策

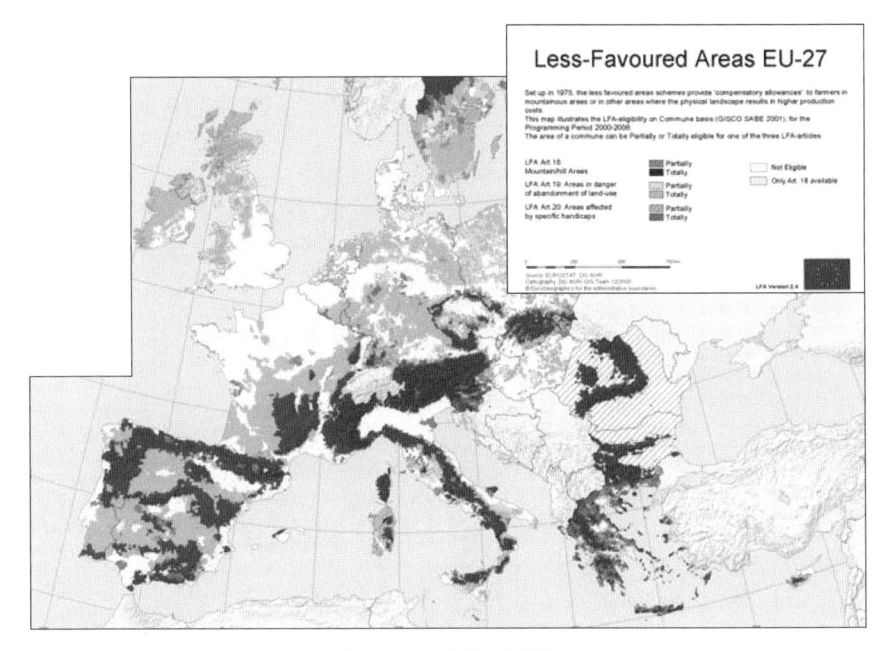

図1 EUの条件不利地域

乳製品など主要産品すべてに設定されている．ただしこの支持価格は順次引き下げられてきており，生産費の高い条件不利地域では支持価格があっても十分な所得が得られなくなってきた．

そこで1992年より条件不利地域（図1）を対象に，農業の存続を確保し，最低限の人口水準の維持と景観の保全を図るため，農地面積に応じた補助金を支給している．条件不利地域は，山岳地域（標高が高い，気温が低い，急傾斜，など），その他条件不利地域（生産性が低い，地域人口の減少が大きい，など），特別ハンディキャップ地域（洪水が定期的に起こる地域，など）が指定され，3 ha以上（南欧では2 ha以上）の農用地を保有し5年間以上農業活動を継続する農家に補償金が支給される．

8.2.4 農村の活性化

a. リーダー事業

リーダー（LEADER）事業は，EUの構造政策の一つであり，1991年に開始された．リーダー事業という名称は「Liaisons Entre Actions de Dévelopment de l'Économie Rurale（農村経済発展のための活動の連携）」の頭文字から来ている．

リーダー事業の要点は以下の通りである．①農村住民が主体となって実施するボトムアップ型の農村活性化事業に対してEUが財政支援する．②対象者は農家および非農家．③事業内容は，グリーンツーリズム，特産物生産，中小企業振興，農村在住の女性や若者への就業促進事業など．

なお，リーダー事業の主体となるのは，LAG（Local Action Group）と呼ばれる地域活動グループである．

b. イギリスでのリーダー事業

イギリスにおけるリーダー事業は，第1期は少なかったものの，第2期以降は対象地域が拡大している．表3にはLEADER＋までの実績を示しているが，第4期にあたるLEADER Axisが2007～2013年に実施されている．

リーダー事業の例として，スコットランドでの3事業を紹介する．この3事業は，LEADER＋事業として，人口2000人の小さな町ニューバラ（Newburgh, Cupar county）で実施された．

アートセンター事業：町中心部の老朽化した建物を修繕し，8つのアートスタジオを設け宿泊施設も設置する．町在住の夫妻を中心に住民が加わり，スコットランドの芸術団体の支援も得て，事業が進んだ．この施設において，芸術活動や都市農村交流が進められている．

ウォーターフロント事業：川沿いの工場が火災により撤退し，長らく荒れ地となっていた．地元に再生計画グループが結成され，地域の声を集め，行政を動かし，広い公園として整備した．この公園は地域の人のためであると同時に，来訪者のためでもある．

家庭果樹園復活事業：各家庭の裏庭での野菜栽培・果樹栽培は約800年前から続いているが，それを市場化する事業である．市民有志によって，ナシやリンゴの本数・樹齢が調査され，事業への参加意志を問い，データベースが作られた．そして，小規模ではあるがジャムを製造し，生食用とともに販売を始めている．

以上のように，住民が主体となってボトムアップ的に事業を進めており，住民主体の地域活性化として，その制度および成果が評価される．　　　　　　　　　　　［山路永司］

表3　イギリスのリーダー事業の実施状況[6]

事業名	実施年	LAG数	EU予算（万ユーロ）
LEADER Ⅰ	1991～1993	13	1,140
LEADER Ⅱ	1994～1999	69	7,960
LEADER＋	2000～2006	57	10,600

参考文献

農林水産省農村振興局事業計画課：イギリスでの取組．半定住人口による自然居住地域支援の可能性に関する調査，p.103-160，2005

石川　誠：イギリスにおける都市・農村計画制度の経緯と現状．明治大学農学部研究報告，**127**，1-26，2001

石光研二，山路永司：欧州農村整備現地研究会の経緯と成果．農村計画学会誌，**30**（2），147-150，2011

須田敏彦：EUの条件不利地域農業政策の教訓．農林金融，**2003**（4），258-278，2003

八木洋憲ほか：英国における住民参加型農村振興の実態．農工研技報，**204**，15-22，2006

8.3　韓国の農村開発政策

8.3.1　韓国農村の現状

韓国は，日本と同様に国土の67％を山地が占めていて，年間1200 mm前後の降水量と夏季の高温多湿な気候条件から，水田農業が発達した．また，山地と農耕地が共存した東北アジア型の農耕文化により独特の農村風景が形成されてきた．

農村地域の定義は国によって異なるが韓国では，一般的に行政区域上，邑[1]・面[2]・同[3]のうち邑と面に該当する地域をいう．これを基準にすると国土全体面積のうち農村地域は約9割を占めているが，居住人口は18.5％にすぎない．今日の韓国の農村は，高齢化，過疎化，地域リーダーの不足，WTO・FTA体制化の市場開放などさまざまな課題を抱えており，このように韓国農村が置かれた現状はけっして明るくないのが実情である．

しかしながら都市民の農村に対する認識の変化，余暇時間の増加，ライフスタイルの変化などから，農村がもっている多面的機能への関心が高くなりつつある．また，都市民が農村地域に定住場所を移す，いわゆる帰農・帰村も増えているという，明るい面もある．今後，健全な農村社会を維持していくためには，こうした現象を適切に捉えて，新しい農村計画の方向を定めていく必要がある．

8.3.2　韓国農村開発政策の変遷（1950年代～現在）

1950年代から現在までの韓国農村開発政策の大きな流れを整理する（表1）．

まず1958年に始まった「地域社会開発事業（Community Development Program）」

---

1)　韓国行政単位体系の一つで日本の「町」に近い．
2)　韓国行政単位体系の一つで日本の「村」に近い．
3)　韓国行政単位体系の一つで日本の都市部における「町」または「市」に近い．

表1 韓国の農村開発事業の変遷と種類

事業名	時期	開発空間単位	主要計画内容
地域社会開発事業（CD事業）	1958～1960年代	マウル[4]	農業改良，道路，橋，水利施設　生活改善指導
セマウル事業（運動）	1970年～	マウル	農家改良，小河川整備，簡易給水　農業用水施設，基礎生活環境整備
農村地域総合開発事業	1985年～	郡	中心地開発，産業，生活環境，社会福祉などの総合的計画
文化マウル造成事業	1991年～	中心マウル	宅地開発，マウル会館，公園
山村総合開発事業	1994年～	マウル	山林資源を活用し所得増大
漁村総合開発事業	1994年～	複数マウル	漁業生産基盤施設，漁業所得増大
緑色農村体験マウル	2002年～	マウル	農村観光（体験）基盤施設，マウル景観
農村伝統テーママウル	2002年～	マウル	マウル環境整備，伝統体験プログラム
美しいマウルつくり	2001年～	マウル	体験プログラム開発，マウル景観整備
農村マウル総合開発事業	2004年～	3～4マウル	定住環境改善，農村景観，所得増大，地域力量強化

が，戦後の韓国農村開発の出発といえる．この事業は，農業所得増大，生活環境改善，住民意識改革などを目標にして推進された．1970年代には，韓国農村開発事業の代名詞と呼ばれる「セマウル運動」[5] が始まった．この運動は前述の地域社会開発事業とほぼ同様の目標で推進された．1980年代に入ると，今までの開発とは違って農村地域中心都市育成，地域産業開発および教育・文化・医療など定住環境開発に焦点をおかれた．1990年代は，定住生活圏開発として住宅・道路開発，上下水道開発，生活環境改善などが行われた．

2000年以後の農村開発事業は，住民参加型地域づくり，都市農村交流，農村観光などが注目を浴びている．また，地域住民自らの意志で地域資源を利活用し，地域経済の活性化を図っていく，いわゆる内発的発展の動きが芽生えた時期でもある．特に，農村開発政策を推進するうえで住民参加，住民力量強化，ソフト事業拡大を強調するようになったことは注目すべきである．

---

4) マウルとは，韓国の地域社会の最小基本単位である．日本でいう集落（ムラ）に近いが，本稿では，マウルと表記する．
5) セマウルとは「新しいムラ」という意味．

8.3.3 農村活性化事業の事例─「農村マウル総合開発事業」を中心に

前述したように，韓国では農村地域活性化のためさまざまな農村開発事業が行われてきた．その中でももっとも代表的な事業といえば，2004年から始まった「農村マウル総合開発事業」である．

この事業の目標は，農村地域住民の暮らしの質の向上および都市と農村の均衡発展である．これらの目標を達するために生活環境改善，所得基盤拡充，農村景観改善，住民力量強化という4つの推進戦略を打ち出した．

この事業の特徴は，①単一マウル単位ではなく，同一の生活圏または営農圏の中の複数（3～5個）のマウルが連携した総合開発，②従来の行政主導のトップダウン方式ではなく，地域住民自らの意志により計画・実行するボトムアップ方式，③農村アメニティを維持・保全する自然親和的開発，④地域に潜在する地域資源を利活用する内発的発展，である．

次いで本事業の推進体系について述べると，各事業地区の3～5年の事業期間の事業費は40億～70億ウォン[6]（国費80％，地方費20％）であるが，所得関連施設造成事業[7]に限っては，事業費の20％を事業に参加する住民が負担する．また，本事業を進めていくうえで，多様な主体が参加している．地域住民は，事業推進委員会を構成・運営し，専門家のアドバイスを受けながら開発予備計画書を自ら作成する．また，事業で造られた施設などの運営・管理を担う．管轄自治体（市または郡）は，予備計画書の中央政府への申請，基本計画の承認，事業施行などを行う．そして，農林水産食品部[8]が基本方針の決定，予備計画書の審査，事業費の支援を行う．これらの3つの主体以外に，公共機関である韓国農村公社は，基本計画作成，事業の管理・監督を行う．

ここからは，「農村マウル総合開発事業」の優良事例としてトコミ圏域での事業を紹介する．

トコミ圏域が属している江原道華川郡は，首都ソウルの北東約100 kmに位置している．同圏域は199世帯，人口554人からなる典型的な農村集落である．土地利用現況をみると，マウルの総面積2865 haのうち，水田161 ha（5.6％），畑147 ha（5.1％），林野2384 ha（83.2％），住宅地14 ha（0.5％），その他159 haとなっている．主要農産物には，米，唐辛子，ジャガイモ，カボチャ，白菜などがあり，畜産（肉牛）農家も少なくない．

この圏域では2005年から総事業費70億ウォンで「農村マウル総合開発事業」が始ま

---

6) 2010年12月1日基準で100円≒1,400ウォン．
7) たとえば，農産物加工施設，宿泊施設などがある．
8) 中央政府として日本の農林水産省に相当する．

り2009年に完了した．開発計画目標として，圏域の農村性（rurality）の維持，競争力の確保，環境保全，アメニティ維持など圏域の多面的機能を拡大しながら地域住民の「暮らしの質」を高めることをあげた．

おもな計画の内容をみると，①地域現況調査および住民意識調査，②地域特性および開発潜在力分析，③目標および課題設定，④土地利用計画，空間別開発構想，発展指標設定，⑤地域農業計画，産業計画，SOC計画，地域環境保全計画，⑥事業費算出・投資計画である．

開発計画の基本構想は，農特産物の競争力強化，地域ブランドの価値向上，親環境的なマウル開発，創意的なマウル経営システム構築がその骨格を成している．

これらの事業を行ったことで定住環境が改善され，圏域の来訪者が年間17,000人にまで伸びた．また，宿泊施設の利用者も年間700人程度にまで増加して，住民所得の向上につながったことが，この事業の成果といえる．

8.3.4 韓国農村開発事業の特徴

ここでは，現在，韓国で行われている農村開発事業の特徴を，開発区域（範囲），事業内容，事業主体などに焦点を当てて整理する．

開発区域は，基本的にマウルまたは複数のマウル（圏域）単位で行われることが多い．これは，日本の集落または地区単位で行われるむらづくり事業と似ている．事業内容としては，生活環境改善，所得関連施設などといったハード的な事業に加え，住民教育，マウルマーケティング，マウルブランド開発などソフト的な事業も並行して行われている．特に，「住民力量」の強化に力を入れている．事業推進主体としては，地域住民，行政機関，専門家が密接にかかわって進められるが，このことによって地域住民の関与がいっそう高まり，いわゆる「住民参加型」と呼ばれる事業が多くなっている．すなわち，計画段階から地域住民自ら「委員会」を設立して計画書を作成するなど，地域住民の地域活性化事業へのかかわりを強めているのである． 〔劉　鶴烈〕

第Ⅲ部　農村計画の実践に向けて

1. 農村における社会的企業と中間支援組織

1.1 農村計画と社会的な力

　農村の発展というものは，農村を特徴づける産業としての農業や林業あるいは漁業を議論すれば足りるものではない．これからの農村の発展の方向性として重視しなくてはならないのは，社会的な力（社会エネルギー）である．

　現代の農村社会においては，地域コミュティの弱化がその典型としてイメージされるように，人々の関係性が弱くなることによる社会的な力の減少が顕著になってきている．それは主として農村の構造変化によってもたらされている．

　伝統的な農村においては，社会を維持し，再生産することが，文字通り各人の生活上の死活に関わるという「現実」が存在していた．現代においては，農村においても，個人所得と政府・自治体による公共サービスが各人の生活を支えるようになっている．社会的な力を生み出す源泉を新たにすることがなければ，孤化が進む社会が到来する危険性から農村社会もまた逃れることはできないであろう．

　したがって農村計画においては，社会的な力を増大させるような帰結を生むような，計画の立案と実施のプロセスが組み込まれることになる．それは農村計画の担い手に①多様化と②協働関係の構築とを求めることにつながっていく．

　本書で取り上げているように，新しいタイプの組織がこれまでの担い手と協働して，地域づくりに成果をあげている．NPOに代表されるような非営利・非政府組織というのは，個々の人々の力を社会につないでいく経路としての役割を果たしていることに大きな特徴があるが，社会的な力の増大にはこうした特性をもつ組織を欠かすことができない．仮に政府・自治体の財政状態が豊かであったとしても，非営利・非政府組織の参加と役割が必要と理解すべきである．

1.2 社会的企業による課題解決へ

　農村と生活の維持には，営利性に乏しい事業，市場的な付加価値を直接には生み出さない事業も必要になってくる．これまで日本の農村では，地方自治体だけでなく，農林業従事者，農業協同組合や森林組合，各種事業者・企業，地域金融機関，そして地域コミュニティや家族など，さまざまな担い手がそのような事業を何らかの形で担ってきた．

　こうした事業の新しい担い手として，EU加盟国を中心に注目を集めているのが，社

会的企業[1]である．ヨーロッパでの社会的企業の議論は，NPO と協同組合との交錯する領域で活躍する事業体として位置どりされている．

社会やコミュニティに必要とされているが，①政府や市場を通じてでは十全に流通しない財やサービスを供給すること，②ジェンダー，人種，宗教，言語，教育，障がい，長期失業などを理由とした社会からの疎外を被っている人々，あるいは困難な地域条件を抱えている地域の人々が就労できるような取り組みをしていること，この①と②の双方あるいは片方にマッチする事業体を社会的企業と呼ぶという提示の方が，定義を論ずるよりも理解しやすいであろう．

社会的な使命や責任を有する財の生産やサービスの供給を営利企業とは異なる組織運営方針によって実施する事業体として，企業的指向，社会的目的，社会的所有形態の3つの基本的特徴をもつものとして，ヨーロッパでは議論されている．企業の形としては，事業型の NPO というよりも，協同組合や会社組織に近い事業体が多い．

ヨーロッパでの議論を社会的企業への非営利組織側からのアプローチと考えれば，営利組織側からのアプローチもあると筆者は考えている．営利組織と非営利組織の交錯する領域で活躍する事業体としての位置どりである．

大都会の繁盛する巨大ショッピングモールにある食料品店と，中山間地域にあって近隣で唯一の存在である食料品店とでは，たとえ同じ商品を扱っていたとしても，地域におけるその食料品店の存在は，前者がより市場的な性格を有しており，後者がより社会的で公共財的な性格を有している．過疎化が進んだ農山村では，代替の店へのアクセシビリティの保証が誰にとっても平等というわけにはいかないので，地域の人々の生存にとって不可欠な財やサービスの供給を行う営利組織側からのアプローチは，むしろ農村においてより重要であるということができよう．

社会的企業というのは特定の法人形態と理解するのではなく，事業のあり方と考えれば，日本の農村におけるさまざまな事業組織が社会的企業の側面を広げていくという展望もみえてくる．

---

1) 社会的企業論については，概要は拙稿「社会的企業について議論する」（柏雅之・白石克孝・重藤さわ子『地域の生存と社会的企業—イギリスと日本との比較をとおして』公人の友社，2007 年所収）を参照．基本論文として，Carlo Borzaga and Jacques Defourny (eds.) (2001) *The Emergence of Social Enterprise*, Routledge（邦訳 内山哲朗，石塚秀雄，柳沢敏勝訳『社会的企業：雇用・福祉のサードセクター』日本経済評論社，2004）の中の「緒言」と，谷本寛治「ソーシャルエンタープライズ（社会的企業）の台頭」（谷本寛治編著『ソーシャル・エンタープライズ—社会的企業の台頭』中央経済社，2006 所収）とをあげておく．

1.3 農村計画における中間支援組織への役割期待

アメリカでの，NPO を支える仕組みのひとつとしての中間支援組織（これ自体が NPO でもある）という考え方は，日本では「○○ NPO センター」とか，「△△市民活動支援センター」といった呼称で，NPO や市民活動を支えるサポート組織といった形で展開している．アメリカでは特定の専門分野の支援を担うことが多いのであるが，日本では地域における協働の結節点や担い手となることが多いと思われる．「民設民営」よりも，「公設公営」「公設民営」と呼ばれるような設置形態が多いのも日本の特徴である．

協働という課題解決のアプローチは，日本においては行政と NPO の 2 者間協働として受けとめられる傾向がある．実際には，めざましい成果をあげている事例においては，行政，NPO，事業者，コミュニティ組織が多様に参加するような多者協働型の協働が展開している．中山間地の抱える困難の複合性と深刻さを考えれば，多者協働型アプローチは中山間地再生には欠かすことができない．

NPO が主導する多者協議型の協働は，行政がもっている「タテ割り」の弊害を現場のチームワークで乗り越えるという大きなメリットを生みだす．そしてまた，NPO が人々の参加・関与と地域再生とをうまく結びつけることができれば，その成果はさまざまな人々や組織体に増殖的に波及し，地域の社会な力は増大していく．

しかしながら，人々の参加と地域の事業とを単一の組織で両立させることは決して簡単なことではない．そこでひとつの理念型として考えられるのが，課題解決・雇用創出型の社会的企業が起業して地域の事業を担い[2]，中間支援組織が多者協議型協働の結節点として，行政や事業者や NPO さらには地域コミュニティを含む人々の参加を促進していくあり方である．

こうしたイメージの方向で，担い手の多様化と協働関係の構築が進んでいくならば，農村計画の立案と実施のプロセスそのものが，地域の社会的な力を生み出す源泉となることが期待できるようになるのである．

［白石克孝］

---

[2] NPO も社会的企業として事業活動を担うことができることはいうまでもないが，出資規定がないという法人としての特性がある．ヨーロッパの様に社会的企業のための法人格をつくることはできていないが，会社法の改正に伴って合同会社などの選択肢も出てきている．

2. 直接支払い政策の論理と展開

2.1 直接支払い政策の登場とその論理

西欧では1973年のイギリスの欧州共同体（EC）加盟を契機に，イギリスで戦中からの伝統を引き継ぐ丘陵地家畜補償金制度（HLCA）の流れが，ECの条件不利地域直接支払い政策として75年から共通農業政策（CAP）に引き継がれた（「山岳地，丘陵地及び特定の条件不利地域の農業に関する指令」）．その論拠は，最低限の人口維持と景観保全である．

その後，1980年代に入り農産物価格政策と国内農業保護政策の結果，ECでは大量の農産物過剰生産に悩み，同時にイギリスなどを筆頭に過度の集約化による硝酸態窒素などの農業環境問題が深刻化した．こうした中で，集約度の低下を誘導することで環境負荷軽減と過剰生産の緩和をねらった農業環境政策の嚆矢ともいえる環境直接支払い政策がイギリスで導入された．1987年のESA（Environment Sensitive Areas）事業である[1]．粗放化による収入減少に対して政府が一定の補償金を支払うという任意契約制度である．環境支払い政策はその後多様な展開を遂げ，EU農政の重要な部分を占めつつある．このように当初の直接支払制度は，条件不利地域の景観保全や環境負荷低減など，農業の経済外部性の是正を掲げた，納税者にも比較的理解しやすい制度であった．なお，農業では外部経済が存在するため，外部不経済に対する汚染者負担原則（PPP）による是正は従来適用してこなかった．

こうした直接支払い政策のあり方が大きく変わるのが，ガット・ウルグアイラウンド（UR）妥結（1993年）とWTO農業合意（1995）によって成立した新たな農産物貿易ルールに対応するためのEUの直接所得補償政策の登場によってである．新ルールでは市場を歪曲する価格支持や不足払いなどの政策が削減対象とされ，これらに依存してきた伝統的な農業者所得政策がとれなくなった．こうした中で先進各国は農政改革を迫られた．まずEU（当時EC）ではUR合意の前年に，価格支持から直接所得補償への移行が打ち出された（1992年マクシャリー改革）．他方，アメリカでも不足払い制度の廃止と固定直接支払制度の導入が1996年農業法でなされた．

EUでの直接所得補償は，従来からの価格政策と所得政策のカップリングを切り離す（デカップル）するための政策手段である．ここで，直接所得補償を行う論拠について説

---

[1] その淵源は，同国の野生動物・田園地域法（1981）による"Site of Special Scientific Interest（SSSI）"に求められる．

明する必要がある．価格支持撤退に伴うこの直接支払いの論拠は，上述のように，条件不利地域支払いや環境支払いに比べて論拠がわかりにくいからである．

当時のドイツの有力な農業経済学者であったタンゲルマン（S.Tangermann）は，「既存の農家が失うことになる価格補償金を補填するために公債（bond）を発行すべき」，あるいは「農家が失う金額を一時金の形で支払うべき」と説明した．長期にわたって施行されてきた CAP の価格支持制度を信じて農業に参入し，投資してきた農業者に対して，政策の激変を緩和させる意味もそこにはうかがえる．こうした中で，直接支払金の受給権は売買や貸借による取引可能性（tradability）の議論も登場し，これはその後，2003年 CAP 改革時に「単一支払制度（SPS）」に関する受給資格の権利移転に関する規則（理事会規則第 1782/2003）で公認されている．

もうひとつの論拠が多面的機能（multiple-functionality）の存在である．ここでは EU の農業環境政策の 2000 年代以降の動向をみておく．上述のように，従来農業の外部不経済は汚染者負担原則の適用を免れてきた．プレミアムとしての環境支払いによる粗放化誘導という「アメ」の手法がとられてきた．しかし，2003 年 CAP 改革で変化する．改革では直接支払いに関するクロス・コンプライアンスを強化した．すなわち EU 共通の直接支払いを受けようとする農業者に対して，法定管理要件（SMR）の遵守を求めるのみならず，「適正農業環境条件（Good Agricultural Environmental Condition: GAEC）」の遵守を要件化した．GAEC は，①土壌侵食に関する基準，②土壌有機物に関する基準，③土壌の物理性に関する基準，④生息地の劣化防止のための維持管理に関する基準などを各国の事情に合わせて策定される．GAEC を遵守しない場合，第 1 ピラーに属する交付金の削減や受給停止などのペナルティを受ける．従来の「アメ」に加えて「ムチ」の手法が導入され交付要件が厳しくなった．この汚染者負担原則にやや準ずる手法導入によって納税者への説明責任がより向上したといえる．

2.2　EU における直接支払い政策の展開（2003 年共通農政改革以降）
(1)　単一支払制度をめぐる「2 つの標準戦略」

EU の 2003 年共通農政改革以降の直接支払制度が農業構造等にもたらした影響をみていくことで，直接支払いの一筋縄ではいかない難しい側面がうかびあがる．改革の焦点は生産と直接支払いを完全に分断する「単一支払制度（Single Payment Scheme: SPS）」の導入であった．図1 に示されるように，加盟各国の思惑のもとで EU 内には「2 つの標準戦略」が生じた[2]．第 1 は，新システムがもたらすイノベーションに期待し，同制度が終了する 2012 年までに地域平準化支払い（area payment）の全面展開をめざす積極推進派のイングランド・ドイツ型である．第 2 は，生産とのカップル化を最大限残し，給付実績型（historical payment）への固執を示す現状維持派のフランス・スペイン・ポ

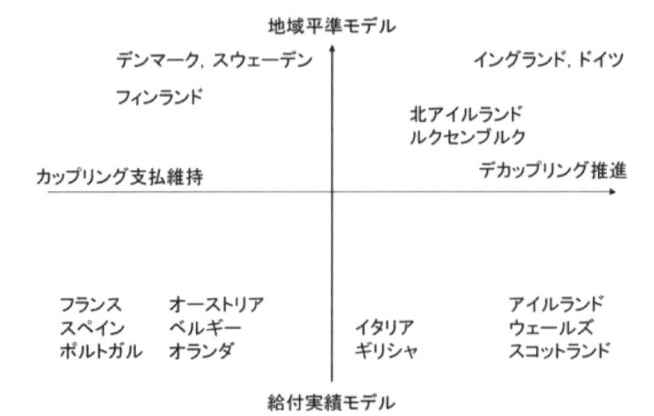

```
                        地域平準モデル
  デンマーク, スウェーデン  ↑     イングランド, ドイツ
  フィンランド                    北アイルランド
                                 ルクセンブルク
カップリング支払維持 ─────────────── デカップリング推進
                                              →
  フランス    オーストリア   イタリア    アイルランド
  スペイン    ベルギー      ギリシャ    ウェールズ
  ポルトガル  オランダ                  スコットランド
                        給付実績モデル
```

図1 単一支払制度導入へのEU加盟各国への対応（文献[2]より筆者作成）

ルトガル型である．本章では，完全デカップリングへと舵を切ったEU農政改革の実態を，デカップリング推進派で地域平準型の完成をめざすイングランドと，推進派ではあるが過去実績型を選択したスコットランドをケースにみていく[3]．

(2) イングランドSPSの借地農体制へのインパクト

イングランドは，当初は過去実績支払いのみだが，毎年その支給額は減額され，その分，地域支払い分が増額されていき，最終年の2012年には地域支払いが100％を占めるにいたる動態的混合型（dynamic hybrid）である．なお，受給権（entitlement）をもてるのは，①過去受給実績の申請（2000〜2002年の平均），②2005年5月時点で「農家」として「営農行為」をしていること（いずれもEU定義）である．さらに受給権を登録する農地が必要であり，これによって受給権は効力化（activate）され実際の受給が可能となる．2003年のSPS公告から2005年5月までに「権謀術数」が開始されイングランド農業に大きな歪みが生じたとされる[4]．①面積支払い化を考慮した従来の受給対象外農地の囲い込み，②2004年で契約終了農地の地主による貸し剥がし（地主の「農家」化），③「7年間借地契約」登場．③は，SPSの過去実績分は借地農に，面積支払い分は

---

2) Boinon, J. P., J.C.Kroll, D. Lepicier, A. Leseigneur and J. B. Viallon (2007), Enforcement of the 2003 CAP Reform in 5 countries of West European Union: Consequence on Land Rent and Land Market. *Agricultural Economy*, **53** (4), 173-183, 2007.

3) イングランドについては，柏 雅之 (2011)「単一支払制度（SPS）の受給権取引と農業構造の変化—EUの『先端』をゆくイングランドのケース—」堀口健治代表『農林水産業の権利取引がもたらす経済厚生および必要要件に関する理論的・実証的研究』（『権利取引の農林水産業への適用可能性に関する法経済学的視点からの分析』中間報告書），7-52.

地主に帰属するという考えが背景にあり，2013年からの面積支払い分は地代化させる契約である．

大きな衝撃は2003年以降，順調だった農地流動化が「凍結」したことである．「農業構造の凍結」である[5]．地主側にSPSは「年金」との理解が広まり，農地保有がその条件ならば農地は貸さないということである．こうした「凍結」下でコントラクト経営が増加してきた．大きな経営基盤（最低600 ha程度と推察）をもつ経営のみがとりうる代替的な拡大戦略とされる[6]．SPS下で地主は借地農を排除し受給権を確保し，受給条件となるGAECをコントラクターにゆだねる方式が定着しつつある．こうした中で，中小規模農家階層の淘汰加速が生じ，またコントラクト経営も安定的とはいえない状況下にある．また借地農のリタイヤ進行と新規参入の阻害も生じている．イングランドの伝統的借地農体制に転機がおとずれつつある．

(3) スコットランドSFP（Single Farm Payment）における不労非生産的農家の増加

EUではSPS受給権の権利取引（売買，貸借）が認められている（理事会規則第1782/2003号第6条）．スコットランドでは権利移動が進行したが，そこで大きな歪みが生じた．

スコットランドでは，地域平準化型にすると直接支払金受給に大きな地域的シフトが生ずること，また借地農重視の立場（同上型にすると受給権は土地に属し地主に属するとの議論を排除）から過去実績型を選択した．国内には600万haの農地のうち，受給権配分地は東部・南部の430万haであり，残りの170万haは基準年に補助対象外のジャガイモ，果樹などを栽培していたために受給権のない「裸の土地」である．イングランドとは異なり豊富な裸の土地の存在が受給権取引を引き起こした．受給権を購入等し，裸の土地を借地することで受給権を効力化しうるからである．2005～2010年の売り手総数は全農場の14％であり，2005～2007年は額面価格の3倍で取引されていた[7]．売り手の論理は，①引退・同予備軍の場合3倍で売却し農地・家畜等を売却，②農業への再投資の資金，③モジュレーション率の高まりによる受給額低下の可能性などがある．他方，買い手の論理は，額面の3倍で購入しても8年間経てば受給総額は購入価額の2.67倍になるからである．効力化に必要な裸の土地の借地料とGAECを満たすクロス・コンプライアンス遂行のコストはかかるが，それを差し引いても大きな差益を生むと考えられる．

---

4) 農業評価業者中央協会（The Central Association of Agricultural Valuers: CAAV）アナリストのJ. Moody氏からの聞き取り．
5) Moody, J. and W. Neville (2004), Mid Term Review, pp.43-57.
6) イングランド借地農協会のアナリストであるR. Marshall氏からの聞き取り．
7) Endicott, B. (2011) "Scottish Government Structure, RPID Structure and Governance, Scottish Agriculture, CAP Reform and Prospects for 2013", The Scottish Government.

こうして受給権購入による不労非生産的農家（slipper farmer）が登場した．

地域平準化型ではうまくいかないと考え過去実績型にしたが，不労非生産的農家増加によってその欠陥が露呈した．2013 年からの新たな制度設計のためにスコットランド政府は「パック調査報告（Pack Inquire）」を 2010 年 10 月に公開した．そこでは，不労非生産的農家の排除と，非生産的農地を「活動的農家（Active Farmer）」によってスコットランド農業を生産的にして生産力増強を図ることがその主題である．

以上，イングランドとスコットランドのケースをみてきたが，WTO ルールに順応した生産から完全に切り離された直接支払い政策（完全デカップリング）の施行は想定外の副作用をもたらすことがわかった．人工的な当該制度の設計にあたっては試行錯誤が要求され，また行政取引コストも大きいことも指摘される．

2.3 日本の中山間地域等直接支払制度の意義と限界

日本農政はガット・ウルグアイラウンドが妥結する前年の 1992 年に「新政策」を打ち出した．そこではじめて中山間地域に対する直接支払いの可能性が掲げられた．その後，日本の零細な水田農業において，西欧の条件不利地域のように大面積を少数の農業者が担うなかにおいて所得補償として機能する方式が，果たして適用可能なのかという点で混迷は続いた．ようやく 1999 年に農水省は素案をまとめ有識者からなる検討会を立ち上げ本格的な議論が開始され，翌 2000 年に「中山間地域等直接支払制度」が成立した．西欧と同じく，その論拠は経済外部性に求められた．そこでは上述の問題点を，協定に基づく集落ぐるみでの地域資源管理，および個人の受給額の 5 割以上を集落での共同取組活動に計画的に使用するなどの手法を適用して解決しようとした．

集落協定策定や共同取組活動などをとおしてソーシャル・キャピタルが形成されるなどその効果は小さくない．しかし，高齢化・人口激減という状況下で将来にわたって営農や農地管理を可能とする担い手システムの形成は容易ではない．本制度は一定程度の労働可能な人口数と集落機能の存在を前提として機能しうる．しかし，その前提が危うくなりつつある．1〜複数集落あるいは旧村レベルなど，ある程度広域なエリアを舞台に土地利用型農業の基幹作業部分は最低維持しうる地域経営法人のような「堡塁」を構築することが望まれる．そこではすぐれた経営管理機能を発揮しうる人材を擁し，きちんと所得を確保しうる仕組みが必要である．そのためには直接支払金の戦略的運用や，公民連携システムの構築が重要となる[8]．　　　　　　　　　　　　　　　　　　　　　　　　　［柏　雅之］

---

[8] こうした点に関しては，柏　雅之（2011）「条件不利地域直接支払政策と農業再建の論理―堡塁としての社会的企業と新たな公民連携システム―」『農業法研究』46 号を参照．

3. 農商工連携(6次産業化)による内発的経済発展

3.1 農商工連携を推進する3つの法律

2008（平成20）年7月，農林水産省と経済産業省がはじめて本格的に連携した取り組みである農商工連携促進法が施行された．農商工連携的な取り組みは従来から多くあったが，この法律の施行を契機に「農商工連携」という言葉は広く使われるようになった．農商工連携とは，端的にいえば，農林水産業者と商工業を営む中小事業者が一歩踏み込んだ連携・協力を行うことによって，新商品，新サービスを開発・販売し，両者が売り上げを増やし，雇用を増やし，地域経済を発展させる試みである．政府は補助金，融資，信用保証の特例などさまざまな方策でこの試みを支援する．

次に2009年12月，「農地法」が大改正された．従来，農地は耕作者自身が保有するものとされてきた．これを，農地は地域資源であり適正・効率的な利用が図られるべきと，画期的な転換をしたのである．企業が農業に参入する際の障壁がかなり低くなった．

そして2010年11月，農山漁村の6次産業化法（通称）が全会一致で成立した．農林漁業(1次産業)×加工業(2次産業)×流通業(3次産業) が連携して新しい事業に取り組むことで，3産業のかけ算も足し算も6なので「6次産業化」という．6次産業化法の内容はおおざっぱにいうと，農商工連携促進法に木質資源などのバイオマス利用促進，直売所支援，地産地消促進が加わったものである．

これら3つの新たな制度的枠組みは相互に連携，補完して，地域の農林漁業を中核とする地域経済の発展に大きな可能性を拓きつつある．

3.2 農商工連携の事例分析

(1) 商品開発の全体的傾向

2010（平成22）年3月末までに全国で370件の農商工連携計画が認定された．このうち農・畜産物の加工品開発が259件と全体の7割以上を占め，水産加工（49件，13％），林業関連（17件，5％），IT技術の導入（17件，5％），新たなサービス（レストラン，体験農業等）の開発（15件，4％）に比べると大変多くなっている．直販所，農家レストラン，体験農業などのサービスの開発は，農商工連携の制度制定時に期待された分野であるが，実際に認定された計画事例はきわめて少ない．

農作物の商品開発を俯瞰すると，いくつかの典型的な商品開発のグループがあることがわかる．①野菜加工品，②酒類，③スウィーツ，④高機能食品の4つである．このうち野菜加工品が圧倒的に多いのは，加工することによって鮮度劣化を防ぎ，生鮮食品よ

り保存，輸送しやすくなること，出荷期間が平準化され値崩れが防げることなどの理由があるが，何よりも2〜3割あるといわれる規格外品を加工することによって，これまで捨てていたものを有効に活用できることが大きい．また，肉製品，水産物加工に比べると野菜の加工施設は規模も小さいため，比較的手軽に始めることができる．

酒類は米，麦，ブドウばかりでなく他の果実からもできる．開発の主体は地域の日本酒の蔵元が多い．その土地で栽培される酒米を使ってプレミア日本酒を開発している蔵元が，リキュール免許を取得して果物のリキュール酒を開発している事例が酒類全体の7割以上を占める．日本酒の消費量がこの20年間に約6割減となり，リキュールの消費量が40倍以上に増えている情勢を反映している．

(2) 農商工連携の具体的事例

「(株)ビオファームまつき」の松木一浩氏は，静岡県の富士山麓に点在する23ヵ所3.7haの畑で有機農業で野菜を生産し，それを素材にした加工品，デリ（惣菜）ショップ，フレンチレストランを展開するなど典型的な農商工連携，6次産業化ビジネスを展開している．

松木氏は日本の3つ星レストランの総給仕長から1999年に農業参入した．農薬や化学肥料は使わず，約80品目を少量作っている．手間がかかる，有機野菜の多品種少量生産は機械化に向かない，というデメリットがあるが，自給が可能，リスクが小さい，売り上げが安定する，というメリットがそれを補って余りある．

販路の開拓は野菜の宅配から始め，これで経営を軌道に乗せると2007年，野菜中心の惣菜と軽食を提供する「ビオデリ」を富士宮市内にオープンさせた．ここで規格外野菜を有効利用し，消費者の直接の声を聞くアンテナショップの機能をもたせた．さらに2009年，フレンチレストラン「ビオス」を開設し，畑で穫れたての野菜を提供している．有機野菜の加工食品で農商工連携の認定を受けた「(株)ビオファームまつき」は，特に商品開発・販路開拓を担当する商工業者として認定されたのである．

3.3 農商工連携事業計画認定の実務

国からの支援を得るために，農商工連携事業計画の認定を受けるには，連携する「農林漁業者」（農業，林業または漁業を営む個人，法人）と「中小企業者」（業種分類ごとに定められた資本金または従業員数の要件を満たす個人，法人．たとえば製造業では資本金3億円以下，従業員数300人以下）の代表者が事務所の所在地を所管する経済産業局または農政局に事業申請書，その他の書類を提出する必要がある．認定基準は以下の4つである．

①農林漁業者と中小企業者が通常の取引を超えて「有機的連携」をすること，
②お互いの「経営資源」を有効に活用すること，

③「新商品・新サービスの開発等」を行う事業であること（すでに売り上げがあると新商品とはみなされない．原価計算，アンケート調査が必要となるので認定時には試作品ができている必要がある），

④農林漁業者と中小企業者の「経営の改善」が実現すること．

3.4 農商工連携の補助金

典型的な3つの補助金を紹介する．これ以外のものについては農水省・経産省のリーフレット「農商工連携施策利用ガイドブック」を参照されたい．

①事業化・市場化支援事業（経産省，2/3補助）：試作品開発，市場調査，展示会出展，専門家派遣，セミナー開催などの支援補助金限度額2500万円．ただし技術開発を伴う場合は上限3000万円．

②農商工連携促進施設整備支援事業（農水省，1/2補助）：食品加工施設，設備など農商工連携に必要なハードに対する補助金．

③農業主導型6次産業化整備事業（農水省，1/2補助）：野菜加工施設，直売所，農家レストランなど6次産業化に必要な施設・設備に対する補助金．

3.5 農商工連携（6次産業化）の可能性

農業では農業「生産」だけが注目され，議論されてきたが，収益を上げ，雇用を確保するためには，農商工連携（6次産業化）の視点から，1次産品の「加工」「流通」を組み入れた議論が不可欠である．全国どこの村にもある産業は農林漁業である．農林漁業者，加工業者，流通関係者が一体となって地域経済を発展させる取り組みが全国いたるところで始まろうとしている．　　　　　　　　　　　　　　　　　　　　　　　　［大塚洋一郎］

---

4. 農村地域における資源循環システムの形成

4.1 資源循環地域システム形成の必要性

現在，温暖化対策は，バイオマスをはじめとする多様な資源を対象に地球レベルから企業や家庭レベルにいたるまで，さまざまな規模で実施されつつある[1]．特に地域に存在する資源を活用した地域レベルでの新しい社会システムの構築は，温暖化対策のみならず，地球規模での食料危機やエネルギー危機を，地域経済の活性化の中で解決できる

---

1) 柏木孝夫：21世紀のリサイクル論．再生と利用，**25** (2)，2002

ことから，期待が高まっている．しかし，トータルコストや地域内事業連携などを十分に考慮していないことから[2~5]，問題解決には十分にいたっていない現状にある．

ここでは，地域における資源循環地域システムの構築について，いくつかの事例分析をふまえて，課題と展望を明らかにしよう．

4.2 資源循環地域システム構築の事例検討

地域内の資源循環システムの構築によって地域内の課題を解決している事例の分析結果によれば，資源循環地域システムには，比較的単純な系と比較的複雑な系の2つの形態があると考えられる．

(1) 家畜屎尿を活用した資源循環地域システム（単純系）

① 家畜屎尿を活用した資源循環地域システムが必要とされる背景

戦後，日本の農業は省力化，大規模化が進められた．畜産農家においては多頭化が進んで，大量の家畜ふん尿の処理が困難となり，地下水汚染や土壌の富栄養化が発生している．また，水田や畑を耕作する耕種農家においては，かつて主流であった人間や家畜の屎尿などから作った堆肥の施用に代わって，扱いやすく即効性の高い化学肥料の利用が一般的になった．この結果，土壌中の肥料成分の過剰蓄積や有機物の減少による地力の低下などの問題が発生している．こうした問題の解決には，地域内での資源循環が新たな形で再生されることが求められているのである．

② 家畜屎尿を活用した資源循環地域システムの構成

家畜屎尿を活用した資源循環地域システムは，物質の流れの順に原料搬入部門，堆肥生産部門，堆肥販売・農地施用部門，そしてこれら全体を統括する管理・調整部門によって構成される，「単純系」と考えることができる（図1）．

このシステムは，家畜屎尿の処理が主たる課題で，この課題解決を出発点に，家畜屎尿を原料にして生産された堆肥を利用する農家が加わって，ひとつの流れとして地域要素間の関係性を再構築した資源循環地域システムである．この単純系は，地域に存在するひとつの主要な課題を地域の関係者で解決する場合の形態であり，この地域システムの整備に大きな費用負担が伴う場合には，行政等の支援によって実施される．

---

2) 小林久ほか：農村地域から排出する有機性廃棄物の農地還元に関する経済分析．環境情報科学論文集，**9**, 115-120, 1995
3) 坂本宏：循環型社会構築に向けた技術の展望．日本エネルギー学会誌，**78** (9), 743-748, 1999
4) 合崎英男：堆肥化施設整備のための耕種農家の堆肥需要予測手法．農業土木学会論文集，**226**, 15-23, 2003
5) 内藤正明，楠部孝誠：わが国における有機物循環の現状とシステム形成の課題．廃棄物学会誌，**11** (5), 324-331, 2000

4. 農村地域における資源循環システムの形成

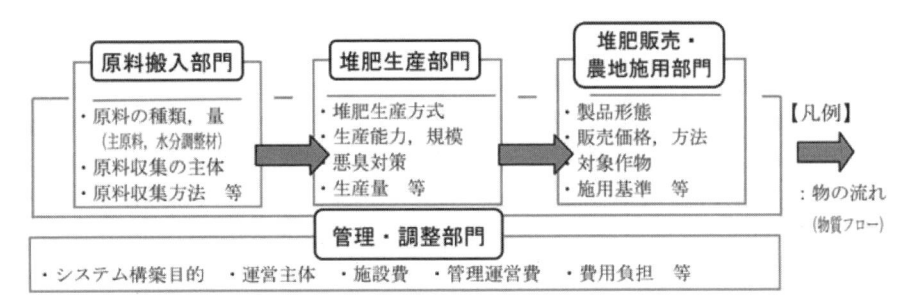

```
┌─────────────────┐    ┌─────────────────┐    ┌─────────────────┐
│  原料搬入部門    │ →  │  堆肥生産部門    │ →  │  堆肥販売・      │
│                 │    │                 │    │  農地施用部門    │
│・原料の種類，量  │    │・堆肥生産方式    │    │・製品形態        │     【凡例】
│ (主原料，水分調整材)│ │・生産能力，規模  │    │・販売価格，方法  │  →
│・原料収集の主体  │    │・悪臭対策        │    │・対象作物        │
│・原料収集方法 等 │    │・生産量 等       │    │・施用基準 等     │   : 物の流れ
└─────────────────┘    └─────────────────┘    └─────────────────┘    (物質フロー)
          ┌─────────────────────────────────────────┐
          │            管理・調整部門                │
          │・システム構築目的 ・運営主体 ・施設費 ・管理運営費 ・費用負担 等│
          └─────────────────────────────────────────┘
```

図 1 家畜屎尿を活用した資源循環地域システムの関係構成[6]

(2) 廃食油を活用した資源循環地域システム（複雑系）
① 廃食油を活用した資源循環地域システムが必要とされる背景

複雑系の事例として，現在，全国で多くの導入実績のある「菜の花プロジェクト」があげられる．その中でも，滋賀県東近江市（旧愛東町）の「菜の花プロジェクト」は，成功事例の1つである．この「菜の花プロジェクト」の背景として，われわれの豊かさの追求による，河川・地下水の水質悪化などのさまざまな環境問題（特に廃食油の流入が琵琶湖の水質汚染の1つの要因となっている）が根底にあった．この背景を受け，「自分の住む地域の環境を自らの手でなんとかしよう」という意識が徐々に出はじめ，廃食油を回収して環境への負荷の小さな粉石けんづくりが始まった．ところが，環境問題の原因は複雑であり，解決のためには地域に住む人たちが，自らのライフスタイルを見直す必要もあるという課題が明らかとなり，現在の複雑な形となった．

今日の多くの環境問題を抜本的に見直すためには，「大量生産・大量消費・大量廃棄」型の経済社会から脱却し，生産から流通，消費，廃棄にいたるまで，物質の効率的な利用やリサイクルを進めることが求められているのである．

② 廃食油を活用した資源循環地域システムの構成

廃食油を活用した資源循環地域システムは，ものの流れ（物質フロー）では，廃食油回収（図2F），処理部門（同H, G），利用（同I）と一見単純のようであるが，廃食油を回収するための仕組み，その意識啓発，わかりやすい利用形態などを構成としてもち，さらに，個々の行動グループに複数の主体が関係しているという複雑な形態である．このシステムで重要な点は，廃食油が，環境を汚染するという主たる直接的な原因ではなく，また菜の花が水環境を直接浄化するものでもないが，地域の多くの人が関与し，環

---

6) 上條雄喜：農村地域における有機物堆肥化システムに関する研究．東京農工大学博士論文，p.11-17, 1999 をもとに作成

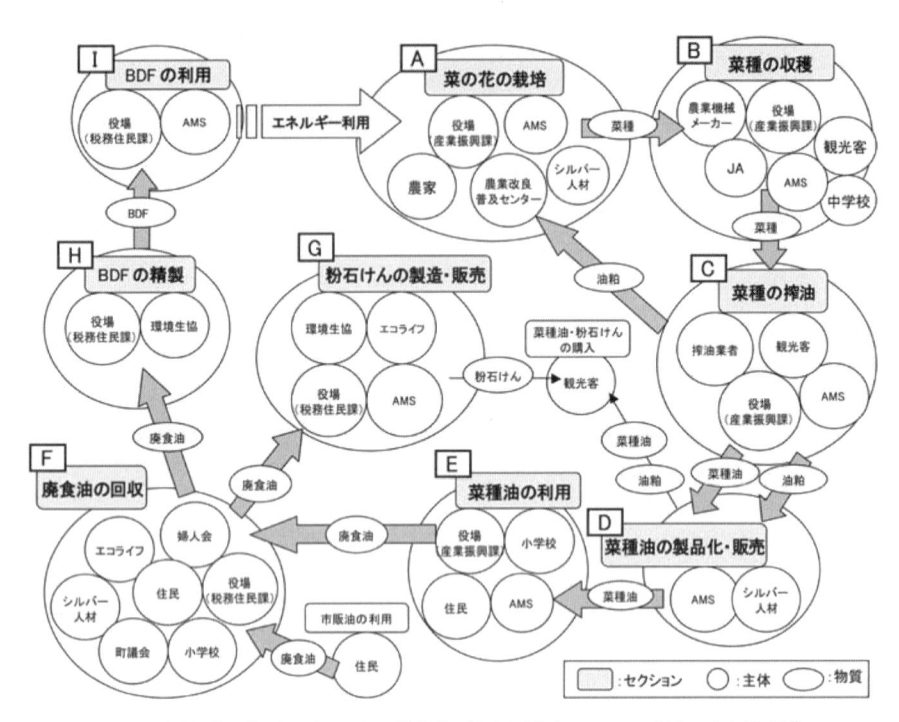

図2 愛東町菜の花プロジェクトの関係者の見取り図（ヒアリング調査により作成）[7]

境保全，ごみの減量化そして地域の環境美化などに大きく寄与していることである．これは，菜の花をイメージの中心に置き，食用油の製造から消費，そして，その廃食油のリサイクルの一連の流れを，住民にわかりやすいシステムとして構築していることが大きな要因である．さらに，図2は物質の流れと関係者を示しているが，この主要なところに特定の団体（環境生協）が関与していることがわかる．すなわち，環境生協が，地域の関係する人たちを結びつける社会的企業ないし中間支援組織の役割を担っているのである．この団体を中心にして地域の関係性を整理すると図3の通りで，地域の関係者間に明確な関係性が存在していた．すなわち，環境生協が単なる「仲間」ではなく，関係者の各々の思惑をひとつに束ねる位置関係のなかで存在しているのである．

---

7) 日高正人・中島正裕・千賀裕太郎：ダイナミカルシステム理論による循環型地域システムの構造把握手法の開発—菜の花プロジェクトを事例として．農村計画論文集，**6**，127-132，2004，および，中島正裕・千賀裕太郎・日高正人：循環型社会の実現に向けたNPO主導による「協働」に関する研究—広島県大朝町「菜の花ECOプロジェクト」を事例として．環境情報科学論文集，**1818**，61-67，2004の図を加筆修正

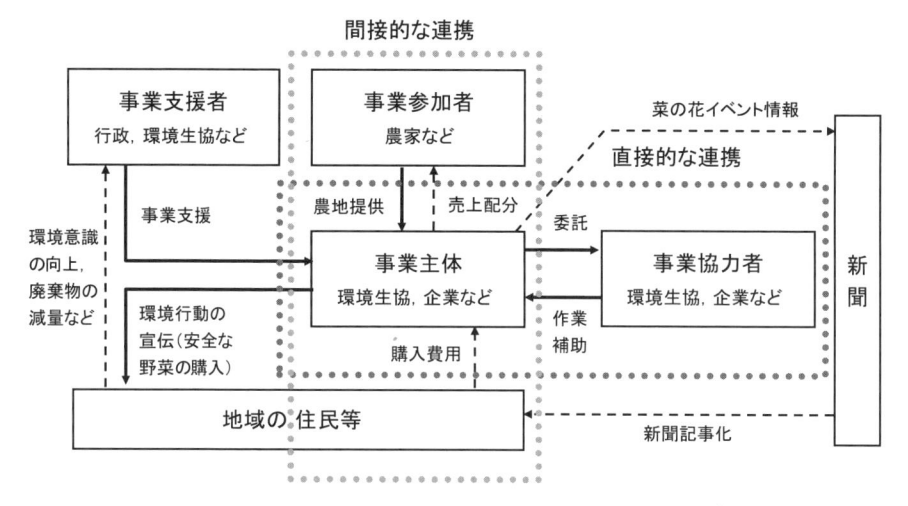

図3 廃食油を活用した資源循環地域システムの関係者間の構造[8]

4.3 がんばれ農村

現代の問題は，単に地域の資源を活用する施設を導入すれば解決できるのではなく，地域に資源を「活かす人材」を育て，そして，「共に生きる」ことができる環境をそろえることが重要である．たとえば，前述の家畜ふん尿の資源循環地域システムにおいては，地域に存在する家畜ふん尿など有機物の供給可能量と，地域の耕地面積から計算される堆肥の施用可能量とのバランス（有機物需給基本バランス）が，「共に生きる」ことが可能な事業の大きさを決定している．

そして，その時の地域のシステムには，何をどのように解決するかで，単純系と複雑系があることを知っておくことが重要である．たとえば，前述の旧愛東町の菜の花プロジェクトのように，すでに地域の中で，地域のためのさまざまな取り組みがなされている場合，これらの取り組みを有機的に結びつけることが有効である．このような地域レベルの取り組みにこそ，農村の新しい存在意義が存在している．すなわち，豊かな自然と地域の歴史・文化，技術や人材などの地域資源を把握し，最大限活用することにより，地域の活性化，絆の再生を図り，「分散自立型・地産地消型社会」，「地域の自給力と創富力を高める地域主権型社会」への転換を目指すことができるのである．

最後に，資源循環地域システムは，季節変動，長期的な運営など解決すべき課題も多

---

8) 日高正人ほか：企業経営指標による循環型地域システムの実態解明―滋賀県愛東町「あいとうイエロー菜の花エコプロジェクト」を事例として. 環境情報科学論文集, 18, 67-72, 2004 の図を修正

い，しかし，この不確定要素は，地域の連携でリスクを分散し解決できるものである．そのため，資源循環社会システムを構築する際には，物質としてのフローを地域内の関係者間の連携により再構築するとともに，①「安全」と「安心」の追求，②「持続」と「独創」の確立のための戦略，③「地域還元」と「自立」のための仕組みなど全体のバランスを十分に吟味して導入する必要がある．

[日高正人・上條雄喜]

5. 水と地域と農の連携―農業用排水システムの社会的機能

5.1 はじめに

わが国の農業用の用・排水路の総延長は約40万kmに及び，このうち基幹水路（末端面積100 ha以上）は約4万kmである．水路などの水利施設の総資産額は再建設費で見積もると約25兆円に上るといわれる．こうしたわが国の農業用の用・排水システムは，山村・農村・都市域を包含した流域的水循環の形成に大きく貢献している．近年，農業用水が地域の環境資源としてその位置づけを高めるにつれ，地域住民の参加による新たな農業用水管理の動きが各地でみられるようになった[1]．ここでは，住民参加のもとに農地・水・生物資源を活用した農村環境の再生と地域連携とのかかわりについて考える．

5.2 農村資源を活用した環境再生と地域づくり

(1) 名水・箱島湧水が支える農村漁業と観光資源

日量3万m^3の湧出量を誇る群馬県東吾妻町の名水・箱島湧水は吾妻川の支流鳴沢川の水源となり，水田灌漑用水，水道用水，鱒の養魚用水，ホタル保護用水などといった多目的利用がなされている．1954年に群馬県水産試験場が箱島湧水を引水して箱島地区内に養鱒センターを開設してから，各農家では水田の周辺や宅地内に養魚池をつくりニジマスを飼育するようになった．養魚池には鳴沢川から取水する農業用水が注水された．1965年頃には冷凍ニジマスとして欧米に輸出され，農家にとっては大きな収入源であった．そこで，箱島地区の水田農家では鱒の養殖に影響が生じないように極力農薬の使用量を少なくするように努力を払ってきた．

箱島地区での住民による環境整備活動は，箱島湧水が1985年に名水百選に選定されたのを契機として始まった．活動主体はこの当時相次いで設立された「箱島ホタル保護の

---

1) 中村好男：住民による農業用水の環境再生と地域の活性化―農業用水を地域で守り活かす―. 耕, **103**, 36-44, 2004

会」と「名水とホタルの会」で，地区内にホタル保護地を設け，管理に当たった．一方，箱島湧水を利用している養鱒場では1日おきの給餌を心がけるとともに，鱒の糞や餌の残りなどを沈殿させる水槽を設置するなど，水質保全への配慮がなされている．このような活動によって箱島地区は，いちやく北関東有数のホタルの観光地として脚光を浴びるようになった．ゲンジボタルやヘイケボタルの発生期間中は，毎週金曜日から日曜日の間に東京都，千葉県，埼玉県，神奈川県などの首都圏域から3000～4000名もの人々が来訪する．

(2) 広域水路網を活用した農村生態系の復元と町おこし

神奈川県西部を流れる酒匂川流域の足柄平野では広域的な反復利用にもとづく用排水システムが形成され，集落内を水路網が張りめぐらされている（図1）．水路には年間を通して農業用水が通水されているために，灌漑用水に加えて集落の防災，環境，修景，生物保全などの地域用水機能が充実している．開成町岡野地区では圃場整備事業によって用排水分離が進み，コンクリート水路となってから地域固有の生態系に影響が生じた．そこで，集落の自治会や農家個人が主導して農村公園や集落内の水路を利用してカワニナやホタルの幼虫が生息できるような環境整備を行った．ホタル水路と呼ばれる水路には安定した農業用水が流れ，土水路の中でホタルの繁殖復元が図られている．さらに，町内の17 ha の圃場整備地区の農道には5000株のあじさいが植栽され，水路のせせらぎや水田と融合した豊かな水と緑の田園空間を醸し出している．毎年6月中旬に行われるあじさい祭りには県内外から20万人もの多くの来場者があり，流域内の農産物の直売が活況を呈すなど町おこしに多大な貢献をしている．

(3) 首都圏からの堰浚いボランティア交流

福島県喜多方市の飯豊山麓の棚田を潤す本木上堰（用水路）は1747（寛保7）年に会

図1　開成町を流れる農業用水路

津藩によって開削された. 近年, 減反や過疎化, 高齢化などの進行に伴い水路の管理放棄が進み, 水路崩壊による農地災害の危険性が増した. そこで, 重労働を伴う春の堰浚い作業にボランティアを募集するという, 東京からの移住者による提案が2000年4月の本木上堰水利組合の通常総会で検討された. この企画は2004年までは本木上堰水利組合が活動の推進母体となってきたが, 同年に「本木・早稲谷堰と里山を守る会」を発足させ活動を引き継いだ. 水利組合という組織体制のもとでは制約を受けざるをえないさまざまな活動を可能にし, さらに本木上堰の受益者以外の地域住民の参加を広く呼びかけていくことが背景にあった. 2008年に首都圏域からの堰浚いボランティア参加者が水利組合員の1.5倍になり, 流域を越えた地域連携が定着した. 本木上堰を取り巻く自然の美しさに参加者は感嘆し, 感動することを目の当たりにして, 地元住民も次第にその価値を認識し始めており, ここに地域連携の効果を見出すことができる[2].

5.3 まとめ

農村にある豊かな農地や水, 生物資源などを活用した地域づくりについて紹介した. 地域づくりを通して地域固有の資源の価値が新たに見出され, その価値をさらに高めるために住民交流による持続的な地域連携が進められ, 活力ある農村づくりに貢献している.

[中村好男]

6. 赤とんぼの舞う水田景観の復活

6.1 水田の風景を構成する赤とんぼ

童謡「赤とんぼ」がつねに日本人の愛唱歌の上位となることが示すように, 赤とんぼは, 日本人にとって最も親しい動物のひとつであり, 特別な虫である. 秋の夕やけに照らされて舞う赤とんぼの群れは, 日本人の心の原風景といえる.

秋の夕暮れを彩る赤とんぼは, アキアカネであり, 水田と深く結びついた"とんぼ"の1種である. アキアカネの幼虫は, 梅雨のころに水田から羽化する. 羽化した成虫は1000 m以上の高地へ移動し, 夏の間を高地で過ごす. 秋になると再び平地に戻り, 稲刈りあとの水田の水たまりで産卵する. 水田に産みつけられた卵は, そのまま冬を越す. そして, 春の水田への入水とともに卵から幼虫が孵化し, およそ2ヵ月の間に急速な成

---

2) 大友 治：福島県会津地方本木上堰における堰浚いボランティア活動と中山間地水路の保全. 水利報, 21, 44-54, 2009

長をとげ，梅雨の羽化にいたる．アキアカネは，産卵から羽化までのおよそ9ヵ月もの間，水田に滞在するトンボである．

アキアカネがありふれたトンボとなったのは，水田耕作の開始とほぼ同時期と考えられている．稲作が始まる以前は，現在水田を利用している多くの生物がそうであったように，河川の氾濫原にできた湿地などに生息していたと思われる．それは，非常に不安定な一時的水域を繁殖場所，成育場所とする生物がもつ生活史戦略を，アキアカネが備えていることから想像できる．つまりアキアカネは，アカトンボ類の中でも際立って小卵多産型であり[1]，卵の孵化速度が水温上昇とともに速くなり[2]，幼虫の成長速度が速い[3]，という生態的特徴がある．

一般には，環境変動が大きく，その予測性が低い条件では，生存率は卵の大きさに関係しない．すなわち，その後の生存率が偶然に支配されるような環境を利用する種は，小さな卵を多く産むことで多数の子孫を残す戦略をとる[4]．ところが，不安定な水域であった一時的水域が人為的に制御された水田に変わったことで，アキアカネは理想的な生息場所（毎年の決まった時期に一定期間干上がることなく湛水され，水温が高く維持され，しかも天敵が少ない）を得ることができた．水田が，アキアカネを非常に数の多いありふれたトンボにしたのである[5]．

6.2 ありふれた風景の喪失

ところが，赤とんぼの舞う風景は過去のものとなりつつある．上田（2008）が行った調査によれば，全国的にアキアカネの減少が著しい[6]．アキアカネの減少要因は，水田環境の変化と関係があり，複合的であると考えられる．しかし，近年の急激な個体数の減少は，育苗箱に施用する農薬の影響と指摘されている[7]．育苗箱に施用する農薬とは，浸透移行性農薬と呼ばれる殺虫剤である．この農薬は稲体に成分を吸収させ害虫の食害

---

1) 水田國康：アカトンボ属の産卵戦略．インセクタリウム，15, 104-109, 1978
2) Jinguji, H., Tsuyuzaki, H. and Uéda, T.: Effects of temperature and light on the hatching of overwintering eggs in three Japanese Sympetrum species. *Paddy Water Environ*, 8 (4), 385-391, 2010
3) 神宮字 寛，露崎 浩：一定条件下でのアキアカネ，ナツアカネ，ノシメトンボ幼虫の齢と成長．*TOMBO, Matsumoto*, 51, 38-42, 2008
4) Pianka, E. R.: On r- and k-selection. *American Naturalist*, 104, 592-597, 1970
5) 上田哲行：アキアカネにおける「虫」から「風景」への転換．トンボと自然感（上田哲行編），p.3-20, 京都大学出版会，2004
6) 上田哲行：赤とんぼネットワーク会員によるアカトンボセンサス2007（速報）．*SYMNET*, 10, 3-9, 2008b
7) 新井 裕：赤とんぼの謎，p.148-150, どうぶつ社，2007

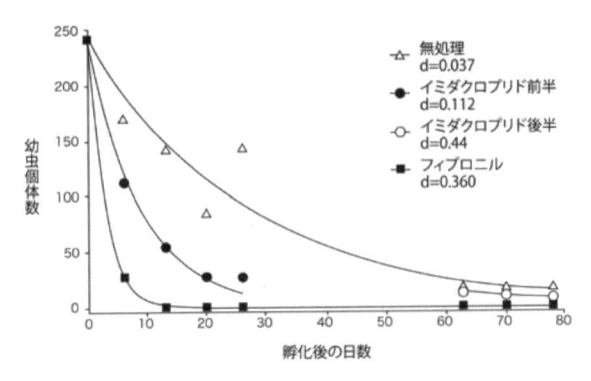

図1 イミダクロプリドとフィプロニルを施用した水田(ライシメータ)のアキアカネ幼虫個体数の変化[8] 曲線は, アキアカネ幼虫の生存曲線を表し, d は幼虫の死亡率を示している.

を防ぐことを目的とし, 分解速度が速い. したがって, 環境負荷が少ない薬剤として注目されている. また, 従来の農薬に比べて, 農業者の人体への曝露影響が少ない.

ライシメータ(水田を再現した土壌槽)や水田を用いた生態毒性評価実験では, イミダクロプリドやフィプロニルを成分とする浸透移行性農薬は, アキアカネ幼虫に強い毒性をもつことが明らかとなった[8,9]. アキアカネの幼虫の死亡率は, フィプロニル区およびイミダクロプリド区で無散布区よりも高い値を示した (図1). 特にフィプロニル区では, 薬剤散布直後に個体数が大きく減少している. イミダクロプリドは, アキアカネ幼虫以外にもミジンコ類などの標的外生物に強い毒性をもつ[10]. 水田環境に依存し, 入水直後の浸水と水温上昇に誘発されて発生する小動物は, これらの低濃度でも毒性の強い薬剤に曝露する運命にある.

6.3 赤とんぼの舞う風景の復活に向けた取り組み

私たちは, 赤とんぼのいる風景を失いつつある. 農村環境が都市化や高齢化によって縮小荒廃し, その結果, 高度に集約が進んだ大規模農業化が進められ, 効率的な栽培管

---

8) 神宮字 寛, 上田哲行, 五箇公一, 日鷹一雅, 松良俊明:フィプロニルとイミダクロプリドを成分とする育苗箱施用殺虫剤がアキアカネの幼虫と羽化に及ぼす影響. 農業農村工学会論文集, **77** (1), 35-41, 2009

9) 神宮字 寛, 上田哲行, 角田真奈美, 相原祥子, 斎藤満保:耕作水田におけるフィプロニルを成分とした箱施用殺虫剤がアカネ属に及ぼす影響. 農業農村工学論文集, **267**, 79-86, 2010

10) Sanchez-Bayo, F. and Goka, K : Ecological effects of the insecticide imidacloprid and a pollutant from antidandruff shampoo in experimental rice fields. *Environmental Toxicology and Chemistry*, **25**, 1677-1687, 2006

6. 赤とんぼの舞う水田景観の復活

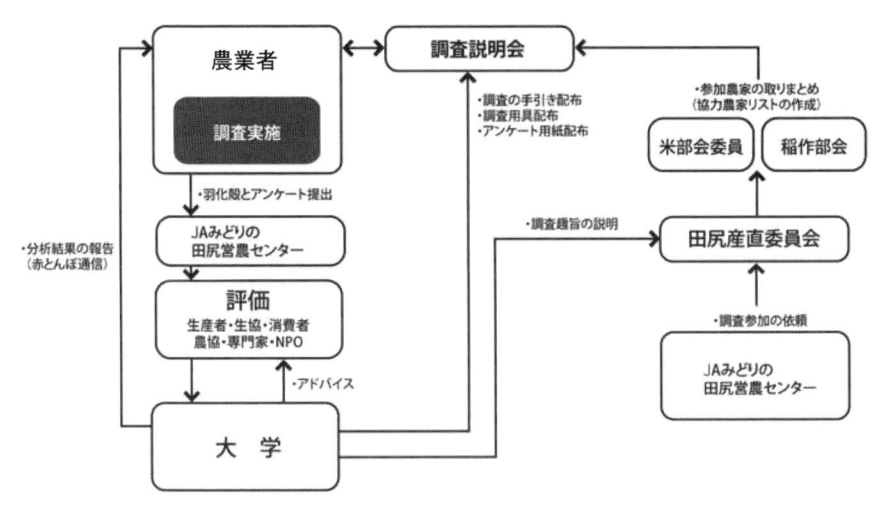

図2 農業者主体の赤とんぼ調査連携の仕組み

理の導入が風景の消失を加速させている．この現状に疑問をいだき，自らの水田農業を赤とんぼの視点で見つめ直す取り組みが，宮城県大崎市の農村地帯で始まっている．これは農業者，JA，消費者，生協および大学が連携して赤とんぼの舞う水田風景の復活に向けた取り組みである（図2）．この取り組みでは，農業者が自ら水田から発生する赤とんぼの種数・個体数を調査する．農業者は，赤とんぼの羽化期の1ヵ月間，圃場に通い羽化殻を回収する．大学は，専門的な助言とデータの分析を行い，農業者に情報を還元する．農協は調査にかかわる事務的な窓口となり農業者の相談に応じる．回収した赤とんぼの羽化殻の種の判別作業や個体数の計数作業は，農業者とともに消費者や生協が加わり，大学と共同で実施している．

この取り組みに参加した農業者の意見はさまざまであった．「圃場に行ってヤゴをみつけるのが楽しみでした」，「環境と安全に配慮した農業！ 実践することは自らも幸せに感じます」といった意見がある一方で「毎日の調査は大変だった．また，いないので面白くなかった」，「全然みつけられず，残念だった」「楽しみながら通ったのに1個のみだった」といったアンケートの回答があった．この取り組みは3年目を迎えるが，次回の調査を継続する意向を示している農業者は70％を超える．また，この調査をきっかけに参加農家の多くが農法の転換を実施している．

上記の取り組みは，赤とんぼの風景の復活に向けた第一歩である．そして，われわれに，田んぼの価値を経済的価値という物差しだけでなく，食の安心や生物多様性を理解できる風景という価値でみる大切さを，気づかせてくれている．　　　［神宮字　寛］

7. ため池の自然とその活用

　農林水産省が1997年に行った調査によると，わが国には約21万1000ヵ所のため池がある．全国各地に広く分布しているが，天然湖沼の少ない西日本，特に温暖少雨である中国・四国地方に多い．その中には，弘法大師がその修築に力を注いだとされる満濃池（香川県）など起源を古代にもつものも少なくない．

　ため池を有する里山は，わが国の代表的な農村景観のひとつといってよい．ため池は農村景観に溶け込んでいるが，けっして"ありのままの自然"ではない．

　その理由の第1は，ため池は，農業用の水源として人為的に築造された貯水池だからである．しかし，人工池でありながら多様な生物の生息空間でもあり，農村地域の環境保全を考えるうえできわめて重要な止水域である．たとえば，わが国の水生植物の半数はため池にみられ，その多くは絶滅危惧種に指定されている[1]．また，日本に生息するトンボ約180種のうち，およそ80種はため池をおもな生息場所としている[2]．国外においても，イギリスの南イングランド地方では，農村地域のなかに固有種や希少種が多く生息するため池が多く存在し，河川など他の陸水域に比べて生物多様性が高い[3]．

　"ありのままの自然"ではない第2の理由は，ため池の水環境は，維持管理という長年の人為によってある状態に保たれてきたからである．堤防に漏水がみられないかなどの巡視・点検をはじめ，堤防法面の草刈り，池干し，底浚いなどの維持管理が間断なく行われてきた．こうした維持管理は，ため池の富栄養化の進行や生態系の遷移を抑制する働きもあり，結果として，多様な生物の生息を支える安定した水環境が保たれてきたといえる．

　さて，ため池において重要な役割を果たしている環境基盤の1つに浅場があげられる．当然のことながら，ため池には水域と陸域が接する水際がある．一般に，2つ以上の異なる環境が接する場所はエコトーンと呼ばれ，生物の生息場として重要である．ため池でエコトーンに該当するところは水際であるが，池底の勾配が小さく陸域と水域が緩やかに移行するような浅場が特に重要である（図1）．浅場では，水深の違いに応じて多様な水生植物相がよく生育するし，また，水生植物は，水生昆虫，魚類や両生類の産卵場，

---

1) 浜島繁隆：ため池の水草．水環境学会誌，**26**（5），8-12，2003
2) 江崎保男，田中哲夫編：水辺環境の保全―生物群集の視点から―，p.17-32，朝倉書店，1998
3) Williams, P. et al.：Comparative biodiversity of rivers, streams, ditches and ponds in an agricultural landscape in Southern England. *Biological Conservation*, **115**（2），329-341, 2003

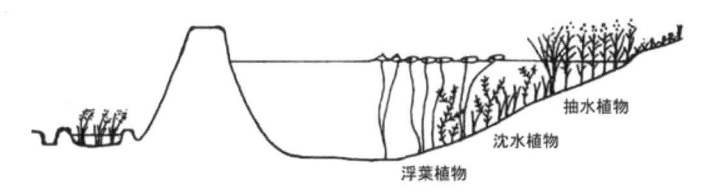

図1 ため池の浅場の特徴（文献[4]を加筆）

採餌場，幼体の生息場などとして利用される．

浅場のあるため池では，これを極力保存することを考えるべきであり，浅場がないため池にあっては，たとえば，ため池の改修事業が計画される際には，浅場の創出を積極的に取り入れることが望まれる．

ところで，ため池では人為的な放流操作によって水位低下が生じ，その後の降雨により水位が回復する．浅場では，わずかな水位変動によって露呈と冠水が繰り返され，浅場に生息する生物相は水位変動の影響を受けることが知られている[5, 6]．しかし，ため池における放流操作と生物相との関係を具体的に示すための知見は必ずしも十分ではない．

一方，浅場では水生植物群落がよく発達するが，枯れた植物死骸を沈積したまま放置しておくと，有機性汚濁や富栄養化の進行を引き起こす．その結果，ため池の水生植物相は単調になり[7]，その結果，水生昆虫等の生息場の減少・喪失をもたらす．ところが，池底の沈積物は水生昆虫の生息場としての機能を有している．このことから，水生植物の生育状況や沈積物の堆積状況を適正な状態で維持することが求められる．そのためには，科学的検証を取り入れた順応的管理にもとづくモニタリング・評価が欠かせない．以上のように，ため池において農業生産活動の一環として行われてきた維持管理と生物多様性との関連性を具体的に明らかにすることは興味深い課題であるが，これまで十分な解明がなされておらず，今後の調査研究が期待される．

ところで，中山間地域を中心に，水源として利用されなくなったため池が散見されるようになってきた．たとえば，香川県では，1985年に16,304ヵ所あったため池が2000年には14,619ヵ所に減少している．減少した1685ヵ所のうち約80％は中山間地域に位

---

4) 浜島繁隆，土山ふみ，近藤繁生，益田芳樹：ため池の自然，p.26，信山社サイテック，2002
5) 嶺田拓也，石田憲治：希少な沈水植物の保全における小規模なため池の役割．ランドスケープ研究，**69**(5)，577-580，2006
6) 角道弘文：ため池における水位変動が浅場に生息する水生昆虫に及ぼす影響．農村計画学会誌，**28**，363-368，2010
7) 石井禎基，角野康郎：兵庫県東播磨地方のため池における過去20年間の水生植物相の変化．保全生態学研究，**8**，25-32，2003

置している.個人農家により管理されているため池は,水掛かり(水の補給先)である水田の耕作が放棄されれば,そのまま利用されなくなる.また,水利組合などのように複数の農家で管理しているため池では,農業者の高齢化により維持管理が難しくなると,水掛かりを再編してため池群の整理統合が行われることがある.この場合にも,貯留機能が小さく維持管理上不利なため池から順に利用されなくなる.

中山間地域におけるため池も,農村地域の生物多様性を支える重要な止水域である.しかし,水源としての機能を失ったため池は,管理放棄のまま残存させておくと出水時に決壊の恐れがある.ため池の受益者や管理者が不在となり水源機能を失ったため池を農村計画のなかでどう位置づけるか,ビオトープ池としての再生も選択肢として考慮しながら,"ため池の自然"の活用を地域ぐるみで考える必要があるのではないだろうか.

[角道弘文]

8. コウノトリと共生する農村づくり

8.1 はじめに:コウノトリをめぐる農村環境の変化

2005年9月,兵庫県豊岡市の空にコウノトリが再びはばたいた.これは絶滅の危機に瀕していた日本固有コウノトリを最後の生息地であった豊岡市で捕獲して人口飼育に踏み切って以来40年,「いつか,きっと空に帰す」というコウノトリとの約束を果たし始めた瞬間でもあった.

コウノトリ(学名 *Ciconia boyciana*)は,マツに営巣し,水田や水路,湿地や河川で餌を捕獲する食物連鎖の頂点に位置する鳥である.つまり彼らは,里山(松林の山),里(水田),水辺(河川)が連続する農村環境に生息してきた.

コウノトリが絶滅の危機に陥った1960年代,わが国は農業生産・作業の効率化を目指し,化学肥料の施肥や広域な水田除草剤の散布,トラクターや田植機の導入,圃場の基盤整備が進められた時期でもある.これにより農家は,過酷な稲作労働から解放され,他産業への就労機会を増やし兼業収入を得て,さらなる農業経営を展開してきた.その陰で水田や周辺では,有機物を餌とするドジョウやタニシなどの減少,難分解性毒物の淡水魚への蓄積,河川と水路・水田を移動し生息・繁殖域とした生物も減少した.汚染された餌を食べ,飢え,絶滅への道をたどったコウノトリは,農村環境の変化のなかで,生息域を狭め減少・絶滅した他の生き物たちを象徴する存在ともいえる.

豊岡市でのコウノトリ放鳥までの道程は,人々が利便性を求め破壊した生態系への贖罪・再生と新たな農業・農村環境の創造へのチャレンジであった.

8.2 コウノトリも住める環境づくりへの取り組み

　豊岡市は，面積 697.66 km^2，人口 89,224 人（2010 年 5 月現在），兵庫県北部に位置する但馬地方の中心的都市である（図1）．地形は盆地状で中央を円山川が流れ日本海に注ぐ．円山川は，緩やかな勾配のため満潮時には河口から 10 km 付近まで潮が満ち，その他の地理的要因とあいまって豊岡盆地は洪水災害の多い地域である．その反面で円山川の氾濫は肥沃な土壌を運びコウノトリ（図2）の餌となる淡水魚を育む環境を創造した．しかしこの豊岡盆地も農作業の機械化や基盤整備により環境が変化，コウノトリの生息数は減少した．

　豊岡市では兵庫県や民間とも連携し，人工巣塔の設置や餌の供給活動などのコウノトリの保護活動を展開．1965 年には人工飼育に取り組んだが，1971 年に豊岡盆地を最後の生息地とした野生のコウノトリは絶滅した．しかしその後も人工繁殖を続け，1989 年には初の繁殖に成功する．以降，毎年の自然繁殖の成功によりコウノトリの飼育数が増えるにつれ，コウノトリの野生復帰への議論，さらには単なる自然環境の保全・再生に留まらない，人々にとっても豊かで持続可能なまちづくりへの議論へと発展．「コウノトリも住める豊かな自然・文化環境の創造」を目標に掲げた．

　具体的政策として豊岡市基本構想は，コウノトリの野生復帰に取り組みつつ，さまざまな分野の取り組みを連携させながら，環境を良くする取り組みと経済活動が，相互に刺激しあいながら，まちづくりを進めるプログラムとして「豊岡市環境経済戦略」（図3）を位置づけた．その柱として①自然エネルギーの利用の推進，②環境経済型企業の集積，③コウノトリツーリズムの展開，④豊岡型環境創造型農業の推進，⑤豊岡型地産地消の推進，に取り組んでいる．なかでも豊岡型環境創造型農業の推進の試みとして，コウノトリの餌を確保するとともに，ブランド米を生産する「冬期湛水稲作」が先駆的に

図1　豊岡市の位置

図2　コウノトリ

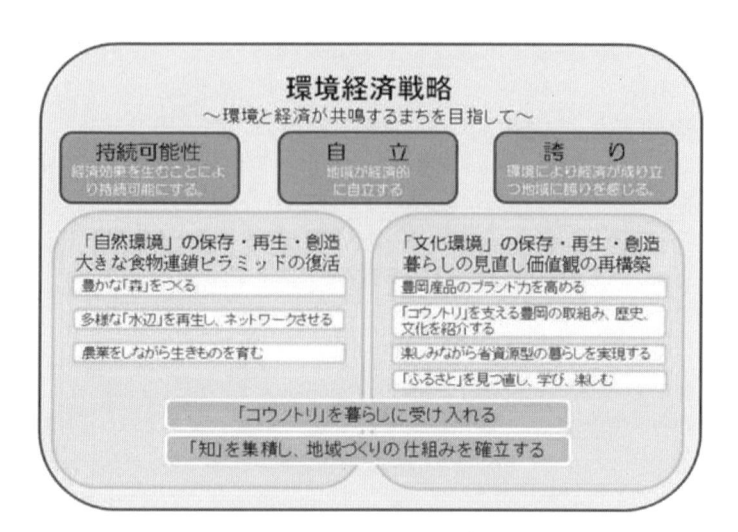

図3 コウノトリ野生復帰事業の体系（文献[1]をもとに筆者作成）

取り組まれた.

　これは稲作の際，中干し延期や冬期湛水を行うことで生物を育成しコウノトリの餌場の確保を図るとともに，無農薬や減農薬，アイガモ農法などで栽培することで付加価値を高め，慣行農法より2〜5割程度の高値で取引される米を生産するものである．農業者にとっては水管理や除草作業などに手間がかかるが，市内の農家や農業者グループが環境創造型農業への理解と共感，環境再生の象徴としてのコウノトリが耕作する水田に舞い降りたときの喜びを実感しながら取り組んできた．結果，環境と農業振興策とを結びつけた減農薬・無農薬栽培の「コウノトリ育む農法」を確立し，農産物ブランドとして「コウノトリの舞」の認証制度を展開するに至っている．

8.3　おわりに：コウノトリと共生する農村の持続化に向けての課題

　これまで豊岡市でのコウノトリを核とした農業・農村環境の再生と創造の一端を紹介した．このような取り組みにより，環境形成や経済面でも成果を上げつつある同市でも，少子高齢化等に起因する耕作放棄地の増加や里山の荒廃，鳥獣被害問題など，他の地方都市や農村部と同様の課題も抱えている．コウノトリとの共生施策においても，深田など耕作条件が不利な農地を転作して餌場としたビオトープ水田（図4）や湿地帯は，農作物等の生産がないため経済効果が見えづらく，その維持管理は心ある人たちの想いに

---

1)　兵庫県豊岡市：コウノトリと共に生きる豊岡の挑戦．2007年6月

図4 ビオトープ水田

頼るところも大きい．この人たちが取り組んだきっかけは，家業の農業や教育の素材としてであったかもしれないが，現場での体験・体感を通じて，遠いどこかで起きている事柄ではなく身近な暮らしのなかでの問題として捉えており，まさに「百聞は一見に如かず」である．

今後，コウノトリのような希少種に限らず，生き物との緊張的共生を含めた農村づくりを展開するうえでは，多様な価値観をもった人たちの参加や協力が必要となるが，その前段となる体験し学ぶ場としての農山村側のフィールド・体制づくりも重要な課題となってくる．コウノトリは，獣医師や生態学者などの研究者の努力により日本の空にはばたいた．しかし再び戻ったコウノトリが暮らし続ける環境を創造し維持するのは，農村に住まう人々であるとともに，自然・社会・経済を考えさらには計画・実現するための学問である農村計画にかかわり担う人材の育成が必要なのである． ［藤沢直樹］

付記

本稿は，豊岡市による「コウノトリ野生復帰学術補助制度」を受けて（平成17・18・19年度）日本大学生物資源科学部 生物環境工学科 建築・地域共生デザイン研究室が実施した調査データを基に構成した．調査にご協力いただいた豊岡市役所をはじめ住民の皆さまに深く感謝いたします．

参考文献

兵庫県豊岡市：コウノトリと共生する水田づくり事業，2005年3月

9. 環境共生型圃場整備の計画

9.1 環境共生型圃場整備の今日的課題

2001年の改正土地改良法の施行を契機に，環境との調和に配慮した圃場整備が各地で進められている．その計画段階で重要なポイントとなるのが，生産基盤の高度化と地域環境の保全という，二律背反するかにみえる課題を，利害関係者の参加と合意のもとでどのように解決するかにある．特にこうした問題が表面化するのは，環境配慮施設の維持管理体制ではないだろうか．なかでも難しいのは，事業申請者である農業者の環境配慮に対する不安や懸念を払拭することである．

9.2 総論賛成・各論反対

「そもそもこの事業は環境配慮のために申請したものではない」，「生き物を守るための工事で，管理作業の負担や賦課金が増えるのは承服できない」．圃場整備に伴う環境配慮に対して，このような意見を示す農業者は少なくない．注意が必要なのは，これらの意見は環境配慮の必要性を真っ向から否定しているのではなく，環境配慮の導入によって生じるさまざまな負担を肯定できないと主張している点である．その証拠に，田んぼまわりに棲息する生き物や自然環境を守ることに，やみくもに反対する農業者はほとんどいない．これは農業者の多くが，環境を守ることの重要性を言葉や論理ではなく肌身で感じているためと考えられる．農業は人間が自然に働きかけて，そこから生産物を得ることを生業とする産業である．農業に従事する人々にとって，生産物の母体となる自然環境を保全することは自明の論理なのであろう．

しかし，このような自然観をもちながら，なぜ圃場整備に伴う環境配慮に対しては強硬ともいえる態度を示すのであろうか．その理由には次のような事項が関係している．

まず1つ目の理由は，環境配慮対策に伴う掛かり増し経費や維持管理労力の負担に対する懸念である．農業者の本音としては「農業で生計をたてることが難しい状況なのに，お金をかけてまでメダカやカエルを守る意味があるのか，さらにその管理までなぜ自分たちが負担しなくてはならないのか」というところが偽らざる気持ちなのである．そして2つ目の理由は，小排水路などの維持管理作業は基本的に耕作者が担うという慣習の存在である．圃場整備後もこうしたルールが生き続けるならば，魚類の移動ネットワークに配慮した生き物水路を整備した場合，水路法面の草刈りなどは生き物水路に面した耕作者が負担することとなる．こうした状況下で農業者は，環境配慮に対する態度や水路配置に対する意見も慎重にならざるを得ない．というのも，先の慣習を理解したうえ

で環境配慮に対して賛意を示すことは，周囲の農業者に「自分が生き物水路の管理を引き受けても良い」と宣言するに等しいからである．

3つ目の理由は，生き物のいる水路などの維持管理が作業受委託を進める際の妨げとなる可能性が払拭できないからである．兼業化や農業者の高齢化が進む今日では，担い手農家への作業委託を前提として圃場整備に参加する農業者も多い．折しもわが国の農村集落では，耕作者の減少や高齢化に伴って末端水利施設における管理体制の弱体化が急速に進んでいる．こうした集落では従前の管理水準を保つことさえ難しく，環境配慮に伴う維持管理作業の負担は敬遠される傾向にある．

では「総論賛成・各論反対」という言葉に代表されるこうした局面を回避し，現実的かつ持続的な維持管理体制の仕組みを考えるためには，どうしたらよいのであろうか．ここでは地域住民の参画を通じて圃場整備後の維持管理計画を検討した事例から，そのヒントを紐解いてみたい．

9.3 事例地区の取り組み

宮城県大崎市北小塩地区は仙台市の北東約40 kmに位置する農業集落で，2004年度に区画整理工と用排水の再編を主とした圃場場整備事業を行っている．事例地区の特徴を列挙すると，①環境配慮の一環として既存水路の一部区間を「生き物水路」として現況保全したこと，②環境配慮とその維持管理方法を住民参加によるワークショップで策定したこと，③生き物水路の維持管理を農家と非農家による協働作業によって実践していること，④環境配慮を施した生き物水路を拠点に種々の交流活動を展開していること，などに集約される．

工事着工前の2003年に実施されたワークショップには，地元の非農業者と農業者，行政関係者，設計コンサルタント，NPO法人，また魚類の専門家などが参画した．ワークショップは複数回に分けて開催され，生き物調査による環境条件の把握，生態系に関する講習会，配慮方針と配慮方策の具体化，維持管理体制の検討など段階的に議論が進められた．このうち最も議論が白熱し，かつ膠着状態に陥ったのが，保全する生き物水路の維持管理を誰が担うのかという問題であった．こうした局面で議論が瓦解することなく，地域住民の合意のもとで妥結にいたった背景には，事例地区のワークショップが次のような役割を果たしていたからと考えられる．

9.4 ワークショップの役割

まず1つ目の役割は，水利施設のもつ環境ポテンシャルを環境的価値として再評価した点にある．圃場整備以前から，工区内の用排兼用水路に魚貝類が棲息していることは住民の間で広く認知されていた．しかしそれは価値あるものとしての見方よりも，むし

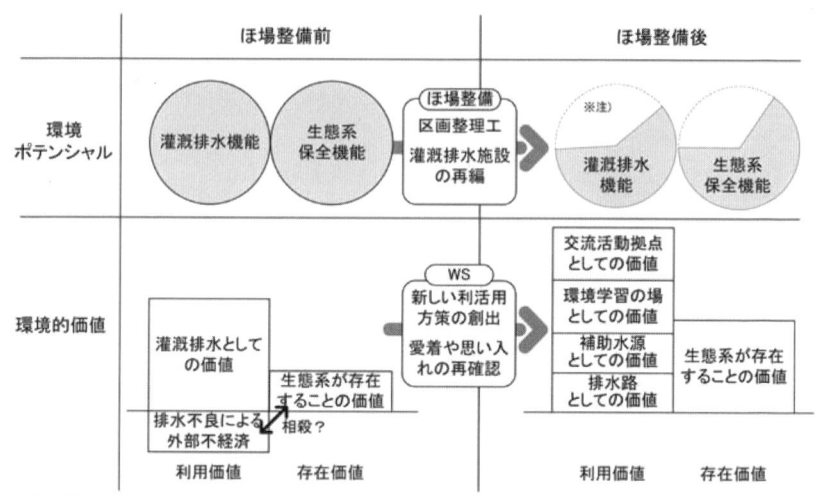

図1 圃場整備前後における環境ポテンシャルと環境的価値の変化[1]

ろ排水性の悪さを象徴する外部不経済的な見方のほうが支配的であった．着工前に実施されたワークショップでは，図1のように，それまで用水と排水といった利用価値に限定視されてきた灌漑排水施設の評価に，在来生態系が保全されていることの存在価値，子ども達の環境学習の場としての利用価値，都市住民との交流拠点としての利用価値を新たに付加する機会を提供したといえる．

もう1つの役割は，ワークショップで行った生き物調査や学習活動によって，長年の利用によって形成された水利施設に対する愛着や思い入れを，住民自身が再確認した点にある．愛着や思い入れは継続的な利用を動機づける前提条件であるとともに，その後の維持管理の展開や施設の評価を決定づけるきわめて重要な要素である．その一連のプロセスを模式化すると図2のようになる[1]．このプロセスに沿って事例地区における取り組みを捉え直すと，ワークショップによる利用動機の確認と共有，灌漑排水施設としての利用の継続，協働による維持管理活動の開始，交流事業という新たな利用の展開，というように一連の活動が正の循環をたどってきたことがわかる．

1) 田村孝浩，守山拓弥：末端水利施設における参加型管理の成立要因に関する考察．水土の知，**77**(12)，985-989，2009
2) 堀野治彦，中桐貴生：環境配慮型施工区を含む農業用水路への住民意識．水土の知，**76**(8)，739-743，2008

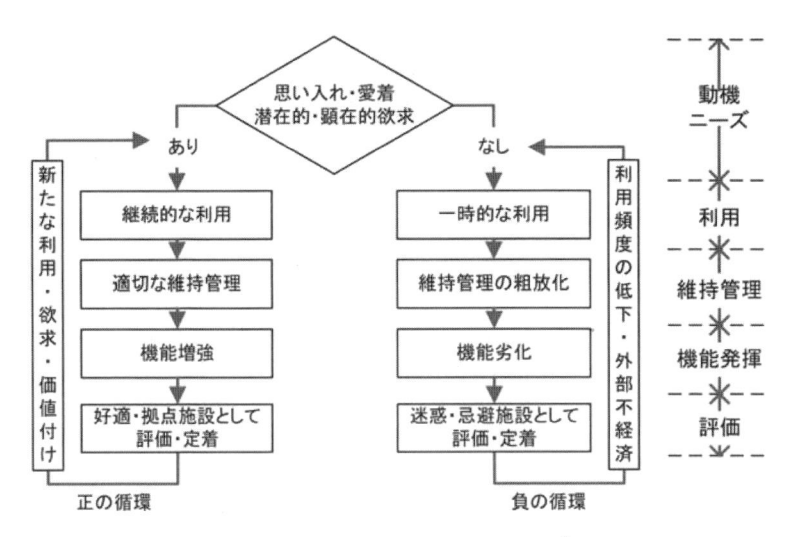

図2 利用動機の形成の循環的プロセス[1]

9.5 維持管理計画を策定するための視点[2), 3)]

　圃場整備に限らず環境配慮型施設整備の計画途上で課題となるのは，その維持管理を誰が担うのか，そしてその継続のためにどのような仕掛けが必要かという点である．こうした課題を解決するために必要なのは，現実的かつ客観的な視点である．たとえば環境配慮に伴って，維持管理作業の方法や管理に携わる必要人数などを計画時点から具体化しておくことが望ましい．

　環境配慮型施設の導入是非をめぐり，地元農家から「維持管理労力の負担が増えるので承服できない」との意見が出されることが少なくない．こうした意見の背景には，多くの場合「コンクリート装工にしないと従前よりも維持理労力が減少しないから」との思いがある．しかし維持管理作業面積の変化は，環境配慮に起因するものよりも水路再編に伴う大断面化や深堀化による影響が規定的と考えられるケースがある[4)]．将来にわたり良好な管理水準を保つためにも，個別箇所の維持管理労力の増減論議に終始することは得策ではない．今後は，客観的なデータに基づいた現実的な管理方法を，ワークショップなどを通じて事前に検討することが必要である．　　　　　　　　［田村孝浩］

---

3) 田村孝浩ほか：環境配慮型施設整備の維持管理作業に対する地域住民の参加意識について．平成16年度農土学会全国大会講演要旨集，p.762-763，2004
4) 田村孝浩，守山拓弥：圃場整備前後における維持管理作業面積の評価．水土の知，**78** (11), 895-898, 2010

10. 野生動物との共生と獣害対策

10.1 獣害は農耕の始まりとともに

　高栄養な農作物は，野生動物にとっても魅力的な食物であるため，シカ・イノシシによる獣害は農耕の開始とともに発生した．本格的な水田稲作農業が始まった弥生時代以来，野生動物は食糧資源であるとともに農業被害をもたらすという二面性をもつことになった．江戸時代になると，新田開発が盛んに行われて獣害が激化し，全国の農村のいたるところに田畑への侵入防止のために「しし垣」が作られた．稲作北限農業地帯であった八戸では，米作に適しておらず米以外の大豆作りが奨励されていた．休耕田に繁茂したワラビやクズなどの根茎を掘り尽くした猪は次に農作物を収奪したため，農民は耕作を放棄せざるをえず，猪飢餓（いのししけがち）として知られる村民3000人の餓死が起こった[1]．

　今日，東北地方の多くの地域でシカやイノシシの分布が空白となっているのは，江戸時代に組織的で大規模な駆除が実施されたためである．男鹿半島で佐竹秋田藩が実施した巻狩りによるシカの捕獲数は，1712年3000頭，1751年9300頭，1772年27,000頭と記録され，伊達仙台藩が実施した巻狩りでは1650年に勢子2500名が動員され，シカ3000頭，その他イノシシ・クマ・カモシカなど100頭余りが捕獲されている．また同時代には対馬において「猪追詰」戦争によって8年かけて3万頭のイノシシを駆除している[1]．

　江戸時代末期まで，火縄銃は農具として用いられ，実に150万丁を農民が所有していたと報告されている．歴史学者の塚本学は，16世紀の戦乱の時代が終息しても銃が放棄されず，17世紀を通じて，鉄砲は，鳥獣害防除の省力化に大きく貢献する道具として，農村に普及していったことを述べている[2]．今日，日本に存在している銃が30万丁であることを考えると，江戸時代に銃が農業被害防除に果たしていた重要性がうかがえる．オオカミが存在した時代にあっても，農民はオオカミに頼らずに獣害から農作物を守るために「しし垣」を構築し，150万丁もの銃を必要としたことを忘れてはならない．

---

1) いいだもも：猪・鉄砲・安藤昌益 「百姓極楽」江戸時代再考，農山漁村文化協会，1996
2) 塚本学：生類をめぐる政治，平凡社，1983

10.2 乱獲による野生動物の減少と保護政策

明治期になると，庶民によるスポーツハンティング，軍部による毛皮獣の需要の増加などによって，日本の多くの地域で野生動物が減少していった．昭和30年代までは，農林業が国家の基幹産業であり，農林業生産は里地里山と深く結びついていた．一方で人と野生動物がせめぎあう強い緊張関係が維持されてきた場でもあった．昭和30年代以降，奥地に成長の早い針葉樹を大規模に植林する拡大造林政策がとられ，昭和30年代後半からは，草地造成事業によって大規模牧草地が高標高域を含めて造成されていった．こうして人為的な土地利用の改変と野生動物保護政策によって，昭和40年代にはカモシカの植林地での被害の発生をはじめとし，次いでシカ，イノシシ，サルの被害問題が生じた．近年の暖冬は動物の生存率を高めることによって，増加に拍車をかけていることも想定される．かつて人の賑わいがあった里地里山では，人の気配が消えうせ，増加を続ける耕作放棄地や里山放棄地は，ススキなどの高茎草本や竹林の侵入を招いて野生動物の隠れ場や生息の場となっている．

10.3 野生動物の保護から管理への転換

今日われわれは，人間の生活空間の縮小と野生動物の生息地の拡大という，これまで直面したことのない時代を迎え，農林業被害の低減のみならず，健全な生態系を確保しつつ，地域で受け入れ可能な野生動物との適切な関係を築くための新たなシナリオが求められている．一方で，個体数管理の担い手である狩猟者の高齢化も著しく，狩猟人口が激減しており，今後管理の担い手をどうするかも大きな課題である．

それでは，どのように野生動物との共生を目指すべきだろうか？ 獣害対策は土地利用すなわち農林業のあり方と密接に関係している．耕作放棄地はイノシシを招き，農業被害を拡大させている．どこを守るべきかを明確にして，守るべき農業生産の場からは，野生動物を排除する必要がある．そのためには，里地里山での，被害管理，個体数管理，生息地管理のアプローチが求められている．

被害管理とは，農耕地周辺での効果的な柵の設置や収穫後の作物の適切な取り扱いを圃場単位あるいは集落単位で行うことであり，即効性が求められる．江戸時代の農民のように，農民自らが獣害対策のプロフェッショナルになる必要がある．そのためには，市町村担当者，農業改良普及員やJAの技術指導員が営農活動の一環として，獣害防止対策の指導と普及にあたる仕組みが必要である．

個体数管理とは，イノシシでは農耕地で被害をもたらす個体を捕獲することであり，ニホンジカの場合には都府県をまたがって移出入のある場合には，広域個体群の管理が必要となる．個体数管理のあり方として，市町村役場が猟友会に依頼して駆除を事業として依頼する場合が多い．ともすると駆除が排他的な狩猟として実施されて個体数管理

の役割を果たしていない場合がある．この問題を克服するために，島根県美郷町では，従来の狩猟者依存の駆除から脱却し，農業者主体の駆除組合を設立し，自立型の被害対策と駆除イノシシの資源化に成功し，獣害が地域活性化の契機となっている．生息地管理は，農耕地周辺の森林の適切な取り扱いからランドスケープレベルでの改変など，超長期的であり最も広い空間を扱う．

1999年の鳥獣法改正により特定鳥獣保護管理計画制度が創設され，野生動物の管理は都道府県の役割となり，2007年には，市町村が被害防止計画を策定して実行する「鳥獣による農林水産業被害防止特別措置法」が制定され，野生動物管理に関する法的な整備が進められた．地域と一番近い関係にある市町村の担当者に被害防止計画策定や被害防止技術の知識や技能が求められているが，市町村役場の担当者の育成の仕組みはなく，専門家が不在である．分権体制下における野生動物管理のガバナンス（管理主体）を構築するためには，集落，市町村，都道府県，あるいは複数の都府県との組み合わせによる広域単位など，異なる社会的な階層間での連携を図る仕組みづくりが重要である．また，それを支える大学，国立・公設研究機関の役割も重要である．

シカ・イノシシの肉が，国内での流通経路の未整備のせいで，海外から大量に輸入されている事実は，潜在的な需要があることを示している．今日，野生動物の増えすぎは負の側面が強いが，もともとは生物多様性の構成要素であるとともに貴重な地域自然資源でもある．縄文の時代からシカ・イノシシを食べ続け，戦い続けてきたが，近年の1世紀でその経験を失ってしまった．しかし，島根県三郷町での試みのように，農民が主体的に獣害と向かいあうことによって，害獣転じて益となすようなビジネスチャンスをつかみ，賑わいをとりもどしている事例がある．野生動物を食材として，地産地消，スローフードなどのキーワードで，都市からの一時滞在者を農村に呼び込む地域の貴重な資源と認識されれば，地域活性化にもつながるだろう． ［梶　光一］

11. 農村再生とエコビレッジの展望

11.1 オルタナティブで持続可能な暮らしの創造

化石エネルギー依存型の近代社会経済システムは，地球レベル，地域レベルで，環境，水，エネルギー，食料，コミュニティなどの多様で複雑な問題を露出させ，それに対し持続可能な社会構築が問われている．縮小経済社会の構築に向けたオルタナティブなライフスタイルの創造と，そのための空間，環境の創造をテーマとした草の根での等身大の実践が緊急の課題となっている．さらに，津波と原発災害が同時に起きた2011年の東

日本大震災は，農村地域での厳しい天変地異と共存し，また，農村地域での地域固有の再生可能エネルギーを活用したエネルギーの地産地消戦略の重要性も示している．

11.2 エコビレッジとは

エコビレッジ（図1）は，小規模ながらも自然環境と共生し，地球環境への負荷を少なくし，自立性，循環性のあるコミュニティの場として定義される．エコビレッジの国際ネットワーク組織 GEN（Global Ecovillage Network）が1995年に，デンマークやオーストラリアで活動団体が集まり設立され，3つのエコロジー（生態系，社会・経済性，精神性のエコロジー）が融合し，自立・完結・循環・持続型のコミュニティづくりをめざしている．近代都市社会生活の病理や，農村地域の生態系，経済，コミュニティの変質と衰退の中での，都市住民達の田園地域に対する新しい挑戦でもある．

スリランカでは，サルボダヤのような農村社会の平和と持続的暮らしづくりもエコビレッジ的テーマで活動し，津波で壊滅した集落をエコビレッジ的に再生した事例も出ている．東日本大震災後に，日本でのエコビレッジな集落再生が求められている．

住居，仕事，余暇，社会的生活，自然との触れ合い等の人間の基本的な要求はエコビレッジ内で充足される．エコビレッジの内外には豊かな自然環境が存在し，食料となるような生物資源の生産を行うと同時に，有機廃棄物は適切にエコサイクルの中で処理され，リサイクルされる．建築は環境負荷の少ない建材を使用し，そこに供給されるエネルギーは，風車やバイオガスシステム，バイオマス活用等による再生可能エネルギーである．エコビレッジ内での環境管理や社会生活は，構成員による民主的な手続きで進められる．

図1 デンマークのエコビレッジ，ツーラップ

11.3 日本型里山エコビレッジの創造

日本には13.5万の農村集落があり，里山文化を生かした「里山エコビレッジ」を提案する．荒れている里山を，農村住民，都市住民の協働により「新たな入会環境」として再利用，再定住し，日本型エコビレッジを創造していくことが日本に求められている．都市住民が農村に移住して新しいエコビレッジを造る動きが起きているが，一方で，既存の農村集落の持続性，自立性，循環性を高めたエコビレッジ的な再生が求められている．

(1) 住民参画のまちづくりとエネルギー地産地消型戦略（図2）

山形県飯豊町は人口8700人ほどの豪雪の町であり，筆者は30年近くまちづくりを支援している．住民と行政とのパートナーシップ型の計画づくりの先駆的な町でもあり，地区別土地利用計画やコミュニティビジネスの展開をしてきている．現在は町の森林資源を活用した木質バイオマスエネルギーの地産地消戦略を進めている．町内でのペレットストーブ，ペレットボイラーを設置し，2008年に町の南端の山間地域の中津川地区では，共有財産区を活用して住民主体での木質ペレット生産工場と会社が設立された．中津川地区には山形県の「源流の森」という自然体験施設もあり，グリーンツーリズムや山村留学も実施し，「中津川エコビレッジ」のような展開をしてきている．

(2) 放射能で汚染されたエコな村―飯舘村の悲劇とエコな避難村構想

東京電力福島第一原発事故で計画的避難区域となり放射能汚染されている福島県飯舘村は，エコロジカルな村づくりをしており，筆者は約20年前から支援してきた．さら

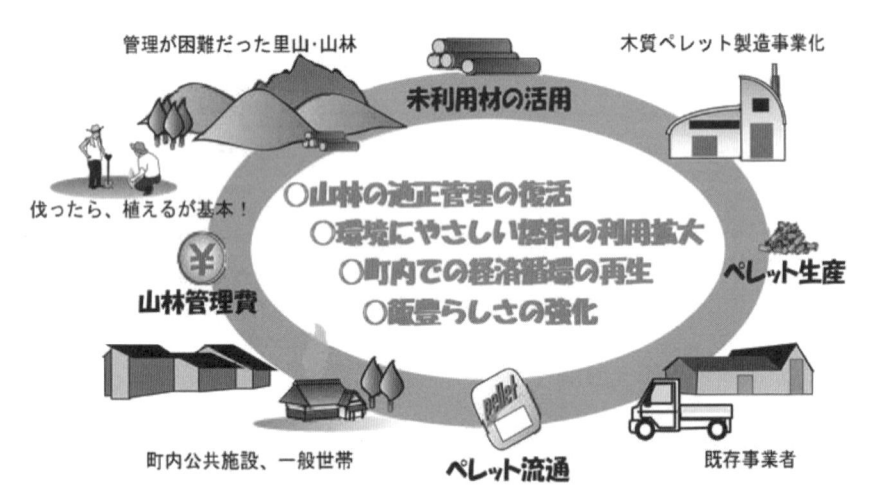

図2 木質ペレット生産を介したエネルギーの地産地消戦略（作図：浦上健司）

に，2011年3月の災害時より，東電や国の情報隠しや避難指示の遅れを指摘しつつ，放射能調査や避難助言，避難先での新しい村づくりの支援活動をしている．

飯舘村は福島県の北東部に位置し約75％を山林が占め，なだらかな地形の高原田園地域である．震災前の人口は約6100人である．村の第4次総合計画（1995～2004年）では「クオリティライフ」のテーマで20の集落ごとの行動計画を独自に作成し，各集落に1000万円の活動支援金を村は交付し，田舎の豊かさを実感する村づくりを進めた．第5次総合計画（2005～2014年予定）では，スローライフブームを先取り，までいライフ（「までい」とは飯舘村の方言で「までえ」に近い発音で「丁寧に」，「じっくりと」の意味）を掲げ，自然や農のある暮らしの実現を目標とし，2008年からは，里山の木質バイオマスを，村の老人ホームのチップボイラーの燃料として活用する再生可能エネルギー導入の試みも始めた．

役場の横には，自然と共生した暮らしを実現する省エネのモデルエコ住宅として，「までいな暮らし普及センター」（図3）を2010年に建設した．母屋，子ども家，アトリエ棟の他に，菜園，果樹園，水路，池，揚水風車もある．冬期間が寒いので，基礎，壁，窓，天井，屋根の断熱を徹底し，薪ボイラーによる床下暖房，ソーラーパネルなどのエコ技術も活用したモデル住宅である．2015年にはNPOとしての独立運営も検討されていた．地球温暖化に対して，田園でのエコライフを提示し，都市型ライフスタイルでは実現できない農的ライフスタイルの実現をめざしてきた．この美しく，ていねいな暮らしの実現をめざしてきた村が，大都市一極集中のために建設された原発の事故という大人災で壊滅的被害を受けている．

村の南部の土壌分析ではチェルノブイリレベルの深刻さが指摘されている．村の面積

図3　飯舘村の「までいな暮らし普及センター」（2010年8月）

の7割以上を森林・里山が占め，そこに半減期が30年と長い放射性セシウムが降った．森林土壌，落ち葉等に蓄積された放射能の除染は簡単ではない．長期にわたる継続的な除染が必要であるが，居住しながらの除染行動ではなく，安全な場所に避難して分村を建設して二地域居住の100年構想を筆者は提案している（2011年4月～）．

図4 飯舘村民のためのエコビレッジ的な避難村構想図（作図：NPO法人エコロジー・アーキスケープ）

次世代の健康と復興の力を維持するためには，安全な場所に「までぇな避難村」（図4）を建設し，集団農場，集団工場，共同市場を設け雇用を守り帰村に備える．共同の働く場所を設けることは精神的な安定にもつながる．全村民が安心して村に戻るまでには，相当な期間がかかるだろう．歴史や文化が消えないように，伝統的な行事をきちんと行い，子どもたちに見せることも重要である．

自然は時には猛威を奮うが，自然がもつレジリエンス（復元力・弾性）を人間が引き出し，また，地域社会の弾性を高め，美しい里山に被災者もしくは被災者の子孫が戻れる日が1日でも早く訪れることを願ってやまない．そのためにも，的確な避難行動をとるとともに，避難村（飯舘村の分村）を構築し，いつか還村が可能となることを希望として支援していきたい． 　　　　　　　　　　　　　　　　[糸長浩司]

12. 棚田の魅力と棚田保全

12.1 名所としての棚田と棚田研究の出発

棚田が「棚田」として認識され，多くの人がカメラのレンズを向けるようになったのは，それほど古いことではない．もちろん，日本人は棚田景観のもつ文学性・叙情性を発見して，和歌や俳句などの対象として取り入れてきた．長野県千曲市の姨捨棚田は古来「田毎の月」と呼ばれ，斜面に連続して存在する小さな水田が注目され，また，石川県輪島市の白米棚田も能登の千枚田として海岸から国道沿いに展開する小水田が多くの人に知られるところであった．しかし，これらは特殊な名所としての扱いを受け，一般の人が棚田のもつ普遍的な属性を明らかにすることに関心をもつことなどなかったのである．1980年代までは山間の農家でお話をうかがっても「ウチは棚田をもっている」とか「棚田を耕している」などという答えが返ってくることはなかった．それは単に「田」か「たんぼ」であり，まれに「山田」「谷田」「やと田」と呼ばれていたのである．学術的には，歴史研究者の宝月圭吾が1963年に中世社会における棚田の存在に注目して室町時代の史料に登場する「棚田」を紹介した[1]．また，1984年には地理学の竹内常行により，長水路灌漑による「棚田」の研究がまとめられたが[2]，これらは学問の世界にとどまっていて，当時，旅行誌にしばしば棚田写真が掲載されるような状況を予想することはできなかった．

---

1) 宝月圭吾：中世の産業と技術．岩波講座日本歴史8，p.79-108，1963

12.2 棚田のもつ魅力と価値の再発見

棚田のもつ魅力とその社会的意義を見出したのは,「ふるさときゃらばん」というミュージカル劇団の脚本・演出を担当していた石塚克彦である[3]. 石塚氏は, 当時の福岡県星野村（現八女市）のあちこちに何層もの石積みの棚田が存在し, それらが景観として人々を圧倒・魅了するものであることに気がついた. 1988年10月に「ふるさときゃらばん」はミュージカル観劇とあわせて星野村棚田見学ツアーを企画したが, これが「棚田」の認識のもとになされた最初の見学会である. 当時, 農村を舞台に活動しているカメラマンでも棚田に対する認識は薄く, 石塚氏は, 写真家や研究者, 農業に関心のある政治家に働きかけて, 1995年にJCIIフォトサロンや朝日新聞社で棚田写真展を開催した. 特に, 地理学を専攻する早稲田大学教育学部教授（当時）の中島峰広が棚田に関する精力的な研究活動を展開して, 棚田の全国的な分布と特性を明らかにし, 学術的な基礎固めに成功した[4]. これらが功を奏して, 自治体組織による棚田連絡協議会が結成され, 1996年には高知県の檮原町で第1回の棚田サミットが開催される運びとなり, 行政関係者の眼も, 大きく棚田に向かうようになった. 1998年には農林水産省による棚田百選の選定があり, 1999年には石井進（東京大学名誉教授）を会長とする棚田学会が結成された.

12.3 棚田のもつ多面的な機能

棚田の多面的な機能は次のように挙げることができる.

(1) 棚田生産米の好イメージ

山間の棚田は平坦地の水田に比べて昼夜の温度差が大きいため, 平坦地よりも時間をかけてじっくり成熟させることができる. 山岡らの「棚田米に対する消費者の関心・評価と情報の役割について」[5] によれば, 棚田米は「香り」「モチモチ感」「甘み」「冷めた時の味」のいずれでも高い評価を得ており, 棚田米の良好なイメージは一般の消費者に定着しているといえよう.

(2) 水資源の有効活用

日本の河川は, 外国の河川に比べ, 勾配が急であり, 降雨が急流となって河川を下り, 短期間のうちに海に流出することが知られるが, 水田の広範囲な存在が水資源を有効に

---

2) 竹内常行：続・稲作発展の基盤, p.1-482, 古今書院, 1984
3) 石塚克彦, 高橋久代：棚田学会10周年記念誌 ニッポンの棚田, p.1-144, 棚田学会, 2009
4) 中島峰広：日本の棚田, p.1-252, 古今書院, 1999
5) 山岡和純, 鶴田聡, 杉浦未希子：棚田米に対する消費者の関心・評価と情報の役割について. 棚田学会誌 日本の原風景・棚田, 10, 2009

活用する基盤となっている．水田には灌漑のための用水路網とため池があり，また個々の水田の保水性によって，降水を広く分散する機能を有しており，洪水を未然に防ぐ効果がある．このうち棚田は山間部の斜面において水の管理が行われるため，水源地帯での水資源対策をきめ細かく立てる際の重要なポイントとなっている．

(3) 土壌浸食の防止機能による高い集落持続機能

日本の国土は山がちで急斜面地が多いが，山間部では棚田により土壌の流出，浸食が食い止められ，国土の荒廃を防いでいる．世界的に見ても山間部の畑地では水食が激しく，土砂や肥料が押し流され，耕作地の長期的確保は難しいが，棚田においては耕地の安定的な確保が可能となっている．それにより安定的な集落が営まれる場合が多く，棚田地域の集落は15～16世紀から中世・近世を通して近現代に至る長い持続性を有している．

(4) 棚田景観の文化的価値

次項で述べるように，棚田景観の文化的な価値が，2003年度制定の景観法により重要文化的景観として国家的に定められたが，日本ではその観光的な価値により多くの人をひきつけるまでにはいたっていない．しかし，インドネシアのバリ島では，棚田景観そのものが観光スポットとなっており，その周辺には長期滞在用のヴィラが建てられ，また，リゾートホテルの庭も棚田を借景としているところがある．このことにより，さまざまな弊害が生まれるにしても，その観光戦略的な価値づけは日本の方がはるかに遅れているといえよう．また，中国においても少数民族の耕す壮大な棚田には国家的な保護の手が入れられ，ヴュースポットからは壮大な棚田がみられるようになっている．

12.4 棚田の保全と里山保全運動

2003年に，文化財行政の一環として文化的景観の選定が行われるようになった．これは「地域における人々の生活または生業及び当該地域の風土により形成された景観地で，我が国民の生活又は生業の理解のために欠くことのできないもの」と定義されており，佐賀県唐津市の蕨野棚田などが選ばれている．このように棚田は文化的価値によっても保全すべきものとして挙げられるようになったが，その生産性の低さゆえ，多面的価値を持続させるためにも国家的な保護を必要としているといえよう．その前提として，都市と地域住民との連携が大きな鍵となる．オーナー制水田の維持や，棚田米の直接的な流通などにより都市・農村交流が図られるが，特に最近では首都圏の住民による里山保全運動との連携を考える必要が生まれてきた．その中心には棚田の営農活動がある場合は多い．東京都においても，里山保全地域，歴史環境保全地域，緑地保全地域などを設け，棚田の田おこしからお礼肥までを年間のサイクルとして，棚田の保全を行っているところも多い．里山保全運動の1つの目的は生物多様性の持続発展である．ここでも棚

田の果たす役割は大きい．小さな池沼と棚田を組み合わせることによって，ビオトープの効果を最大限に発揮することが可能となり，オオタカまでを含む生物多様性の壮大なシステムの構築が可能となるのである[6]．　　　　　　　　　　　　　　　　［海老澤　衷］

13. 混住化地域における農村計画のあり方

13.1 混住化の経緯

　混住という概念は，農村地域にそれまでの農村地域にない何らかの要素が混じった住環境であることを意味する．さらに混住化はそうした混住が進行しつつある状況である．混住化地域では価値観・ライフスタイルなどの違いが大きい居住者や農的土地利用と非農的土地利用が混在し，混乱または不安定な状況となっている場合が多い．混住または混住化地域では，一般的に農的要素の中に都市的要素が入り込む場合が想定されるが，わが国はもちろん世界中の農村において都市および都市化とまったく無縁な農村地域は想定しにくい．混住または混住化は農村地域にみられる一般的な現象であるが，そうした現象が際立った地域のことを混住地域または混住化地域という．当然，地理的に都市部に近接するほどその影響は大きくなるが，その都市部からの影響も複層化しており首都圏のような巨大都市圏からの影響，近接都市からの影響，さらに最寄りの市街地の影響などが複雑に絡む．

　わが国では1970年代以降，人口増がほぼ沈静化する2000年前後までの間，顕著な混住化が進んだが，ほとんどの場合，混住化は無秩序な状況として捉えられてきた．混住化地域が計画的な対象となったことは少ない．当初の混住化は農家とサラリーマン世帯化した非農家が混在した状況のこと（内部混住）を指したが，その後，都市化が急激に拡大し相対的に地価の安い農村地域にも宅地化の波が押し寄せ，農村地域に馴染まないミニ開発が行われ，農村地域に立地するというだけで周辺の農的環境とほとんど脈絡がない住宅団地の建設が進んだ．結果として新旧住民間の問題や土地利用上の混乱が生じた．ここではこの時期の混住化を「混住地域拡大化」と呼ぶこととする．

　2000年前後になると全国的に人口の沈静化が進んだが，大都市圏では人口増がみられたものの都市周辺部の混住地域では人口の減少傾向が顕著になっていった．特に比較的早い時期に混住化が進み道路や下水道といったインフラが未整備のまま住居が老朽化し

---

6) 海老澤　衷, 内山　節, 広瀬敏通：第11回（棚田学会十周年記念大会）シンポジウム「里山と棚田を守る―歴史・論理・実践―．」棚田学会誌 日本の原風景・棚田, 11, 2010

居住者の高齢化が進んだような地域では，居住者が転居し歯抜け現象が多発するようになった．この状況をここでは「混住地域衰退化」と呼ぶこととする．また，2001年5月に施行された改正都市計画法により，市街化区域に隣接または近接する地域では開発許可の弾力的運用が可能になった．市街化区域周辺部では，既存集落に近接あるいは混在して新規宅地が建設されるという局所的な混住化がみられるようになってきた．昨今のこうした状況を「局所的混住化」と呼ぶこととする．以下，「混住地域拡大化」「混住地域衰退化」「局所的混住化」の3つの段階に分けて，わが国で生じた混住化による課題をふまえた計画の方向性について概説する．

13.2 混住化の各段階における農村計画の方向性
(1) 混住地域拡大化
わが国ではこの段階の混住化の再来は当分はないであろうが，都市化が急激に進む途上国などでは参考になろう．都市部（市街化区域）での宅地供給がオーバーフローする可能性がある場合，農村地域での宅地供給も想定しておく必要がある．地価が相対的に安く規制が緩い大都市周辺の農村地域はインフラ未整備のままでミニ開発が進みやすい．こうした状況が想定される地域ではあらかじめ規制を強化し，その一方できめ細かい宅地化の方針を定める必要がある．農村が宅地化を受け入れる場合，営農状況・集落立地・集落形態・コミュニティの状況などから宅地化の規模や配置を決定する．その場合，新規住民のための生活環境整備だけでなく，混住化を契機として受入れ側の農村地域の生産環境と生活環境が向上することが重要である．たとえば新規宅地を整備する場合は，農村部にふさわしい宅地面積（最小宅地規模の制限），田園景観への配慮が必要である．

宅地配置では，既存宅地（集落居住域）の間隙に入れ込む形や既存宅地から離して配置をするケースが考えられるが，営農環境の確保に加え，新しい住民の自治組織を既存集落の自治会や町会と同一にするか別にするかなどのコミュニティ計画を事前に策定しておく必要がある．コミュニティ計画が不備のまま混住化が進むと新旧住民間の大きなトラブルを発生しやすい．また，新規宅地の整備にあたっては受入れ側の集落の次・三男用宅地や帰農者用の宅地なども合わせて準備しておくとよい．受入れ側の住民にとっては，生活関連施設の整備や営農環境の向上と，良好な新旧住民間の交流を発展させた営農面での人材確保が期待される．こうした混住地域の整備を実現化としていく手法の代表的なものとして，集落地域整備法に基づく集落地域整備制度がある．

(2) 混住地域衰退化
混住地域の拡大化によって既に混住化が進展した地域の一部では，歯抜け等の深刻な衰退化が進んでいる．田園的環境の享受と低価格をウリに開発された住宅地では，その後も生活利便性は向上しないまま，近隣や周辺集落との良好な関係も築けず，住宅の老

朽化と居住者の高齢化を迎えている．宅地化が進み市街化区域に編入された地域でもインフラ整備が立ち遅れている地域が多い．そのような地域では不動産価値が大きく下がり，買い手や借り手もつかず転居もできない状況もみられる．こうした地域を抱える市町村では財政状況も厳しく行政の直接的な支援は望めない．近年，こうした地域の一部では近隣の住民同士が自己防衛的に地域再生に取り組んでいる例がみられる．先進例（たとえば茨城県古河市の旧・三和町地区など）では市町村は既存の集落や町会単位ではなく，中学校区など少し広い範囲でコミュニティの再構築を進めている．その結果，新住民間で徐々に緩やかなつながりができ伝統的共同体における結や講のような形で生活共同が進む．このように混住地域衰退化においては，パートナーシップによる地域再生プログラムを展開していくことが今後の方向となろう．

(3) 局所的混住化

現行都市計画法に基づく市街化区域周辺部の宅地開発では，当初は都市的環境と農的環境が融合した農住調和型の宅地形成が期待されたが，実際に行われた宅地開発は，初期の混住化のような狭小で安価な住宅地の供給にとどまっているものが多い．こうした状況を放置するとこれまでに経験したような劣悪な居住環境を再生産することになる．また，こうした地域に新設される都市計画道路沿線などでは，市街化調整区域であっても沿道開発の規制が緩和されることが多い．田園居住環境が面的にコントロールされたとしても，視点場としての沿道が無秩序に開発されてしまったら農的環境は台無しになる．混住地域拡大化の苦い経験に学び集落地区計画を定めるなど田園居住形成を目指した厳格な運用が望まれる．

13.3 田園居住のプロトタイプとしての混住地域

わが国の都市構造は欧米とは異なり，多くの都市がその内部に豊かな農的要素をもつ．また，農村部においても比較的近い範囲に小規模市街地や中心集落などの都市的集積がある．こうした都市構造は人口急増期には都市化の余波を受け劣悪な混住化の原因となるが，人口が沈静化した今日ではバランスがとれた田園居住地としての可能性が高まる．現在，環境負荷が小さい都市居住としてコンパクトシティがプロトタイプとなっているが，日本の都市構造を生かした田園都市モデルを構築する必要があろう．市街地内部や市街地フリンジ部での居住区域と農的環境とが一体化した田園居住，逆に農村地域において小規模市街地と一体化した田園居住など，物流機能や情報インフラの向上と合わせた分散型の低密度な田園都市構造がもうひとつのプロトタイプになりえよう．

［鎌田元弘］

14. 中山間地域の防災・災害復旧計画

　大規模災害を経験することはきわめてまれである．このため，被災時にはほとんどの地域が未経験の事態に取り組むことになる．非日常的業務が日常化するところに災害対応の特徴・困難があり，短期のうちに多様な対策が集中的に求められる．行政現場業務は経験の積み重ねを基礎としているが，未経験な状況に適切に対処しなければならない．これには，①災害への備えが不可欠であるとともに，被災時には②被害の個別性に応じた復旧，および③復興過程の中での地域形成が求められる．農村計画分野における防災・災害復旧研究の蓄積は少ないが，2004年10月23日に発生した新潟県中越地震（以下，中越地震：マグニチュード6.8）の経験をもとにこれら課題への計画的取り組みについて述べる．

14.1　災害への備え
(1)　急激な景観変化の防止
　大規模災害は広範な経済的・社会的変化をもたらすが，地域景観の急変もそのひとつである．中越地域では，大量の住宅が破損・倒壊し，建て替えが進んだ．伝統的住宅様式の多くが地震後に都市家族型のコンクリートプレハブに置き換えられた．伝統住宅の供給能力は，地域にいる大工職人の数に依存するため，工業的に生産される住宅産業のプレハブ住宅に比べてはるかに小さい．生活再建を優先する住民は，勢いプレハブ住宅を選択することになるのである．この結果，かつては住宅を守り，生活面でも利用された屋敷林の役割は低下・変質しただけでなく，住民は日陰や落ち葉による雨樋の目詰まりなどを嫌って伐採したため景観は一変した．

　災害は，時として地域の歴史的資産を奪い，個性を大きく損ねる．この結果，住民は家産だけでなく地域のアイデンティティも同時に失う．しかし，農村地域が文化的・歴史的存在であることへの関心はいまだ低く，的確な景観保全対策はほとんど行われていない．災害に対する文化的・歴史的「復元力」と呼んでよいと思うが，こうした事態を回避・緩和するシステムの構築が求められる．

　景観の復元力を高めるには，まず住宅の耐震補強によって被害発生を抑制するとともに，景観に大きな影響を及ぼす住宅壁面等の色彩統一や，屋敷林と住宅を離して設けるための制度設計などが必要と思われる．しかし，緊急時にこうした体制をつくるのは不可能であり，平時に景観条例などの整備をしておくことが求められる．条例で，色彩や住宅形式に関する事項などを決めておくだけでも，復旧時における地域住民の対応は大

きく異なるものと思われる.

(2) 避難施設の整備

　災害時にはまず避難場所が必要だが，中越地域では集会場等は必ずしも有効に機能しなかった．耐震構造の不備もあったが，窓ガラスの破損等が使用を困難にしたのであり，破損・散乱防止対策を講じておくだけでも利用形態は異なったと思われる．また，避難施設の位置選定の不備もあった．被害は軽微であったが地盤が不安定な場所にあったため利用されない集会施設もあった．集会施設は避難施設として位置づけられることが多いが，多様な災害を想定した施設形態や位置選定が望まれる．

　中山間地では，避難施設への到達距離が課題となる．通常，到達距離は500 m程度が想定されるが，中山間地域では都市と同様の配置は困難である．距離条件を基礎にすると小規模施設が多数必要となり，施設規模を基礎とすると到達距離は過大となる．中山間地の避難では，被災当日はとりあえず安全確保を最優先するが，その後は二次的な避難場所の選定・移動する方法などが検討事項となる．公共施設の有効活用は当然だが，安全確保に必要な条件を満たす民家などと契約し，耐震補強するなどの対策も検討すべきであろう．契約民家などには災害時に費用支出をすればよいため，施設維持の財政負担も少なくできる．

　初期対応では地域コミュニティの役割が大きい．しかし，中山間地域の農村では人口減少と高齢化が急速に進み，伝統的な自助・互助機能を十分に発揮できない「むら」が今や大半を占める．中越地震でも，被災当日，老人たちの多くは恐怖の中で意思決定ができずに助けを待ち続けた．災害に強い地域とするには，行政と地域社会との新たな関係構築にあわせ，住民の意思決定の困難・遅延を組み込んだ防災体制の構築が必要であることを示唆している．

14.2 被害の個別性に応じた復旧

(1) 戦略的復旧

　中越地震では強度の地盤災害が広範に生じたため，個別被害の特定が困難であったほか，全域の地形が原形を留めない地区も少なくなかった．こうした地区では個別復旧だけでは対応できないほか，被災者も地区全体の復旧イメージをもつことが難しい．解決策として，生活・生産基盤を一定の地域で総合的に再編復旧する地区と個別復旧を行う地区を区分し，復旧対策の方針などを定める「地域復興基本計画（仮称）」の必要性が指摘されている．基本方針では，地域の復興・形成の大まかな戦略を定めることに主眼がある．大規模災害時には，まずこうした計画作成の必要度を判断し，その後の方策を組織化する体制の整備が求められる．

　中越地震では数集落のまとまった地域を単位とする総合的な復旧計画の作成は検討さ

れたが，実施に至らなかった．また，地域の農地を一体的に取り扱う「農地災害関連区画整備事業」が一部地域で導入されたのは，個別災害復旧が始まった後であった．この事業は，農地だけが対象であるため総合性の面では課題が残るが，早期に導入が検討されていれば，多様な対応が可能であったと地元では評価された．

(2) 農地の復旧・整備

災害復旧の原則は「原形復旧」である．原形復旧とは，被災前の状態に戻すことをいう．こうした復旧方式は，被害が小規模で分散的であれば周辺環境とも馴染み，妥当性は高い．しかし，中越地震のように地区内農地の大半に被害が発生するケースには検討の余地が指摘された．原形復旧を厳密に実施すると，従前地が未整備であれば生産条件の悪い農地が大量に再生産されるだけでなく，その後の圃場整備などの土地改良の実施が困難化する．農家は，いったん農地に投資するとしばらくは再投資の動機を失うため，災害後に土地改良が必要となっても原形復旧農地の所有者は事業参加を拒む可能性がある．原形復旧が障害となってその後の事業ができなければ，劣悪な基盤条件にとどまる地域農業は存続の危機に直面することになる．

長期的な農地保全・地域振興の観点に立つなら，災害復旧時に原形復旧の枠を超えた地域形成につながる改良的復旧の検討が求められる．これに対して，復旧においても「技術ミニマム」に基づく整備などが提案されている．技術ミニマムとは，今日の技術適用における最低限の整備水準を満たすことを求めるガイドラインであり，必要範囲の改善を可能とする．

(3) 長期的被害を考慮した支援

大規模地震に起因する地盤災害は，他の自然災害と異なり数年の長期にわたって被害をもたらす．中越地震では4年を経過しても，地震に起因すると考えられる被害発生件数は平年時の数倍に達した．これを「見えない被害」として指摘したのは，阪神淡路大地震の追跡調査であるが，今日の短期支援を基礎とする復旧体制では，長期的に発現する被害に不十分にしか対応できない．

現況では，目に見えない被害への対策は農家の自力復旧が大半である．中越地震では新潟県災害復興基金を原資とした「手づくり田直し等支援事業」によって，地震後3年までは追加的被害の一部を支援したが，十分ではなかった．従来の制度上の枠組みでは，長期的な被害発現は予定されていなかったのである．自力復旧は100％農家負担であるため，わずかの被害でも農家の経済的打撃は大きく，営農継続の大きな障害となる可能性がある．災害復旧対策においては，災害の種類によって被害発現は多様で固有性が高いことを考慮した支援体制の整備が企図されなければならない．

14.3 復興過程の地域形成
(1) 広域的な土地利用調整
　災害は，日頃気づかないことを顕現させる機会となる．中越地震では，錦鯉の斃死被害が大きな話題となった．地震発生日（10月23日）には，多くのコイは野池から越冬用プールに移されており，停電による曝気ポンプ停止が死につながった．一方，養鯉池の決壊による水害は限定的であった．コイをプールに移す際に落水していたため，大半の池に水がなかったのである．満水時に地震が起きていたなら被害はさらに拡大したと思われる．

　池の決壊は一部で土砂流を発生させ，下流の住宅に被害をもたらした．養鯉池の所有者のなかには個人的責任を意識した人もいるが，個別対策だけで地域の災害リスクを減少させることには限界がある．これは，土地利用がもつ外部不経済の問題として捉えることができるが，わが国では隣接する土地所有者相互の相隣関係などに限定して捉えられてきた．しかし，土地利用の外部不経済問題の多くは相隣関係を越えた，地域を単位とした課題として捉える必要がある．

　こうした課題の解決は，流域を単位とした総合的な土地利用調整・防災対策を基礎とする地域形成によるしかないだろう．中越地域を災害に強い地域とするには，居住地と溜池群との適切な大土地利用区分による秩序化が不可欠である．洪水流路への住宅建設を抑制・排除するなどの対策を含んだ流域の体系的・長期的な防災的土地利用計画を作成し，これにもとづく用途の調整や砂防堰堤の組織的構築などの防災対策による長期的な地域形成が求められる．

(2) 地域コミュニティ再編
　大規模災害後に，被災住民の多くが住み慣れた集落を離れることも少なくない．中越地震でも，従前の半数程度に人口が減少した集落も生じ，地域のコミュニティ機能を大きく損なった．一部被災地では，神楽や祭りなどの年中行事ができなくなり，複数集落で新たな形式を模索する必要があった．また，地域の幼稚園・小学校などの基礎的な公共サービス施設が園児・児童の減少を理由に再編が進められた．地域再編の手段として，集落移転が机上に上りがちであるが，地域のコミュニティ復興計画をふまえた慎重な対応が求められる．被災直後の人口減少は激甚被害を目の当たりにした住民が悲観して離村・移住するために生じるが，一定期間後に帰村する事例も少なくないのである．こうした事態を回避するには，被災者がいたずらに悲観しないよう，早期に復興計画を作成して目標意識を共有するのが解決の鍵のひとつになると考えられる．

14.4 おわりに
　災害の緊急時対応，復旧・復興において被害特性に応じた組織的対応をするには，平

時の準備・体制整備が支配的な意味をもつ．近年は災害対応マニュアルが多くの市町村で作成されているが，災害は固有性が高く，現況では多様な状況に対応するには不十分である．こうした事態を改善するうえで，被災地区における現場の経験・工夫を「経験知」として記録・活用することの重要性は高い．経験知は実務上の必要に応じて着想・構築され，実践的な知恵を含むため，新たな技術形成にヒントを与えるだろう．しかし，こうした経験知の大半は記録されることなく散逸し，忘れられるのが現実である．わが国の行政現場では情報の記録・収集・整理の体制は乏しいが，希有な経験を次世代に引き継ぐためには不可欠の条件であり，これらの体制整備に取り組むことを提案したい．中越地震では，経験知の一部は「農業農村・震災対応ガイドブック 2009」[1] としてまとめられたが，こうした情報の共有は，新たな備えにつながるであろう．　　［有田博之］

参考文献

有田博之，樋山和恵，福与徳文，橋本　禅，武山絵美：中越大震災時に集会施設が果たした避難機能．農業土木学会誌，**75** (4)，17-20，2007
有田博之，玉井英一，飯田茂敏：復旧段階における中越震災地域自治体の対応課題．水土の知，**76** (5)，35-38，2008
有田博之：中越震災復興過程における自治体の計画課題．水土の知，**76** (6)，531-534，2008
有田博之，湯澤顕太：2004 年新潟県中越地震における農業生産基盤の小規模被災と復旧対策．農業農村工学会論文集，**262**，89-94，2009
木村和弘，森下一男，内川義行ほか：淡路島農村における震災後 5 年間の農業的土地利用の変化，農業土木学会誌，**72** (10)，875-880，2004
島　尚士：大規模災害時における迅速かつ的確な災害対応に向けての取り組み．農業土木学会誌，**75** (4)，297-299，2007
内川義行，木村和弘，有田博之，森下一男：中越大震災における棚田の被害と復旧対応および課題．農業土木学会誌，**75** (3)，7-10，2007

15. 外来者参画の内発的地域活性化—そのメリットと課題

「外来者」とは，「よそ者」とも呼ばれ，その地域に地縁や血縁のない中で新たにその地域にやってきた者のことであり，「地元住民」の対義語である．外来者には，①その地域に定住する者，②定住していなくてもその地域をフィールドにした市民活動や経済活動などのためにその地域と継続的にかかわりをもつ者，③観光などで一時的に訪れる者，

---

1) 新潟震災復興研究会編：農業農村・震災対応ガイドブック 2009，新潟震災復興研究会 (2009)

などのパターンがある．ここではおもに上記②のパターンを中心に，外来者が過疎高齢化の進行した農山村の地域づくりに参画するメリットと課題について述べる．

15.1　外来者参画の社会的背景

　農村計画分野において地域づくりが論じられる際，住民主体の地域づくりが重要であるという認識が今では一般的になっているといえる．その住民主体の地域づくりは，住民が歴史的に継承してきた地域の共同性を機軸として，時に新たな共同性を構築しながら主体的に活動を展開し，そのような動きを自治体行政などの公的機関が必要に応じて促進・支援するという形がひとつの模範として語られてきた．

　以上のような議論の中でこれまで想定されてきた主体は，「地元住民」であった．しかし近年の農山村地域では，「限界集落」と表現されるように，極度な過疎高齢化によって地元住民だけでは地域の共同性を保持できず，地域づくり活動を新たに始めることも，継続することも困難な状況が出てきた．一方で，地元住民を支援する主体として位置づけられてきた自治体行政は，財政難，人員削減，広域合併等により，いわゆる「周辺地域」に属する農山村の地域づくりに対して，きめ細かい対応ができなくなっている．つまりこれまで想定されてきた地域づくりの主体である地元住民と自治体行政は，双方ともに厳しい状況におかれ，身動きがとりづらくなくなっているのである．

　そのような中で，新たな主体として外来者が期待されているのである．その背景には，外来者参画が広がっていく可能性が特に都市部で見出されることも大きい．ひとつは，都市住民による農業・農村への関心の高まりである．もうひとつは，1990年代に入ってから国内各地で市民による公益的活動が活発になり[1]，農業・農村の公益的機能保全への関心の高まりとあいまって，農山村の地元住民以外の市民も当該地域の地域づくりに参画する動きが現れてきたのである．そして近年では，そのような動きを支援する国の施策も打ち出されている．

　留意が必要なのは，ここで模範的に想定している外来者参画は，1980年代の後半から90年代前半のリゾート開発にみられた，外部からの資本・人材・手法の移植とそれらへの依存を目的としたものではないことである．外来者と地元住民がともに地域づくりの当事者となって，さまざまな地域資源を総合的に活用し，地元の力を引き出すことを基本にしつつ，外来者の力も引き出しながら進めていく，内発的発展を基礎とした地域づくりである．

---

1)　神野直彦，澤井安勇：ソーシャルガバナンス，東洋経済新報社，2004

15.2 外来者参画のメリット
(1) 新しい視点・知識・技能・人脈の導入による地域資源の再発見
　農山村地域の持続性を求めるとき，いま，最も必要とされているのは，人々がそこで暮らし続けるための仕事をつくることである．その際，外部資本の移入に頼るのではなく，地域資源を新たな形で活用した仕事づくりが求められる．そのためには，まずは地域にどのような資源が存在するか，その洗い出しが必要となる[2]．そのときに外来者がもっている「視点」が有効になる．地元住民には当たり前に映っていたモノでも，外来者の視点によって新しい価値づけが行われることがある（第Ⅲ部 20 章「町や村の元気をつくる地元学」参照）．そして，地元住民には考えつかなかった地域資源の活用アイデアが提示されることもある．そのような形で再発見された地域資源を実際に活用し，仕事づくりにつなげるための「知識」「技能」「人脈」を外来者がもたらす場合もある．たとえば，高齢化の進む地域では弱点となっている IT 技術などが考えられる．また，地域や商品の魅力をいきいきと伝えるデザイン力なども考えられる．商品やサービスを売り出したり，ボランティアを募集したりする際に効果を発揮する地域外との人脈なども考えられる．

(2) 人手の補填による地域資源の維持管理・継承
　上記のような地域資源の再創造は，これまで地元住民が継承してきた地域資源が適正に維持管理されてこそ可能となる．しかしそれが地元住民の人手不足によって困難になっている．たとえば，農業用水路の泥さらいなどの地域空間の維持管理作業，盆踊り大会の会場設営などの地域行事の運営などである．その人手を外来者のボランティア活動によって補填することが考えられる．また，地域づくりを組織的かつ継続的に進めるためには活動をマネジメントする「事務局」が必要となる．たとえば上記のようにボランティアを導入する際には，ボランティア募集のための情報発信，地元との連絡調整，活動当日のボランティアの誘導などの作業を行う事務局である．この事務局の人員として外来者が参画することも考えられる．

(3) 地元住民の「誇り」の醸成
　農山村地域問題の深刻な一面として「誇りの空洞化」が指摘されている．すなわち，地元住民が地域に住み続ける意味や誇りを喪失しつつあるということである[3]．このような状況では，いくら外来者が参画したとしても地域づくりは進展していかない．かつて農業・農村は近代化の中で，「臭い・汚い・きつい」などと外部から否定され続けてき

---
2) 関原 剛：集落支援の先行現場から―NPO「かみえちご山里ファン倶楽部」―．農業と経済，76 (11)，62，2010
3) 小田切徳美：農山村再生，p.7，岩波書店，2009

た．しかし，外来者参画による地域資源の再発見の過程で，外部から地域が再評価されることで，地元住民たちは自分自身の暮らしてきた地域の価値を認識し，地域への「誇り」が醸成されると考えられる．そのような地元住民の認識転換が起これば，地域資源の活用も進みやすい．なぜなら，地域資源を保有している地元住民が自信をもち，積極的な姿勢をもってこそ，地域資源は埋もれることなく表出してくるからである．

(4) 地域の人間関係に縛られない行動

地域づくりの実践場面において，やるべきことであっても内容によっては地域がなかなか動かないことがある．それは人手や資金などが不足していることによる場面も多いが，地域内の人間関係の「しがらみ」による場面も多い．「お互いにあらゆることで日常的に顔をあわせ，その人の一生だけでなく，代々おなじ場所に住むことの多い村落では，あとあとしこりを残すのはたいへんマズイ」[4]といった心理を，地元住民は少なからずもっている．それゆえ，地域内の決議は全員一致が基本であったり，新しいことをやるときには慎重になったりするのである．また，家と家の間の力関係や，過去の軋轢の経験などによるしがらみもある．そのようななかで，当該地域に来てから比較的日が浅いために，また定住していないためにしがらみの少ない外来者が，しがらみに縛られざるをえない地元住民たちの間をうまく取りもつことで場が動き出すことがある．しかしだからといって外来者が地域の人間関係をまったく考慮せずに行動することがよいわけではないし，地域資源の活用にはやはり地元の慎重な判断を基本にして物事を進めたほうがよい場合が結果的には多いのであるが，地元住民だけでは動かなかった場に外来者が入ることで，状況が好転する場面もあるということなのである．

15.3 外来者参画の課題とあり方

(1) 外来者が継続的にかかわれる体制づくり

内発的発展を基礎とした地域づくりには時間がかかる．そのため，外来者が一度参画したら，継続的にかかわることのできる体制づくりが必要となる．それはつまり，活動資源（人・物・金・情報）の供給と適正配分が継続的に起こる仕組みをつくるということである．それができないと，外来者がいったん参画しても，結局は志半ばで地域との関係を断ち切らざるをえなくなる．そのような事態が外来者の都合だけで，しかも地元住民の知らないところで決まってしまうことは絶対に避けなければならない．たとえば，外来者側からの発意で地域づくりを計画し，地元側がそれを受け入れたとする．しかし，しばらくして活動資金としていた行政からの補助金が尽きたり，その外来者の生活状況に変化があったりして，地元住民の知らぬ間に外来者が地域から姿を消すという事態が

---

4) 鳥越皓之：家と村の社会学 増補版，p.114, 世界思想社，1993

現実に起こっている．そのような事態は，場合によっては地元住民の心に「地元が都会の人に利用された」という負の記憶を刻みかねない．そしてその影響はその場限りの感情にとどまらない．たとえばその後，別の外来者が参画してくる機会があったとき，負の記憶をもってしまった地元住民は，その外来者に対して拒否的な態度をとり，門前払いをしてしまうかもしれない．しかしもしかしたらその外来者は継続的かかわりが可能で地元住民にとって有益な人物だったかもしれない．そう考えると，前述のような事態は，特に外来者参画の機運が高まっている近年においては，地域の未来の可能性を奪うことでもあるのである．

外来者とは本来的に「漂泊者」であり不安定な存在である．不安定ながらもそのメリットを活かそうとすれば体制づくりをしっかりとすべきであろう．ここでは体制づくりの具体的な方法を解説する余裕はないが，外来者参画は継続性を重視して，慎重にかつ戦略的に進めていくべきなのである．

(2) 地元住民-外来者の関係構築と態度形成

外来者参画による地域づくりでは，地元住民と外来者の関係構築が最も重要である．その関係のあり方や関係構築について，その方策を一律的・マニュアル的に提示することは得策ではないだろう．なぜなら，後述するとおり地元の多様な個性と外来者の多様な個性のかけあわせが重要だからである．個性を排斥し均質化してきたかつての地域開発政策にいまの農山村荒廃の原因の一端がある．両者の多様な個性をかけあわせた関係性は必然的に多様といわざるをえないので，それを個別に問うこともここではできない．

そこでここでは，地元住民と外来者が関わる際に互いがもつべき根底的な態度を問うことにしたい．まず外来者には，地元に対して支配的ではなく，敬意と謙虚さをもって学ぶ姿勢を貫いていくことが求められる．その先に，地元住民の「誇りの醸成」と地域資源の再評価が生まれる．しかし地元を重視するあまり地元に従属していては，地域に新たな風が吹き込む契機は生まれない．そこで外来者は，地元に対して支配でもなく従属でもない，その中庸に位置する態度，すなわち地元への敬意と謙虚さを基盤にして，自身の個性を活かした自己確証を模索していく態度が求められるのである．

次に地元住民の態度である．過去には地元住民が外来者に依存する地域開発によって農山村の自然・文化・コミュニティが破壊される事態が全国的に発生した．この失敗を繰り返さぬよう地元住民には，外来者に依存するのではなく，自分の暮らしてきた地域に誇りをもち，地域の中での自己の役割意識を確固としてもつことが求められる．その役割とは，地域の資源や記憶を継承し広く長く伝達していくことであろう．しかしだからといって変化を恐れて外来者を排除していては時代に合わせた創造の可能性を狭めてしまう．そこで地元住民は，外来者に対して依存でもなく排除でもない，その中庸に位置する態度，すなわち地域への誇りと自己の役割意識を基盤にして，創造的な地域伝承

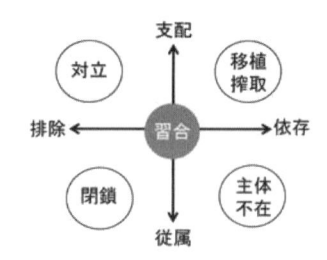

図1 住民と外来者の態度

を模索していく態度が求められる．

このような態度は，頭で理解して獲得するものではないだろう．外来者は地域との身体的な接触を通じて農山村に感銘を受け，また地元住民は地域に引き寄せられてきた外来者との直接的な接触から外来者の可能性に気づくという，そういった交流が継続的に起こる過程で互いに態度形成されていくものと考えられる．

そして以上のような地元住民と外来者の互いの態度が交じり合うところに，習いあい高めあっていく「習合」とも呼べる関係性が生まれ，地域資源の再創造に向けた本当の取り組みが始まるのではないだろうか（図1）． [弘重 穣]

参考文献

弘重 穣，坂本達俊，中島正裕，千賀裕太郎：農山村地域における外来者参画型地域づくりのための体制構築プロセス．共生社会システム研究，**3**（1），63-85，2009

坂本達俊，弘重 穣，中島正裕，千賀裕太郎：地域資源を活用した農山村地域づくりにおける外来者と地域住民の協同に関する研究―新潟県上越市NPO法人かみえちごご山里ファン倶楽部を事例として―．農村計画学会誌，**27**（論文特集号），299-304，2009

16. 中山間地活性化のためのNPO法人活動

NPOの活動にはさまざまなものがあるが，都市的なNPO活動と中山間地でのNPO活動での大きな違いは専門性と総合性にある．都市的な活動では，それぞれの専門性の分野での活動が多いのに対し，中山間地での活動ではつねに総合的な対応が求められるという実情がある．

さらにいえば中山間地NPOは都市的なNPOのようにミッション（使命）が明確ではく，むしろコミュニティそのものの維持や活性化が目的となる．ある問題解決に対し強く明確な使命を対置するという方法は，ある病に対し強い抗生物質を投与するというのに似ている．反対に中山間地NPOの手法は，身体そのものの免疫力を高めるというやり方に似ている．中山間地NPOは，免疫力の高いコミュニティそのものによって，たいがいの病気（問題）は自前で治癒（解決）が可能だという「状態の創出と維持」を目的とするのである．

もうひとつの違いを示すと，都市的なNPOは掲げられた「使命」に人が集まるという「同一性」の場であるのに対し，中山間地NPOは「すでにそこにいる多様な人びと」が主体となるので，いわば「非同一性」の場での活動となる．「非同一性の場」がまず求めるのは非同一性の場ゆえの共同や連帯の推進や維持である．非同一性の場では個別の「使命」より以前に，まず連帯するコミュニティそのものの維持発展が「使命」であり，それさえしっかりしていれば発生してくるさまざまな問題にも対応できるという考え方が基底にある．

現在の中山間地の問題の核心は，対症療法的な対応策の不在にあるのではなく，すべての活動の核心であるはずのコミュニティそのものの活動力低下が問題なのである．原因の主たるものは人口流出と高齢化によるが，それによって近郊集落どうしの連携や共同の消滅が進み，さらには単一集落内においてさえ「つながり」が希薄になっていく現状がある．

このような現状に対し，活動的なコミュニティを再生するために，不可欠なのが「つなぎ」の機能である．集落と集落，個人と個人の「つなぎ」，あるいは都市などの「外」と「内」の「つなぎ」，さらには集落と行政の「つなぎ」，集落と大学の「つなぎ」など，「つなぎ」の多様性・必要性は数え上げればきりがない．このような「つなぎ」の機能として期待されるのが，「外から来た」20～30歳代のNPOの若者たちである．

このような若者たちが「外から来た」ことの重要性とは，実は「つなぎ」機能そのものの性質にかかわる重要な要件を示唆している．「つなぎ」は中立であり公平であらねば「つなぎ」にならない．既存の集落では，狭い地域内での歴史共有によって，この「中立と公平」において困難を有している場合が多い．外来の若者たちの可能性は未知数である．しかし「ムラに何ひとつ良いこともしていないが，何ひとつ悪いこともしていない」という前科なき中立性が，実はバラバラになりつつある集落をつなぐ「ひも」として有効なのである．

そもそも村落の特徴はその「まかない力（自給力）」にある．ムラの生存技術の場とはすなわち生存のための総合力の全体系に他ならない．いいかえれば集落，あるいは集落集合体の盛衰は，ムラに総合化をもたらす「つなぎ力」の有無強弱にかかっているとい

ってよい．NPO スタッフの若者が「ひも」として機能し始めた集落では，バラバラの玉になりかかっていた集落が連なって再び数珠状になってゆく．そのような数珠構造ができ始めると地域住民自身の地域をみる視線が変化し始める．今までは単独集落だけという点の視線であったものが谷全体へというようにより俯瞰的なものへと広がってゆく．次には「集落のことは集落でやる．谷全体のことは NPO でやる」というような自治の二重構造ともいうべき認識が自然に現れてくる．このように再総合化をもたらす「つなぎ」の作用は，それがどれほど細い「ひも」でも有効なのである．中山間地 NPO の役目とは「つなぎ」のための「ひも」になることだけだといっても過言ではないだろう．このようにして現れてきた中山間地 NPO の根本機能を整理すると，以下の 5 つの「つなぎの機能」に収斂できる．それは内と内・外から内・内から外へという流れの中での「媒体性・媒介性・編集性・翻訳性・意訳性」という 5 つの「つなぎ」である．

[関原　剛]

参考文献

関原　剛：集落支援の先行現場から― NPO「かみえちご山里ファンクラブ」―．農業と経済，76（11），62，2010

17. 都市農村交流を中心とした山村農地再生活動

17.1　限界集落増富について

　現在，NPO 法人「えがおつなげて」では山梨県北杜市須玉町にある増富という山間集落で活動を行っている．日本百名山に数えられる「瑞牆山」を望む増富地区は標高 1000 m を超える高原地帯となっており，冷涼な気候で農業が盛んな場所である．また日本有数のラジウム温泉の源泉があり，全国からの湯治客も多い．かつては農業や林業といった産業が盛んな地域であったが，1 次産業の衰退と山間集落というアクセスの悪さもあり，高齢化が進み高齢化率は約 62％（2007 年）となってしまった．また，高齢化に伴い農業，林業の衰退も進み耕作放棄地も年々増えている．以前は特産の花豆やビールの原料になるホップなどの生産もあり活気のあふれる地域だったが，現在では耕作放棄率も 62.3％を超え集落そのものの維持が困難になりつつあるいわゆる限界集落となってしまった地域である．

17.2 増富での開墾ボランティア

増富地域は農業の衰退に伴い耕作放棄されてしまった畑や水田が多くある．そうした現状を受け，「えがおつなげて」では増富地域の再興のために2003年に構造改革特区第1号認定を受け，農地を賃貸し，限界集落増富での活動をスタートした．長い間放置された農地はススキなどだけでなく，木も生えてきており，手がつけられない状態となってしまっていた．そこで，おもに都市部の若者に農村ボランティアという形での開墾を呼びかけた．ボランティアの多くが東京，神奈川といった都心の人たちが多く，また大半が20代という若者であった．全国から集まった農村ボランティアは，年間で延べ約500人にもなり，約3 haの遊休化してしまった農地を開墾したのである．現在では開墾された農地で地域の特産品である花豆や青大豆などを栽培している．

17.3 増富での遊休農地活用について

開墾ボランティアの力を借りて開墾された農地や，いまだ手つかずになっている遊休農地の活用を行う活動を模索する中で企業の方たちに農地を利用してもらうことを考えた．「企業のはたけ／企業ファーム」という形でCSR活動（社会貢献活動）や社員教育（社内コミュニティーづくり），原材料の調達，顧客サービスなどに利用してもらうことを提案した．

活用事例①社員教育と原材料調達／山梨菓子メーカー「清月」

清月は山梨県を中心として和菓子や洋菓子の製造販売を行うメーカーである．清月では遊休農地の開墾を社員教育の一環から始め，開墾した農地で青大豆の種まきから収穫を行っている．社員教育から始めた農業参入であったが，収穫した青大豆を商品化したいという思いから青大豆を使った豆大福の商品開発を行った．現在では清月の大ヒット商品となっている．また，増富地域の特産である花豆の栽培も始めており，花豆を練りこんだクリームと，花豆をひと粒丸々使ったモンブランも商品化に成功しており，清月を代表する商品になっている．社員教育の一環として始めた活動が現在では原材料の調達にもつながり，商品開発，販売まで行うほどに発展した．現在では月に最低一度は増富に足を運び，草取りなどの作業も自ら行っている．

活用事例②CSR活動，顧客サービス，事業展開／三菱地所株式会社「空と土プロジェクト」

東京の丸の内エリアで不動産事業を行っている会社であり，社会貢献という形で増富の地域の地域活性化活動に参加している．「空と土プロジェクト」というCSR活動で，最初に増富地域の棚田の開墾を三菱地所の社員の方たちと地域のボランティアの人たちとで行った．その開墾した棚田を使っての田植えから稲刈りまでを行った．また，今後は丸の内エリアで働く社員とその家族を対象とした顧客サービスの一環として開墾した

棚田で酒米を作る「酒米ツアー」を行った．このツアーは「えがおつなげて」と「三菱地所（お客さま）」と「地域の方たち」だけでなく「山梨の醸造メーカー萬屋醸造店」も加わり遊休農地で米作りだけでなく，さらにその先の商品開発，販売まで行う予定である．

そのような山梨県との関わりの中，東京丸の内にある新丸ビルの7階レストランフロアで山梨の食材を使った「おあんなって山梨」が開催された．新丸ビル7階にテナントとして入っている各レストランが山梨県の食材でメニュー開発をしてもらい約2週間にわたり各レストランごとで販売を行った．三菱地所と山梨県商工業連合会，「えがおつなげて」とのコラボレーションで行われ，期間中は大勢の方に足を運んで頂いた．

また，森林体験など管理がなされず放置されてしまった森林を使い間伐や枝打ちなどの作業を行い，森林の保全活動を行った．その後，間伐した木材を使い，増富地域の人と都市の人達の交流を目的とした憩いの場所「コミュニティーハウス」の建設を都市の人たちと地域の住民が一丸となり行っている．農地の開墾や，田植え，森林体験だけでなく，都市と農村の交流を図っていき地域とのコミュニティーづくりも行う活動である．さらに，森林の間伐作業を通じて，今度は山梨県産木材を利用して，部材の製品化も行った．

17.4 山梨県の遊休農地活用について

現在，山梨県は遊休農地率全国2位という不名誉な記録をもっている．そういった中で，山梨県北杜市の増富地域で行っている「企業ファーム」の活動を山梨県全体に広げる活動を行っている．それを「やまなし企業ファームリーグ」として，山梨を「峡中，峡南，峡北，峡東，富士山麓東部」の5つのブロックに分け，地域ごとにNPOや農業者，農業生産法人と連携し，「えがおつなげて」が事務局として企業の参入のサポートを

図1 耕作放棄された東北の再開墾ボランティア活動「企業ファーム」

行って運営を行っている．企業の方たちを対象として各エリアの遊休農地や，地域資源の視察を行うバスツアーを行った．そのバスツアーの後，社員教育としての稲刈り体験や原材料の調達などで山梨県の遊休農地の活用を行った．その際には「えがおつなげて」が企業側，受け入れ団体との調整を行った．

このように「えがおつなげて」は増富地区から山梨県全体に活動を広げ，資源の掘り起こしや遊休農地の解消を行う活動を行っているのである． ［曽根原久司］

参考文献
曽根原久司：日本の田舎は宝の山―農村起業のすすめ，日本経済新聞社，2011

18. 流域レベルの循環型経済による湖の再生

18.1 一石何十鳥もの効果を生む市民型公共事業・霞ヶ浦アサザプロジェクト

国内第2位の面積を有する湖沼である霞ヶ浦では，NPOや企業，地域住民，農林水産業，地場産業，教育機関，行政が協働で取組む市民型公共事業アサザプロジェクトが行われている．このプロジェクトは1995年に始まり，延べ20万人の市民や200校以上の小中学校が参加して進められてきた．新しい公共の実物大社会モデルとしても注目されている．

霞ヶ浦の流域面積は約2200 km^{2}である．この広大な流域は28の市町村を含み，茨城県，千葉県，栃木県の3県にまたがっている．流域は同時にさまざまな縦割りの社会システムに被われ，流域全体を視野に入れた総合的な取り組みの展開が困難な状況にあった．流域管理という言葉はあっても，公共事業をはじめとする従来からの行政や研究機関などによる取り組みの多くは，縦割りの中で実施される自己完結型の取り組みを越えることができず，環境対策の大半は部分最適化へと進み，事業の効果も限定的であった．霞ヶ浦の水質汚濁の原因は，流域全体の社会システムにあることが明らかである以上，この社会システムの再構築をめざす取り組みを実現できない限り，水質の根本的な改善はみこめない．社会システムの再構築を実現させるためには，従来の枠組みを越えた新しい発想に基づく取り組みが必要だ．新しい発想とは，自己完結的な取り組みから連鎖的で循環型の取り組みへの転換である（図1）．

18.2 付加価値の連鎖を生み出す「様式」の発明

アサザプロジェクトの取り組みは多岐にわたり，ここでは個別の各事業について紹介

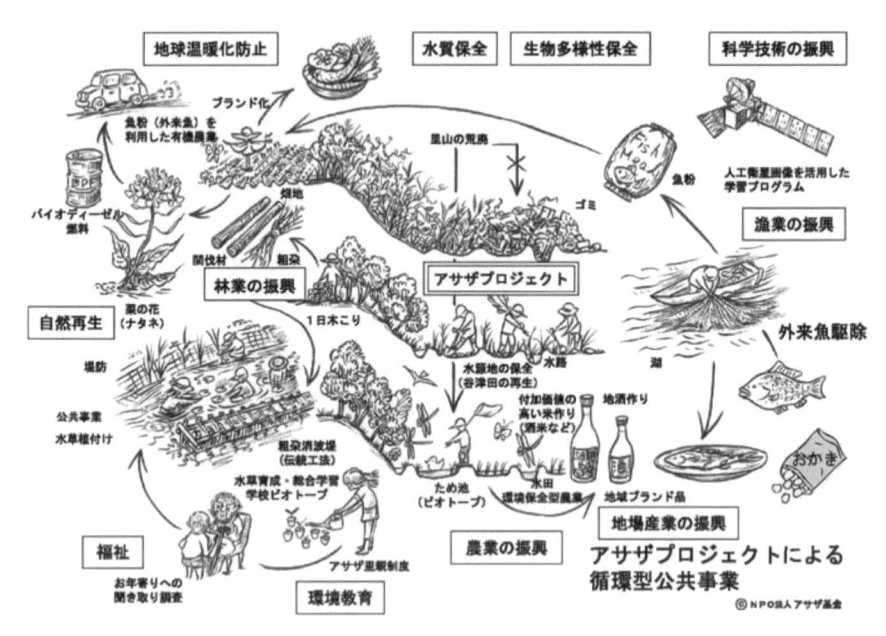

図1 アサザプロジェクトによる循環型公共事業（NPO法人アサザ基金）

することはできない．そこで，本稿ではその考え方を紹介する．個々の具体的な取り組みについては，関連書籍等を参照いただきたい．

アサザプロジェクトは，図1のように環境や福祉，産業，教育などの従来の分野間の壁を越えた事業展開を広大な霞ヶ浦流域で実現している．ひとつひとつの事業を契機に，その波及効果を地域にネットワーク状に広げる市民型公共事業の発想は，少ないコストで最大限の効果を生み出すことが期待される．付加価値の連鎖をとおして，地域に新しい人，物，金の動きを作り出すことで，たとえば耕作放棄地の再生についても，農業問題という枠組みを越えた多様な分野とのつながり（文脈）をとおして，作動させようとしている（図1）．

従来は縦割りの中で自己完結していた個々の事業を，連鎖型の事業にデザインし直すことで，ひとつの事業による効果を多分野にまたがる新たな文脈として定着させ，地域に蓄積していくことができる．このような手法は，中央で作られた「形式」や「制度」「マニュアル」とは異なる，それぞれの地域の潜在性を浮上させる新たな文脈作りによって生まれる地域固有の「様式」である．このような様式の発明こそが地域の持続可能な発展には不可欠だ．社会的起業という発想もこのような様式の中からみえてくる．後で述べる地域や流域全体を視野に入れた「総合知」といったものも，地域の様式の中から

見出される．

18.3　問題解決型から価値創造型への大転換を図る『物語』

アサザプロジェクトでは，個々の問題への分析的なアプローチによる解決には限界があると考え，複数の問題群を結ぶ新たな文脈づくりをとおした物語的なアプローチによる価値創造的な解決に重点を置いている．

アサザプロジェクトは中心に組織のないネットワークである．中心にあるのは「協働の場」「価値創造の場」である．ハンナ・アレントは「個人の物語が共有される場」を公的な空間であると位置づけている[1]．ここで云う「場」は，さまざまな個人や組織の物語が共有される公共の場（「新しい公共」）でもある．こうした場に寄り集う物語は個々の暮らしに育まれた「小さな物語」であり，大きなビジョンを掲げ人々を先導する「大きな物語」である必要はない．

多様な主体どうしがこの「新しい公共」をとおして，具体的な物語（事業やビジネスモデル）を語り出すことで，新たなつながりを紡いでいくことができる．「物語が共有される場」とは，それぞれの領域知や専門知が暫定的につながり合う新しい思考のスタイルとしての「総合知の現場」でもある．そして，求めるべきビジョンはここから立ち上がってくる．

18.4　市民参加から行政参加へ

従来の公共事業は，専門分化した行政組織が中心になって事業を行うため，全体感の欠如した縦割り型の事業の限界を越えることができなかった．そこで，市民型公共事業は，専門分化した組織（行政）を中心のないネットワークの一員として位置づけ直して機能させることで，その専門性をより発揮させようとする．ピラミッド型社会における「市民参加」の発想から，ネットワーク型社会における「行政参加」への発想の転換が必要となる．

18.5　「壁」を溶かし「膜」に変え，社会を変容させる

このようなネットワークの中で機能することになる行政は，従来の縦割りの壁を越えた非公式のつながり（ネットワーク）を，多様な組織と共有することが可能となる．これによって従来の組織改革（破壊・構築・組み換えなど）とは異なるある変容が組織に及ぶ．変容とは，組織を隔てる「壁」がネットワークによって溶け，「膜」に変わることだ．NPOなどの非営利の民間団体が新たな文脈（物語）で異なる組織間を結ぶ触媒やホ

---

[1]　アレント，ハンナ（志水速雄訳）：人間の条件，ちくま学芸文庫，筑摩書房，1994

ルモンの役割を担うことで，組織間を隔てる壁を溶かし，膜に変えていく動きを社会全体に広げていくことができる．

今日の社会では，多くの専門家がそれぞれの「領域知」の中にありながら，総合化をコンピューターなどのインターフェイスに委ねるという分業化が進んでいる．このように領域知の中で自足していては，地域や農村，流域全体を対象にした研究も計画も机上の空論の域を出ることはできないだろう．

アサザプロジェクトは，社会の縦割り組織や領域知を単に否定するのではなく，また，単に組織変革（縦割りの組み換えや再構築）を行うのでもなく，「総合知」（ネットワーク型・横断型の知）へと志向することで，社会や組織そのものを変容させる取り組みである．

こうした霞ヶ浦をモデルにした取り組みは，現在秋田県八郎湖の流域や，原宿など東京都内，北九州市，松戸市などの都市部，三重県や沖縄県などの過疎地域等のさまざまな地域や分野で，農林水産業や地場産業，商店街，学校教育の活性化と一体となった環境保全循環型の社会づくりとして展開されている．　　　　　　　　　　［飯島　博］

参考文献
鷲谷いづみ，飯島博：よみがえれアサザ咲く水辺—霞ケ浦からの挑戦—，文一総合出版，1999
野中郁次郎，勝見明：イノベーションの知恵　日経BP社，2010

19. グラウンドワークによる地域活性化

19.1　行政依存からの脱却—英国グラウンドワークの先見性

現在，全国各地の中心商店街には空き店舗が広がり，昔の賑わいは感じられない．また，農村地域からも若者が流出し，高齢者が残る限界集落も急激に増加している．国の借金も1000兆円を超えようとしており，「増税」の議論ばかりが目につく．今後，「高負担・低サービス」の社会構造が増加し，行政への依存は限界に近づき，行政破綻・破産への懸念が拡大している．

この日本の現状は，1980年代の英国と酷似している．当時，大胆な行財政改革を訴えたサッチャー政権が誕生し，超福祉国家，社会保障依存の体質を変革し，NPOが先導するパートナーシップの仕組みを，「新しい公共」として，国づくりに生かした．この1つが，「グラウンドワーク」である．行政・NPO・企業が，それぞれの社会的責任と負担を担いつつ，この3者の調整・仲介役となる「グラウンドワークトラスト」のコーディ

ネートのもと，それぞれの得意技や専門性を発揮して，パートナーシップを組んで地域の課題解決に取り組む地域活性化の有力な地域システムである．

この仕組みは，その後，ブレア政権にも「福祉のニューディール」として引き継がれ，行政が対応しきれない市民目線のきめ細かい公益的サービスの提供をNPO等の中間支援組織が担うことになり，停滞化と環境悪化が進行する地方都市において，具体的な環境改善活動を通して，市民の自立性と内発性を育成することに多大な効果を発揮した．

昨今，キャメロン政権になっても，NPOの役割はさらに評価され，私益性と公益性を担う「社会的企業」の創業を誘発し，多様な社会的ニーズを生かした新ビジネスを展開することによって，地方都市での若者や女性，高齢者の「雇用の場」を確保している．

現在，英国においては，20万団体ものNPOが活動しており，行政や企業との間に存在する「中間労働市場」の役割を担い，700万人もの雇用を創出しているといわれている．NPOで働く職員は，すべて給与をもらい自立しており，多様なサービスを継続的に提供している．日本においても，停滞した地方都市の活性化のためには，まずは，雇用の場の確保が必要不可欠であり，次なる地域を創っていくための「人的資源」としての若者を，できるだけ多く地元に定着させる施策や仕組みが求められている．

19.2 環境再生から地域再生へ・グラウンドワーク三島の取り組み

「水の都・三島」の水辺自然環境が悪化の一途をたどる中で，「グラウンドワーク三島」は，イギリスのグラウンドワークの有益性を知り，この手法を日本で最初に三島に導入すべく，当初8つの市民団体が参画（現在20団体）して結成され，市民主導の具体的な事業計画の策定に入った．

まず，グラウンドワーク三島が最初に手がけたのは，「源兵衛川」（図1，2）の水辺再生であり，グラウンドワークの手法を使い，複雑に絡み合った課題に取り組んだ．この

図1　整備前の源兵衛川（1980年代）　　図2　整備後の源兵衛川

ため，平成3年頃より約3年間にわたって，毎週のように地域住民総参加の定期的な河川清掃を開始した．

さらに，水辺観察会の開催，源兵衛川を愛する会・三島ホタルの会などさまざまな環境改善団体の設立，自然環境調査の実施，東京の人々を対象とした水辺ゴミ拾いツアーの実施，環境モニタリング調査の実施など，市民の発意に基づいたユニークで多彩な仕掛けを連続的に企画実施した．

静岡県が事業主体者になった「源兵衛川親水緑道事業」では，グラウンドワーク三島が利害者の調整・仲介役となり，住民参加の計画策定を進め，3年間に約180回以上もの検討会を開催した．その結果，源兵衛川の原風景・原体験の再生を目的とする，自然度の高い水辺再生の整備計画が策定された．今では，夏になると子どもたちの歓声が水辺にこだまし，絶好の川遊び・魚獲りの場になっている．清流に棲むホトケドジョウやサワガニも増え，5月には数百匹のホタルが水面を乱舞し，三島から消滅した水中花・三島梅花藻も復活している．

源兵衛川での水辺再生のプロセスが，市民の川への愛着心とまちづくりへの問題意識を高め，子どもたちの川に対する関心と自然への思いやりの心を育てていった．機能重視の物づくりから，市民・NPO・行政・企業間のパートナーシップによる魂の入った物づくりへの取り組みが，地域活性化を誘導するポイントといえる．

19.3 グラウンドワーク三島――成功へのステップ

第1のステップは，「実践の継続と成果の蓄積」である．"右手にスコップ・左手に缶ビール"を合言葉として，環境悪化の現場において実践的・具体的な市民活動を展開することを信条としている．その運営手法は，さまざまな地域主体者どうしが徹底的に話し合い，地域の課題を明確化し，行政や政治家に一方的に依存しない，自立的・主体的な解決方策を考えることによって，政策立案と事業実現の能力を向上させ，「市民力」と「地域力」を高めていくことになる．

第2のステップは，「パートナーシップの形成」である．市民・NPO・行政・企業が有機的にかかわった新たな地域づくりの仕組みをつくりあげないと，グラウンドワークとはいえない．

グラウンドワーク三島は，地域に入り込み，最新の地域情報の収集・整理・分析・評価を行い，解決への処方箋を見出していく．特に，地縁団体との信頼関係の構築を重視し，数多くの説明会を重ね，地域住民の共有意識と一体感の醸成を仕掛けていった．その後，行政へのアプローチを進め，関係部局との意思疎通などを行い，行政内部での事業内容の理解度と支援体制の構築を進めた．また，地域企業には，資材，機材，資金，技術，人的支援などの具体的な形での応援を要請した．利害関係者の得意技や利点を最

大限に出し合える効率的な地域システムをつくりあげていくことが，調整・仲介役としてのグラウンドワークの最大の仕事・役割である．

第3のステップは，「市民団体間のネットワークの構築」である．グラウンドワーク三島の組織の特徴として，組織と人材の多様な力量が発揮できる「ネットワーク組織」を結成，各参加団体の個々の運営には干渉せず，それぞれの組織の特徴を活かしたプロジェクトへの参加機会を提供（資材，施工機械，設計作業，ボランティア提供）し，小規模団体会員への事務局機能の補完支援（経理，連絡，会議運営，調整，助言）などを行っている．

19.4 多様なグラウンドワーク活動への展開

これまでに，市の中心を流れるゴミ捨て場化した源兵衛川などの水辺再生をはじめとして，市内から姿を消した水中花「三島梅花藻」の保護増殖施設としての「三島梅花藻の里」の整備，ホタルの里づくり，住民参加による遊水池の整備，歴史的な井戸・水神さん・湧水池の再生，お祭りの復活，学校ビオトープの建設，貴重性の高い河畔林の再生など，多様な環境再生活動を展開してきた．

19.5 グラウンドワークによる地域活性化への効果

これらグラウンドワークによる多様な環境改善活動によって，源兵衛川や三島梅花藻の里など，水辺の散策に訪れる来街者やまち歩きの観光客が，着実に増加しており，観光案内の「みしまっぷ」の発行枚数は，平成10年の4.7万部から，近年では40万部までに増加している．

グラウンドワーク三島による小さな環境改善地区の「点」が，源兵衛川や回遊道路の「線」で連結され，「水の都・三島」の魅力を誘発し，ウナギ料理を中心とした食文化の開拓と相乗効果を発揮して，ゆったりと水辺を散策できる．楽しいまちを創り上げている．

このことにより，12年前は40％が空き店舗であった大通りの中心商店街にも，お客様が戻り，飲食店を中心として来客数も増加し，今日では空き店舗ゼロの状態になっている．このように，水辺の環境再生から始まったグラウンドワークは，多くの関係者の知恵と行動を有機的に結合・誘発して，環境再生から地域再生・観光振興・地域活性化へと発展的に拡大している． ［渡辺豊博］

20. 町や村の元気をつくる地元学

20.1　3つの元気，3つの経済を整える

　地元に学ぶ地元学は，住んでいる人が当事者として調べ，考え，役立てることを繰り返し，元気な村や町を自分たちでつくっていく．人が元気で，自然が元気で，経済も元気にしていく．

　ただし，経済には3つある．お金の経済である貨幣経済，お互いに支えあう共同する経済，自分で野菜や米，先祖に供える花を植えて食べ，使う自給自足の経済である．

　私たちは，物を買うお金があることを，いつのまにか豊かさのモノサシにしてきた．でも，豊かさとはお金ばかりではない．海山川などが豊かであれば，次々に季節ごとに食べ物がやってくる．おそらく昭和30年代後半に始まった高度経済成長まで，農山漁村では共同する経済と自給自足の経済が生活の中にあり，お金がそんなになくても暮らしていける豊かさを支えていたはずだ．

20.2　いい町や村の10の条件

　宮城県仙台市で同時期に地元学を提唱し実践している結城登美雄さんは，次の7つが揃えばいい町や村だという．それは「いい自然がある．いい仕事がある．いい習慣がある．住んでいて気持ちがいい．生活技術の学びの場がある．友達が3人はいる．そしていい行政」（結城氏談）である．私は，いい行政を「いい自治」に換え，付け加えて，「おいしい家庭料理がある，地域の暮らしを楽しんでいる，地域が大好きなこと」にしたい．大事なことは地域を調べることだ．調べるとそこが好きになることが地元学の実践でわかってきた．また，地域の暮らしを楽しむことだ．野菜などのモノをつくったり，話をしたり，飲んだり，食べたりすることを楽しむ．これがない限り，町や村の元気づくりは難しい．

20.3　ないものねだりをやめてあるもの探し

　湯布院の木工作家，時松辰夫さんは「自然と生産と暮らしがつながっていて，つねに新しいモノをつくる力を持っているのがいい町だ」という．それでは，「新しい物をつくる力」とは何だろうか．筆者は「新しいものとは，あるものとあるものの新しい組み合わせだ」としている．だから「ないものねだりをやめてあるもの探し」が必要になる．つくる力は組み合わせる力だと思う．創造する力を身につけたいものだ．

20.4 地域個性の把握が大事

住んでいるところを説明できること，つまり個性の把握が大事になる．私たちは，あれがないこれがないといって暮らしてきた．あれもこれもあるにはならなかった．ないものが欲しい，あるものは欲しくない．結果として貨幣経済の豊かさにはつながったけど，いつのまにか，川で泳げない，魚が少なくなったなど地域が楽しくなくなっていった．

あるものを探して確認するということをやらない限り，ないものねだりだけでは地域が壊れていく原因になっていく．先進地を視察した人たちの中に，「すごい！」とかぶれる人たちがいる．反対に「つまらない！」と全部を否定したりする人たちもいる．両方ともアイデンティティ閉塞症という病気である．自分や地域をよく知らないことから起きる極端な反応だ．地域の個性や特徴を把握していないと，変わりすぎて壊れたり，変化に対応できずにのた打ち回ることになる．

20.5 事例紹介：村丸ごと生活博物館・頭石

2002年に始まった水俣の「村丸ごと生活博物館」は，頭石（かぐめいし）地区ほか3地区で取り組み，村は元気になってきた．

水俣の最源流に頭石集落がある．40世帯の山あいの農村で，どこにでもある集落だけど少し違っている．それは水俣独自の仕組みである「村丸ごと生活博物館」であることだ．2002年に水俣市の指定を受け活動している（図1）．館長役の勝目豊さんをはじめ8名の生活学芸員がいて自分たちの暮らしを案内し，山菜取りや野菜づくりなどにいそしむ15名の生活職人がいる．市の生活学芸員としての認定を受けた人たちだけど，資格に必要なことは「ここには何もないといわない」ことである．生活学芸員たちは研修を受ける．自分の家や集落にあるものを探して確認していかしていく地元学の実践である．

図1　話を聞く参加者たち

あるものを写真にとって「この草木は何と呼んでいるの？ 何に使う？」と聞いて，「森の番長」というタイトルの絵地図などができた．山仕事で暮らしてきた勝目辰夫さんの世界を表した力作である．ほかにも無農薬の野菜をつくっている森下寛さん，地蜂を庭先で飼っている小島利春さん，煮しめ料理がここはひと味違うと評判になった村の女の人たちなど，頭石の暮らしの底力が立ち現れてきた．

自分たちでつくった絵地図を使って，訪れてくる人たちに生活学芸員たちは笑顔で説明する．村人は「生活博物館になって人を案内するようになったら山を見る目が変わってきた．食べ物がいっぱいあると気づくようになった．外から来た人たちがここのすばらしさを教えてくれるのでいい」という．いい話だった．住む人たちが足元に目を向けはじめた．遠くに幸せがあると思ってきたこれまでを振り返り，ここで生きるために，住んでいるここに目を向けはじめたのだった．

20.6 まとめ

地元学は足元の小さな世界だと思っていた世界を開いていく．大地に足をしっかり着けて，土地の神の声を聞きながら，それぞれの地域に固有の風土と暮らしの文脈を探り，自分たちの風土記を編んでいく．自らが生活の当事者である自らが足もとを調べていく．あるのが当たり前だから意識にのぼりにくい普段の暮らしの力，地域のもっている力，人のもっている力を引き出していく．当たり前にあるものとあるものを新しく組み合わせ，地域づくり，ものづくり，生活づくりに役立てていく．町や村の元気をつくっていくのである．それはあるものをみるまなざしを自ら開発することから始まる．

[吉本哲郎]

参考文献

吉本哲郎：地元学をはじめよう（岩波ジュニア新書），岩波書店，2008

21. 農山村地域再生の新たな視点—単業から複業へ

21.1 過疎集落の現状と地域再生への課題

国土交通省の調査によると，全国に62000の過疎集落があるという．過疎集落の多くは，全国の離島や中山間地域に偏在している．これらの集落は，数百年から数千年の歴史を積み重ね，暮らしの場としての機能を果たすとともに，国土の形成においても重要な役割を担ってきた．これらの集落に住む人々の手により食料が供給され，その上，治

山，治水など国土の保全にも大きく貢献してきた．しかし，古くから続いてきたこれら集落の多くで，生産年齢人口の減少などの理由により集落機能の維持が危ぶまれる状況が発生している．この生産年齢人口の減少傾向は日本全体の問題ではあるが，特に中山間地域，離島では顕著であり，現役人口の絶対数が少なくなったことから集落の維持管理ができなくなっている．

それでは，数百年以上にわたって営みの場を形成してきた中山間地域や離島の人口の絶対数減少がどうして起こっているのか．知られているように，人々は明治以降の近代化，戦後の高度成長を通じて便利で効率的な営み，すなわち都市的な暮らしを志向した．その結果，都市化志向は山村にも及び，ここより町で暮らす方が便利で良いと，多くの若者が村を離れ都会へと出て行った．あきらかなように，人口密度が低く生活インフラも相対的に整っていない中山間地の集落では，都市部と同じような産業は成立しづらい．また，生活も相対的に不便であると捉えられた．このようなことから，中山間地域や離島から一方的に人口が流出してしまった．

行政の施策も，結果的にこの状況を後押ししてしまった．たとえば，林業や農業の高度集積による効率化の推奨，あるいはロットを揃え一定の品質を担保する量産型の産業を中山間地域などにおいても推進した．そのため，本来多様な資源を生かし暮らしをつくりあげてきた中山間地域の特質とは相反することになり，結果的に地域が疲弊してしまった．そして，本来豊かな暮らしの場であったはずの地域において，「ここには何もない」，すなわち金になるものが何もないと，人々の心を荒廃させてしまった．その結果起こっていることは，ダムや道路などの公共事業に頼る地域運営であり，公益的なことがらは行政の役割であると，「ないものねだり」の心が染み付いてしまった．

このような状況から発生した，農山村地域の再生に向けてのハードルは以下の3つである．

①誇りの喪失，すなわち都市部との比較において，「ここは遅れているところ」，と戦後一貫して住民に植えつけられた心の再生が，大きな課題となっている．そして，その心の背景にある「経済発展こそが，生活を豊かにする」という思い込みから脱却することが求められている．

②公益は行政の役割，すなわち貨幣で暮らしをつくることが常識となり，「税金を納めているのだから公益的な事は行政がやるものだ」と住民が思い込んでしまった．この心根の殻を破らない限り，住民自らの内発的な地域再生は起こりえないといってもよい．

③足下に存在する資源の再認識，すなわち「ここには何もない」という心を変えることが重要．これまで，資源を貨幣に変えることに汲々としてきたことから，比較優位を追い求め，量が揃うことこそ原則，と思いこんでしまっている．その認識を捨てること，すなわち「ここにあるものとあるものの組み合わせ」による，新しい価値創出による事

業化を目指すことが重要である．これはいいかえると，これまでの効率優先の量産型産業育成から抜け出し，中山間地域や離島にふさわしいビジネスモデル，すなわち単業ではなく複業的な事業構造を創出することである．

　昨今の厳しい状況の中でも，農山村地域の再生に向けての新しい動きが全国各地で始まっている．事例をみながら農山村地域再生の新たな視点を示そう．

21.2　農山村地域再生の事例—長崎県小値賀町

　長崎県小値賀町．五島列島の最北部に小値賀島はある．遣唐使の寄港する歴史ある港として知られ，水産業が盛んで昭和30年代には人口が約1万人であったのが，現在では3000人を切ってしまった（町HPより）．産業においては，基幹産業である水産業が平成元年22億円の水揚げであったのに対して，現在8億円と急激に減少している（町でのききとりより）．そこで始まったのが，漁業や農業と連携した地域資源を生かす新しい観光の産業化プロジェクト「おぢかまちづくりプロジェクト」である．

　このプロジェクトにおける重要な点を示すと，次のとおりである．

　①島の景観をお金に換える，すなわち廃屋となっている古民家を再生し都会からの旅行者を受け入れるとともに，かつての豊かな漁村の風景を再生し新たな価値をつくりだす．

　②水産物，農産物を利用した特産品を開発し「外資」を稼ぐ．すなわち，これまで顧みられることのなかった小ロットの生産物を見直す．たとえば細々とつくられているピーナッツを特産品として売り出す．

　③島の自然や暮らしを生かした，エコツーリズムやグリーンツーリズムを積極的に展開する．

　④島内での雇用拡大による給与所得の増加など，地域内の循環経済を大切にする．

　⑤島の生活の仕組みを大切にし，このプロジェクトに携わる新住民も必ず消防団などの公益的な役割を担うことを義務付ける．

　この取り組みは，始まったばかりではあるが，すでに売り上げが1億円近くに達し，専従スタッフ16人，パートの登録40名とかなりの成果を上げている．また，今後5年間での売り上げ目標5億円を見据え，複合的な業態開発を目指している（小値賀町アイランドツーリズム関係者からのききとりによる）．

　この取り組みにおける新たな視点は，コストのかかる公益的な業務である防災などを自らが積極的に担うこと，地域内での経済循環を島の外からの外貨の獲得と同時に大切にしていること，そして大量生産の効率的産業を目指すのではなく，小ロット付加価値型の事業をつくりだそうとしている点である．また，これまでお金にならないといわれてきた景観や生活文化に価値を見出し，交流ビジネスで外貨を稼ぐという視点も重要と

なっている．

　このような取り組みにおけるスタッフの1日の業務をみてみよう．朝一番には古民家に泊まった旅人の食事を用意し，その後ツーリズムメニューの提供のため島を案内し，そして午後からは特産品の開発を行うなど，これまでの単業的な働き方ではない複業的な業務形態が発生している．あらためて，このような複業的な働きを考えてみると，たとえばこの島の漁師はブリ，ヒラス，イサキ等の一本釣りを中心に，採貝藻，曳縄，延縄，刺網，シイラ釣りなどの漁船漁業を営んできた．そこでは，単一の漁ではなく，魚も獲れば貝も獲る複合的な漁が存在している．そのうえ，陸に上がれば米や野菜をつくり，自給的な営みがなされてきた豊かな地域であった．おそらく古来より，この地域の人々はこのような半農半漁の暮らしを行い，この地域で生き延びるため，あるいは今年よりも来年がよりよくなるようにと生きてきたのであろう．また，同時に交易の盛んな土地であったことから，生活のリスクを少なくするため，より価値の高い生業をつくりだして暮らしを豊かにしてきたものと考えられる．

21.3 「複業化」で地域内経済循環の最大化を

　農山村地域の再生に，「業」は欠かせないことであるが，重要なことは単体で業を考えないことである．まず重要なことは，ここにみられるような複数の生業の組み合わせによって暮らしをつくることである．そして，地域内経済循環を最大化することが重要である．たとえば，蕎麦を出す食堂が短期的な利益を優先するならば，世界中からより安い原料を調達すればよいだろうが，少し長い目でみて地域内経済循環による地域の持続的発展を重視するならば，地域内の契約農家から蕎麦を調達するほうがよい．それも原料で購入するのではなく粉末状に加工したものを購入すれば，その農家の手取りは加工賃の分だけ増加する．こうして地域内での所得総量が増えれば，結局その食堂の利用住民も増えるというように，地域内でよい経済循環が作れるのだ．

　すなわち，ここでいえることは，かつては衣食住すべてにわたって地域内の業にかかわる役割をもった人々がいて，単一の業ではない役割分担が存在した．そして，地域内で支え合って生きていたのだ．このような「地域」の持続や豊かさの実現に価値を置き，業態を組み合わせて最適化する経済行動が，地域再生には求められているのである．

［福井　隆］

参考文献

福井隆ほか：地域を元気にする地元学—現場からの報告．日本エコツーリズムセンター編／福井隆監修，2011

22. 地域再生手法と共同体の再生力

22.1 共同体の再生

「自分たちの集落の将来をみんなで考えたのは，水稲栽培からミカン栽培に集落をあげて転換するかどうか，国の指導で判断を迫られたときだ．とことん相談をつくし，ブラジルに移民するつもりで，みんなで決断した．昭和37, 38年の頃のことだ.

それ以来いままで，地区の将来についてみんなで話し合うこともなくなった．そして，あれよあれよといっている間に"なし崩し的"に村の人が勤め人になって外に働きに行くようになってしまった.」

これは，和歌山県有田川町畔田地区の人から聞いた話だ．日本の農山魚村のいずれの地域でも同じような事態が進行し，今日の少子高齢化，過疎化を招いてしまった．このことは，住民が自らの地域の「地域経営」の「手綱」を手放してしまったことを物語る．共同体の主体的運営すなわち「地域自治」の放棄である.

したがって，目下の地域再生は，共同体の再生，地域自治の再生がその根幹となる．10年先，100年先の地域の「夢」を描き，地域にある資源を生かして時代のニーズに合った価値を生み出していくことが，求められる．それには住民が合意を形成しながら，地域が抱える課題を特定し，その「解」を地域住民みんなで導き出す必要がある.

筆者は15年間，合意形成と問題解決を導く方法論と考え方を実践的に研究開発してきた．「寄りあいワークショップ」と命名した手法である．和歌山県「むら機能再生支援事業」をはじめ，離島地域や都市圏などの実践例でその有効性が検証されている.

22.2 寄りあいワークショップ

合意形成の場は，「住民懇談会」や「ワークショップ」の名称で開催されるのが一般的である．図1を参照されたい.

ワークショップに臨む住民の姿勢は，「ないもの探し」から「あるもの探し」への転換が必要であり，行政側には，従来の「ハード型」から「ソフト型」への姿勢転換が必要となる.

そのような姿勢転換のもとで，次のような内容に順を追って取り組む.

①住民の声による課題の発見
②あるもの探し
③地域再生メニュー作り
④住民の手による実践

22. 地域再生手法と共同体の再生力

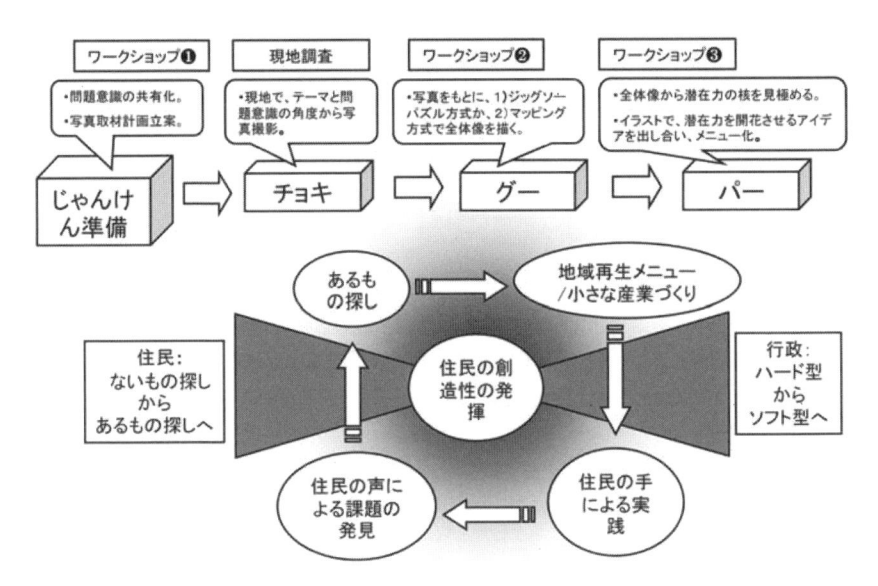

図1 寄りあいワークショップ「じゃんけん方式」

このサイクルを発展的に繰り返すことで，住民の創造性の発揮を促していく．

ワークショップの手順は，この内容を「じゃんけん方式」で進める．といっても実際にじゃんけんするわけではない．じゃんけんの手で作業をイメージしてもらうのだ．じゃんけんの名称は通常「グー」⇒「チョキ」⇒「パー」の順で表現する．この順序を組み換えて「チョキ」⇒「グー」⇒「パー」の順で作業を行う．ただし，これに先立ち「じゃんけん準備」のステップを入れる．

ワークショップは，次のようなステップでの進め方となる．

①第1回ワークショップ：じゃんけん準備…住民が問題意識を出し合い，共有化を図る．「問題意識地図」を作成し，重要度の評価を行って重点課題を抽出．そのうえで，資源探しのための写真取材の計画を立案する．

②現地調査：チョキ…現地で，テーマと問題意識の角度から写真撮影．地域の重点課題の解決に役立つ地元の資源や宝，改善点を写真に収める．写真に切り取るところから「チョキ」．

③第2回ワークショップ：グー…取材した写真をもとに，ジグソーパズル方式かマッピング方式で全体像を描く．「資源写真地図」を作成する．写真をもとに地域の姿を掌握するところから「グー」．

④第3回ワークショップ：パー…地域の全体像から潜在力の核をみきわめ，イラスト

（絵や図，マンガなど）を描き説明書きを添えることで，潜在力を開花させるアイデアを出し合い，メニュー化する．「アイデア地図」を作成し，どのアイデアから取り組むか，優先度評価を行う．優先度の高いアイデア項目について，実行の難易度，実現目標時期，実行主体を協議し，着手順位を見定めて「実行計画」を作成．大いにアイデアを広げようということから「パー」．

計画の立案を受け，実行組織を立ち上げリーダーを任命する．地域と行政が協議しながら実施計画を作成，実行と展開する．

22.3 内発的な地域再生──夢とアイデアを形に

和歌山県むら機能再生支援事業では，平成17～21年度の5年間に38地区で寄りあいワークショップを実施した．合意形成によって描いた夢とアイデアの実行に立ち上がり，地域再生が起動し始めた地域の比率は，ワークショップ実施全地区の2.5～3割と，野球でいえば高打率だ．平成22年度からの5年間には，打率5割を目標としている．

田辺市龍神村も地域再生が起動し始めた地域のひとつである（図2）．ワークショップで出されたアイディアの実行優先度第1位は「サトイモの栽培と焼酎づくり」，第2位は「龍神産地直売所」，…そして第6位は「まじめにゆず丸ごと加工」．平成20年の年度末には，自分たちで「霜降りゆずのコンフィチュール（砂糖漬けジャム）」を商品化し，これがなんと伊勢丹の「I ONLINE」の「全国おとりよせグルメ」で扱われている．第1位については，20軒の農家の高齢者がサトイモ栽培に参加．平成22年度には焼酎を商品化し，販売を開始した．これが農水省の「農山漁村地域力発掘支援事業」の追加公募に採択されたが，事業仕訳にかかり，初年度のみの補助となった．しかし，自分たちの力で商品化に漕ぎつけている（図3）．

図2　龍神村ワークショップ

図3　龍神・里芋焼酎（左）と霜降りゆずのコンフィチュール（右）

ここに住民の合意形成と問題解決を導く取り組みの重要性がある．「内発的な地域づくり」が起動しているのである．合意形成手法としての「寄りあいワークショップ」は，どのような地域でも取り組める地域再生の有力な手法である．

22.4　3.11の被災から立ち上がった共同体の再生力—石巻市田代島

3.11の東日本大震災は，歴史上かつてない壊滅的な被害をもたらした．筆者が地域再生を支援してきた宮城県石巻市田代島も甚大な被害を被っている．石巻市の本土側は壊滅的な被害だが，田代島では1人だけ行方不明の犠牲者が出たものの，幸いにもほぼ全員助かった．しかし，基幹産業であるカキ筏は全滅．岸壁の漁具資材もすべて流出．港の防波堤，岸壁はほぼ1m近く地盤沈下し，桟橋も使用できない．電話は4月下旬に回復したが，水道は復旧されず井戸水，ガスはプロパンを使用．電気は発電機を持ち込み，時間限定で供給．本格的には2011年8月ごろ復旧の見通しという状況だった．

本章で紹介している「寄りあいワークショップ」が形をなす元となった取り組みが田代島を元気にする取り組みである．1960（昭和35）年前後には1000人が自給自足できていた島だが，訪問した2003年当時は10分の1の100人ほどの人口．平均年齢も高齢化の指標である65歳をはるかに超え70歳を上回っていた．

国土交通省の調査・実践プロジェクトによって，2003年から2年半にわたり7回の住民懇談会と島外にいる出身者に呼びかけての拡大交流懇談会を開催．住民が話し合いの末に見出したビジョンは次のようになった．

①第1段階：仲間で支えあいながら自立した余生が送れる社会基盤づくり
②第2段階：次の定年組が戻るまでの維持
③第3段階：やがては子育てができる島へ

これを実現するための具体策は，実現の優先度評価の結果，島にある資源を生かした次のようなアイデアとなった．
①第1位：三石水源利用による温泉とモデル水田
②第2位：猫神社（野良猫が人口より多く，犬の持ち込み禁制のローカルルール）
③第3位：過疎化の打開（空き家対策，U・Iターンの促進）

これを受けて自治区の承認のもとに実行組織と実行リーダーが立ち上がった．取り組みの結果「猫の島」として全国的に有名となり，地域再生が軌道に乗り始めた．2008年には約3200人だった観光客は，2010年には4倍近い1万2300人まで増加．観光収入は年間2000万円以上となり，市も本格的に支援しようという矢先に大震災にみまわれた．

しかし区長を中心に進めてきた島人の内発的な島づくりの思いは，幸いにも途絶えなかった．まず地元の漁師たちが復興に活動を始めた．「田代島一口支援基金にゃんこ・ザ・プロジェクト」（2011年6月10日，ホームページ公開）である．漁船や漁具，養殖カキ筏（いかだ）など漁業に必要な資材購入の資金がどうにも足りない．漁業や観光による収入源を完全に断たれた若手漁師たちが，その窮地を多くの人に救ってもらおうと，主旨は義捐金ではあるが甘えではなく，投資に近い形での支援基金募集を立ち上げたのである．

「戦中，戦後，労をいとわぬ自給自足的な生活をしてきた経験者だけに，島人は強い．井戸水の使用など，不自由，粗食ものともせず．正直，島は不幸中の幸いであったと感じております」といった思いを，区長は「ふるさと便り」（ファックス通信で島外に毎月発信）で語っている．

果せるかな2ヵ月半後の8月29日には，目標額の1億5000万円の支援が全国から寄せられた．田代島はいま再び地域再生に向けて震災に心砕けることなく歩み始めている．

このような田代島の人々の内発的な取り組みは，共同体の主体的運営が立ち上がっているがゆえに生まれた動きだと改めて学びを得た．

多くの被災地は，田代島以上の壊滅的な状況におかれ，そのような取り組みをする心の余裕もなく人材もものも足りないのが実情だろう．本稿で提示した「寄りあいワークショップ」のような方法も役立てながら，住民と行政，全国のNPO関係の人たちと，協働して地域再生の取り組みに踏み出すことが，大きな力になるのではないか．亡くなられた方々に哀悼の意を表しつつ，被災地の復興に生かしてもらえたらと願う．

もちろん被災地とは違った意味で，日本の地域はどこも地域再生待ったなしの状況である．田代島のように住民自ら立ち上がる方法として役立ててもらえればと思う．

なお，詳しくは下記の参考文献を参照されたい． ［山浦晴男］

参考文献

山浦晴男：住民・行政・NPO協働で進める 最新 地域再生マニュアル，朝日新聞出版，2010

付録　農村計画の実例
『複数の将来ビジョンを提示した「農村計画」―埼玉県大里郡大里村の事例』

　埼玉県大里郡大里村（現熊谷市）は，東京から60km圏内，埼玉県の北側，一級河川荒川に接する美しい田園風景を呈する都市近郊農村である．村の面積1558haの94％が農業振興地域に指定されており，また南部の市街化区域70haを除く全域が市街化調整区域に定められている．第1次産業就業人口の著しい減少と第3次産業の急速な増加が目立つが，人口は約7400人で若干の減少傾向を呈していた．

　大里村役場（吉原文雄村長，担当：田所隆雄都市計画課課長補佐）から1994（平成6）年4月農村計画学会に，大里村の将来像の描写と，その実現にむけた計画過程及び導入すべき施策を明らかにするための計画策定事業が委託された．このため，農村計画学会内に「大里村農業運営システム調査計画委員会」[1]が結成され，委員会に所属する専門家と地元行政担当者との合同学習・合意形成プロセスを入念に踏んで，1年後に調査計画報告書が大里村に提出された．

　本委員会は，役場職員及び村民を対象としたアンケート調査，村内の農家・農業機械化組合等へのヒアリング調査，さらには小中学生による作文「未来の大里村」等から，地域が抱える課題[2]と村民の将来への願い[3]を把握し，これを計画作成の原点に据えた．

　本計画の特徴は，当時進行中の地域開発（大里村南部地域開発構想：企業誘致と住宅団地建設）の地域への影響予測を基礎に，現況から考えられる4つのシナリオ（図1，2，3）[4]を作成し，詳細な比較考察を加えて，最終的に「シナリオ4」を推奨するに至る「将来予測と論理」の流れを示したことである．シナリオ4は，農業の効率化と多角化，グリーンツーリズム導入等の施策を多面的に講じるものであるが，このための現況農地の将来利用計画（図4），営農集団を始めとした地域農業の組織化のイメージ（図5），村内の代表的な玉作集落を対象とした集落計画構図（図6），本計画の結果生み出される経済循環の試算（表1），など大里村の将来の姿を具体的に提示した．

　なお詳細は，農村計画学会誌に紹介されているので，参照されたい[5]．

---

1) 大里村農業運営システム調査計画委員会のメンバーは，石田憲冶（農林水産省九州農業試験場），岩隈利輝（日本工業大学建築学科），尾立弘史（小山工業高等専門学校建築学科），堅田憲弘（住友信託銀行），千賀裕太郎（委員長，東京農工大学農学部），速水洋志（(株)栄設計），丸山直樹（東京農工大学農学部），山路永司（東京大学農学部）と，多様な専門領域からなる8名である．
2) 大里農村の抱える課題としては，就業者の減少・高齢化，低湿地の水田地帯の恒常的な排水不良，荒川の氾濫による洪水被害，小さな農地区画，農業機械への過剰投資，耕作放棄地の拡大，幹線道路沿いの無秩序な開発の進行，大規模公共事業の導入，企業誘致，住宅地開発による社会構造の急変によるなどである．
3) 児童を含む村民の多くは「大里村からは緑の自然は失いたくない．しかし魅力ある活気溢れる地域にしたい」と願い，村の総面積の58％を占める農地については，その急激な減少を避け，秩序ある農地転用が望ましいと認識していることが明らかになった．
4) 「4つのシナリオ」とは，シナリオ1「現在の推移が維持される場合」，シナリオ2「周辺都市のベッドタウン化を推進する場合」，シナリオ3「農業生産の効率化のみを追求した場合」，シナリオ4「農業の効率化と多角化，グリーンツーリズム導入等の施策を多面的に講じる場合」である．
5) 千賀裕太郎（1997）：複数の将来ビジョンを提示した農村計画の試み．農村計画学会誌，**16**（3），263-272

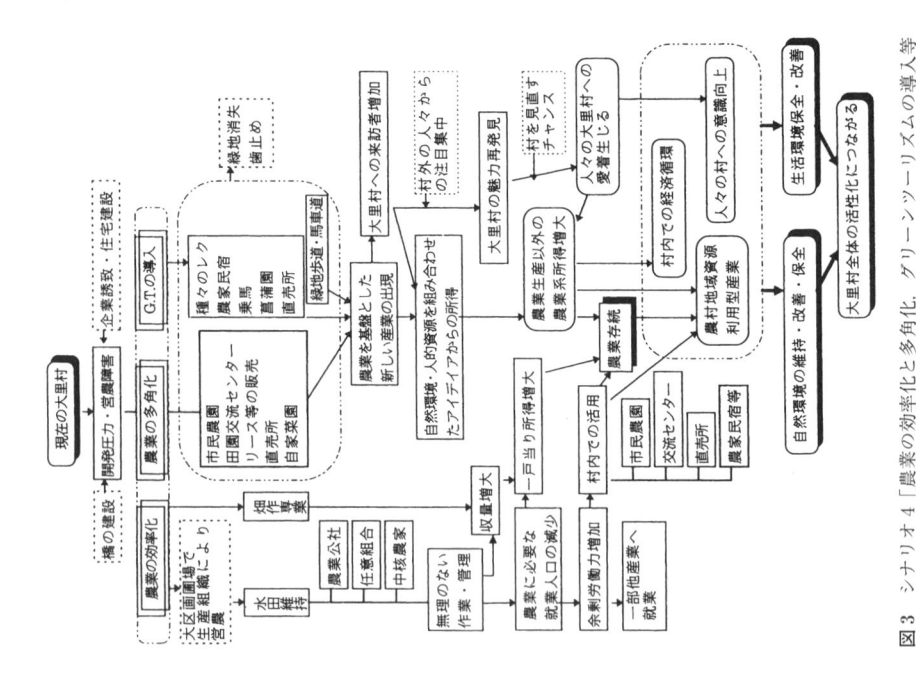

図1 シナリオ1「現在の推移が維持される場合」の大里村の行方

図2 シナリオ2「周辺都市のベッドタウン化を促進する場合」の大里村の行方

図3 シナリオ3「農業の効率化と多角化、グリーンツーリズムの導入等の施策を多面的に講ずる場合」の大里村の行方

付　録

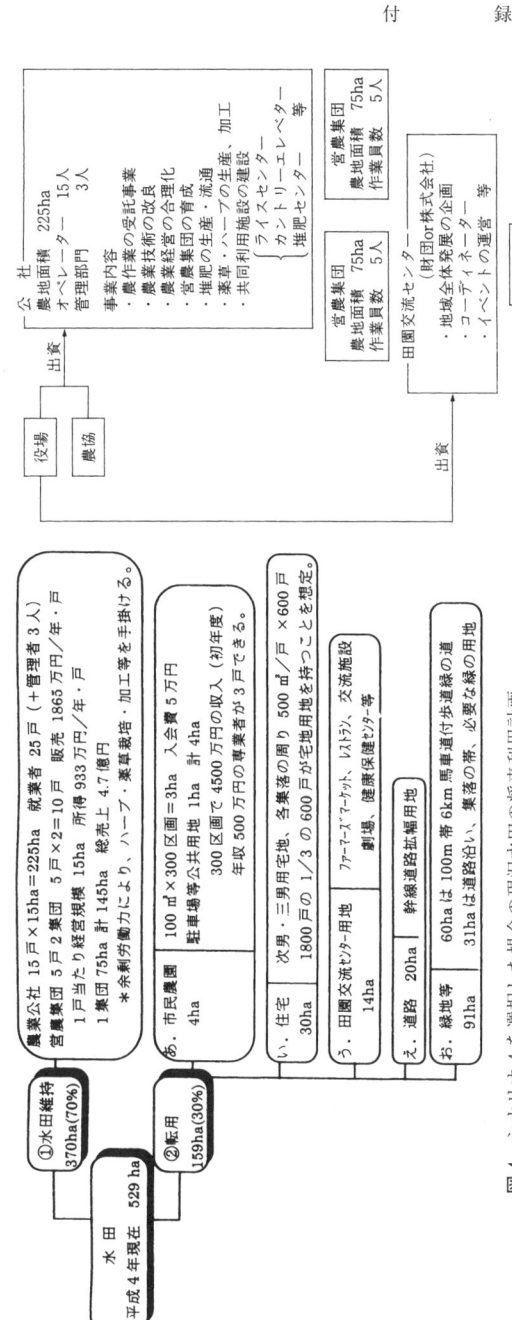

図4 シナリオ4を選択した場合の現況水田の将来利用計画

水田 平成4年現在 529ha
- ①水田維持 370ha(70%)
- ②転用 159ha(30%)

①水田維持の内訳：
- 農公社 15戸×15ha＝225ha 就業者25戸(＋管理者3人)
- 営農集団 5戸2集団 5戸×2＝10戸 販売 1865万円/年・戸 1戸当たり経営規模 15ha 所得 933万円/年・戸
- 1集団 75ha 計 145ha 終売 4.7億円
- ※余剰労働力により、ハーブ・薬草栽培・加工等を手掛ける

②転用の内訳：
- あ. 市民農園 4ha
  - 100㎡×300区画＝3ha 入会金5万円
  - 駐車場等公共用地 1ha 計 4ha
  - 300区画で4500万円の収入(初年度)
  - 年収500万円の専業者が3戸でできる
- い. 住宅 30ha
  - 次男・三男用宅地、各集落の周り 500㎡/戸×600戸
  - 1800戸の1/3の600戸が宅地用地1つを持つことを想定
- う. 田園交流センター用地 14ha
  - ファーマーズマーケット、レストラン、交流施設
  - 劇場、健康保健センター等
- え. 道路 20ha
  - 幹線道路拡幅用地
- お. 緑地等 91ha
  - 60haは100m帯馬事道付歩道縁の道
  - 31haは道路沿い、集落の帯、必要な縁の用地

図5 シナリオ4を選択した場合の地域農業組織化のイメージ

公社
- 農地面積 225ha オペレーター 15人
- 管理部門 3人
- 事業内容
  - 農作業の受託事業
  - 農業技術の改良
  - 農業経営の合理化
  - 営農集団の育成
  - 堆肥・ハーブの生産・流通
  - 薬草・ハーブの生産・流通、加工
  - 共同利用施設の建設
  { ライスセンター
    カントリーエレベーター
    堆肥センター 等 }

- 営農集団 農地面積 75ha 作業員数 5人
- 営農集団 農地面積 75ha 作業員数 5人
- 営農集団 農地面積 75ha 作業員数 5人

役場・農協 → 出資 → 公社

田園交流センター
- 地域全体発展の企画
- コーディネーター
- イベントの運営 (財団or株式会社)

直売所
ファーマーズマーケット
癒しの里(東洋医学保健センター)

表1 シナリオ4を選択した場合の「農」を起点とする経済循環試算(年)

形態	資金等想定	売上(億円)
水田専業農家	1880万円/戸 28戸	5.2
市民農園	5万円/1区画 300区画	0.15
畑作専業農家	売上2000万円/ha 50戸	10
農家民宿	5千円×2500人×100日	1.25
菖蒲園	(2千円/人)×10万人	3.3
乗馬等	(1万円/組)×3.3万組	10
直売所		2
合計		31.9

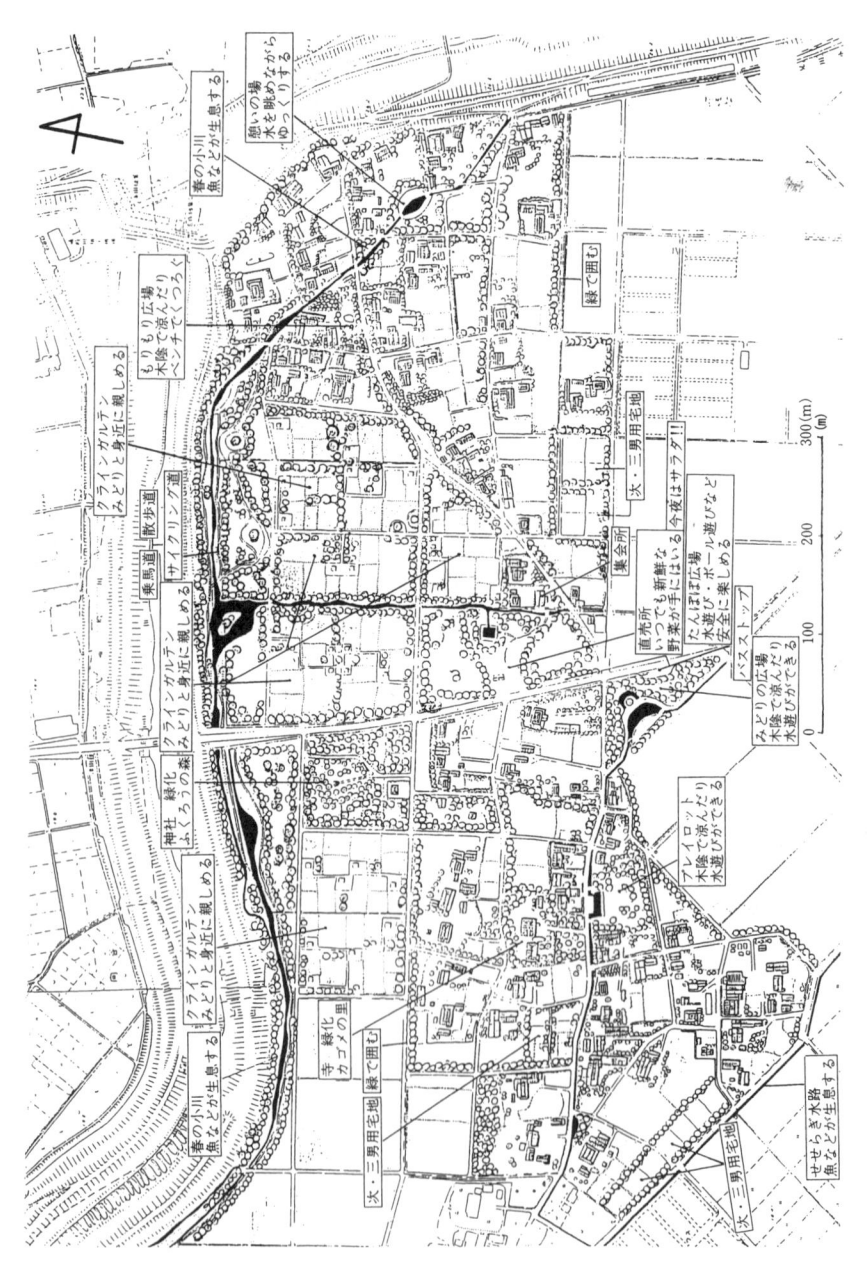

図6 シナリオ4を選択した場合のT集落計画構想図

索　引

欧　文

6次産業化　135

CAP　120, 130
CO_2排出量取引　98
CSR活動　183

ES制度　119
ESA事業　130
EU　100, 120, 130

GAEC　131
GEN　161
GNP　15

Iターン　80

NPO　188
NPO法人えがおつなげて　182
NPO法人活動　180

PDCAサイクル　38

RPS　98

SPS　131

Uターン　80

ア　行

アサザプロジェクト　185
畔田地区（和歌山県）　197

飯舘村（福島県）　8, 162
イギリス　118, 188
移行帯　65
イノシシ　158
入会地　13, 37

エコツーリズム　111
エコトーン　65, 148
エコビレッジ　161
エコロジカルデザイン　55
エネルギー革命　15
エネルギーコミュニティ　103
エネルギー地産地消　162
エネルギー転換技術　105
エネルギーミックス　100
沿道開発　170

小値賀（長崎県）　196
おぢかまちづくりプロジェクト　196
姨捨（長野県）　165
温度差エネルギー　107

カ　行

開発的手段　33
外発的発展　88
開発利益の公共還元　34
外来者　175
化学肥料　15
頭石地区（熊本県）　193
霞ヶ浦　185
河川法　106
過疎化　15
過疎集落　194
環境エネルギー技術　55
環境整備活動　142
環境配慮施設　154
観光　108
観光産業　109
観光資源　90
韓国　123
換地　117
換地処分　60
乾田　14
企業ファーム　184
気候変動・エネルギー政策パッ
ケージ　100
規制的手段　33
基本法農政　16, 76
共生　80, 152
共生圏　4
行政・自治圏　53
協働　129
共同体　11, 198
緊急開拓計画　44
近代的所有権　13

空間秩序形成　115
空洞化　109
櫛池地区（新潟県）　96
グラウンドワーク　35, 48, 188
グラウンドワーク三島　189
グリーンツーリズム　81, 112, 120
グリーンファーム清里　97
桑　14

景観　7
景観法　35, 48, 57, 167
系統連系　105, 106
限界集落　20, 78, 176, 182
兼業農家　16

講　170
合意形成　29, 201
耕作放棄地　15, 159, 186
高度経済成長期　16, 76
高度成長　195
コウノトリ　150
高齢化　15, 16
高齢社会　55
国土計画　115
国民所得倍増計画　16
国民総生産　15
小作　14
個体数管理　159
固定価格買取制度（FIT）　98

208　　索　引

個別経営　93
コミュニティ　10, 181
コミュニティ計画　75
混住化　168

サ 行

災害復旧　171
再生可能エネルギー　2, 51, 98, 104, 161
再生可能エネルギー促進法　98
サステイナブルツーリズム　111
サステイナブルデベロップメント　50
里地里山　7, 159
里山　148
里山保全地域　167
散村　52
三圃式農法　116

シカ　158
資源循環地域システム　138
しし垣　158
自然エネルギー　51, 98
自然エネルギー自給区　103
自然空間　64
地主　13, 93
地元学　192
社会的企業　128
社会的な力　127
獣害　13, 83, 158
集村　52
集団営農　93
住民自治　55
集約農業　12
重要文化的景観　167
集落　9
集落営農　15
集落空間　52
集落地域整備制度　169
集落地域整備法　35, 49
集落農業法人　94
需要側制御（DSM）　102
狩猟者　159
循環型社会　55
小規模多機能施設　54
小水力　106
条里制　40, 52

植生のモザイク性　64
食料自給率　4, 18
食料・農業・農村基本法　18
新エネルギー　104
新田集落　41
新農山漁村建設総合対策　45

水系ネットワーク　68
水質保全　142
水田　144
水利権　107
スコットランド　133
スプロール　59

生活環境整備　54
生活圏域　52
生活行動圏　53
生産空間　58
生息地管理　159
生物多様性　55, 147, 149
セマウル運動　124
専業農家　16
戦後農法　19

相互扶助　9
創設換地　63
存在価値　156

タ 行

大合併　77
大規模災害　20, 171
大規模集中型エネルギーシステム　100
太陽光　105
太陽熱　106
宅地転用　22
他出者　82
田代島（宮城県）　201
棚田　165
棚田サミット　166
ため池　148
単一支払制度　131

地域営農主体　94
地域活動　81
地域共同施設　54
地域景観　57
地域再生　198

地域資源　109, 110, 177
地域社会開発事業（韓国）　123
地域通貨　20
地域連携　142
地価　13
地球温暖化　98
地租改正　13
中型機械化一貫体系　15
中間支援組織　129
中山間地域　20, 150, 171
中山間地域等直接支払制度　134
町村是　43
直接支払い政策　130

つながり　20, 76

適正農業環境条件　131
デザインコード　56
田園空間博物館構想　48
電気事業法　106
伝統行事　28, 77

ドイツ　115
特定鳥獣保護管理計画制度　160
都市計画法　34
都市農村計画法（イギリス）　118
土地所有権　23
土地利用　118
土地利用規制　22
土地利用計画　22
土地利用計画制度（ドイツ）　115
屯田兵村　42, 52

ナ 行

内発的経済発展　135
内発的発展　87, 178
ナショナルトラスト　3

新潟県中越地震　19, 171
二次の自然　55, 64, 97
二次の自然空間　4

農業基本法　16
農業協働組合（農協）　77

索　引

農業集落　75
農業振興地域の整備に関する法律（農振法）　34, 45
農業生物　51
農業被害　158
農山漁村経済更正計画　44
農商工連携促進法　135
農村　1
　——の経済　15
　——の歴史　12
農村アメニティ・コンクール　48
農村基盤総合整備パイロット事業（総パ事業）　46
農村空間　4
　——のデザイン　69
農村計画　1, 21, 37
　——の策定　27
　——の主体　23
　——の総合性　50
　——の歴史　40
農村景観　148
農村集落　9
農村整備事業　35
農村総合整備計画　47
農村総合整備モデル事業（モデル事業）　46
農村ボランティア　183
農地改革　14, 61
農地開放　19
農地景観　63
農地整備事業　116
農地整備事業参加人組合（ドイツ）　117
農地整備法（ドイツ）　116
農地法　135
農薬　15, 146

ハ　行

バイオマス　105
バイオマスタウン計画　49
バイオリージョン　73
馬耕　14
箱島湧水　142
八郎潟干拓新農村建設　44
パーマカルチャー　72
パラダイムシフト　70
バリ島　167
半自然草地　68
阪神・淡路大震災　1, 19, 173
ビオトープ水田　152
ビオトープ地図　65
被害管理　159
東日本大震災　2, 19, 98, 201
風土景観　70
風力　106
福島第一原子力発電所　1
福島第一原発事故　98
分散型エネルギーシステム　100
分散錯圃　85
防災　171
防災社会　55
圃場整備　60
ホタル水路　143
ボランティア　144, 183

マ　行

マウル　125
マスツーリズム　110
松方デフレ　14
までい　163
繭　14
村請制　12
村づくり交付金　49
明治農法　19
名水百選　142
木質バイオマスエネルギー　163
本木上堰　144
モニタリング・評価　149
森は海の恋人　74

ヤ　行

野生動物　83, 158
野生動物管理　160
結　9, 170
有機農業　15
檮原村（高知県）　166
養蚕　14
用水　13
よそ者　175
寄りあいワークショップ　198

ラ　行

ライフサイクル的評価（LCA）　104
リゾート総合保養地域整備法　88
リゾート法　110
リーダー事業　122
利用価値　156
緑地保全地域　167
零細錯圃制　12
歴史環境保全地域　167
レジリエンス　165
老農　19

ワ　行

ワークショップ　27, 89, 155, 198
蕨野（佐賀県）　167

編者略歴

千賀裕太郎(せんがゆうたろう)

1948年　北海道に生まれる
1972年　東京大学農学部卒業
　　　　農林省農地局,宇都宮大学を経て
現　在　東京農工大学大学院農学研究院教授
　　　　農学博士

農村計画学

2012年 4 月 30 日　初版第 1 刷
2017年 8 月 25 日　　　第 3 刷

定価はカバーに表示

編　者　千　賀　裕　太　郎
発行者　朝　倉　誠　造
発行所　株式会社　朝　倉　書　店
　　　　東京都新宿区新小川町 6-29
　　　　郵便番号　162-8707
　　　　電話　03(3260)0141
　　　　FAX　03(3260)0180
　　　　http://www.asakura.co.jp

〈検印省略〉

Ⓒ 2012〈無断複写・転載を禁ず〉　Printed in Korea

ISBN 978-4-254-44027-0　C 3061

JCOPY <(社)出版者著作権管理機構 委託出版物>

本書の無断複写は著作権法上での例外を除き禁じられています。複写される場合は、そのつど事前に、(社)出版者著作権管理機構(電話 03-3513-6969, FAX 03-3513-6979, e-mail: info@jcopy.or.jp)の許諾を得てください。